化妆品原理与应用

李 全 编著

科学出版社

北京

内 容 简 介

本书旨在从化妆品原理角度揭秘化妆品,为化妆品使用者解惑,并指导消费者正确选择和使用化妆品。本书共计13章,第1章简单介绍化妆品发展及非化妆品美容方法;第2~4章介绍化妆品常识、皮肤结构与化妆品应用、化妆品的吸收;第5~12章详述保湿、营养与抗衰老、美白祛斑、防晒与抗光老化、治疗与药妆、彩妆、清洁、毛发护理等化妆品的原理及其在化妆品中的应用;第13章详述各种天然选材的特点以及利用天然选材制备各种功效化妆品的方法。为了读者更好地理解和掌握本书知识,本书给出了化妆品相关知识的测试题,凡购买本书的读者可从QQ群339661588上获取本书课件(PPT)、网课视频等资料。

本书适合用作普通高校素质教育、专科院校专业教育及培训的教材,也可供化妆品专业人员和有一定科学素养的社会大众阅读。

图书在版编目(CIP)数据

化妆品原理与应用 / 李全编著. —北京:科学出版社,2020.12
ISBN 978-7-03-066838-7

Ⅰ. ①化… Ⅱ. ①李… Ⅲ. ①化妆品 Ⅳ. ①TQ658

中国版本图书馆 CIP 数据核字(2020)第 221212 号

责任编辑:冯 铂 黄 桥 / 责任校对:杨 赛
责任印制:罗 科 / 封面设计:墨创文化

科学出版社 出版
北京东黄城根北街 16 号
邮政编码:100717
http://www.sciencep.com

成都锦瑞印刷有限责任公司印刷
科学出版社发行 各地新华书店经销

*

2020 年 12 月第 一 版 开本:787×1092 1/16
2020 年 12 月第一次印刷 印张:14 1/4
字数:340 000
定价:68.00 元
(如有印装质量问题,我社负责调换)

前　　言

随着物质生活水平的提高，化妆品作为一种用于改变外在形象的大众化商品被广泛使用。由于其市场巨大和高度商业化，化妆品品牌太多、广告太多，对普通消费者而言很难选择。掌握一些化妆品的基本知识、正确认识与判断化妆品的功效和安全性、科学选择合适的化妆品，对普通消费者而言十分迫切和必要。

普通消费者对化妆品的认知大多来源于化妆品商家的广告宣传。有些商家为了追求利润，其广告、宣传等有夸大、误导之嫌，而且错误百出，消费者难以从中获得正确认知并作出正确判断。与化妆品相关的书籍很多，主要是一些专业的教材或非专业的化妆品选择和使用的经验。前者往往专业性强、分类细、介绍全面，需要具有专业的化学知识、医学知识，甚至一些物理学知识才能读懂，这类书籍对普通消费者而言反而会增加化妆品的神秘感，难以为其解惑。后者充分考虑了普通化妆品消费者的需求，但介绍的知识过于肤浅和不全面，对普通消费者的帮助有限。化妆品不神秘，大学生及同等学历消费者就具有学习和理解相关知识的基础，但现有化妆品书籍中，较少适合其阅读。

在众多化妆品书籍中，作者的职业大多数是医生，他们编写的化妆品相关书籍也充分体现了以治疗为目的的内容特点。事实上，化妆品的配方设计、化妆品的剂型调配、化妆品活性成分的研究与发现都是化学科技工作者的贡献，也就是说，化学科技工作者对化妆品知识有更深层次的理解，但鲜有化学科技工作者编写化妆品相关书籍。

我是一名有机化学专业的普通高校教师，长期在高校开设"化妆品原理与应用"素质选修课。该课程的目的是向普通大学生系统地传授化妆品相关知识，特别是化妆品的原理和应用方面的一些知识，并进行化妆品科普教育。从多年的教学实践来看，如果教学内容深浅适中，切合学生对化妆品使用的实际情况，普通大学生能很好地掌握这些看似高深莫测的知识。化妆品科普教育并非一个遥远的梦。

大学生或同等学历的人群是一个十分巨大的群体，他们的科学素养相对较高，他们爱美、时尚，是化妆品消费的主力军；他们在使用化妆品过程中产生了太多的疑问，有对化妆品相关知识的渴求和学习这些知识的动力。所以，一直以来，结合我多年教学和研究经验，编写一本当今普通高校学生或接受过大学教育的人能读懂但又不过于肤浅的化妆品书籍是我的愿望。我把本书定名为《化妆品原理与应用》，从化妆品的形成原理上讲解化妆品，为化妆品消费者解惑，指导化妆品消费者正确使用化妆品。

本书主要介绍化妆品的发展、化妆品常识、皮肤的结构与化妆品应用、化妆品的吸收、保湿、营养与抗衰老、美白祛斑、防晒与抗光老化、治疗与药妆、彩妆、清洁、毛发护理、自制化妆品等化妆品消费者常用的、必需的知识。一些不常用的相关知识，如美乳、健美等方面未纳入本书。本书的重点是解惑并指导化妆品的使用。书中引用的文献以中文为主，目的是方便普通读者查阅和追溯。书中一些难懂或需要特别说明的地方以注释方式解释说明。书中给出化妆品相关知识的测试题，其目的是让读者巩固学习的知识。

本书是一本适合大学生或具有大学学历的读者阅读的书籍，是一本适合用作高校非化妆品专业学生科学素质教育和专科、中专学校美容专业学生学习的教材。书中给出了化合物功效成分的化学结构式，是为了一些专业读者使用，非专业读者可以直接忽略这些化学结构式。为了让普通读者能读懂这本书，书中内容力求深入浅出、化繁为简。为了解释清楚一些原理性知识，书中不可避免引用一些专业性强的知识，普通读者可以忽略这些内容，只看其结论即可。

从我多年"化妆品原理与应用"通识课程教学经验来看，非化妆品专业大学生学习此课程时，没有深涩难解的内容，最大困难是众多化学名称很难记忆。事实上，对普通读者来说，记住一些渗入皮肤起作用的功效成分的名称及其功效即可。这些功效成分经常出现在化妆品广告宣传中，或者在以前的学习中已经熟知，并不难记。如果经常看化妆品的成分表，会发现化妆品使用的都是那些成分，比较难记的化学名称也就会很快熟悉。

普通化妆品消费者应更多关注使用的化妆品向自己皮肤渗透了什么成分，以及这些成分的功效和副作用，因此，需要关注化妆水、精华液、面膜等以向皮肤渗透营养为目的的化妆品的成分，而彩妆、防晒、清洁化妆品等只是在皮肤表面起作用，这类化妆品好用就行，没必要过于关注其配方构成。

感谢云南大学化学科学与工程学院·药学院曹秋娥教授对本书整体内容的审阅，感谢云南省中医药大学第一附属医院皮肤病专科医院王丽芬医生对本书皮肤科相关知识的审阅。

书中难免存在瑕疵和疏漏之处，敬请读者和专家批评指正。

李　全

2019 年 2 月 15 日

目　录

第1章 绪 论

从表面上看，化妆品是多种成分混合，采用涂抹、喷洒等方式施于皮肤、毛发、指甲等对人整体形象有较大影响的部位，达到清洁、保养、改变外观等目的的产品。但从深层次看，我们会产生诸多疑问，化妆品含有什么成分，为什么要添加这些成分，这些成分起什么作用，等等。也就是说，化妆品基于什么原理配比而成？这些原理应用于化妆品等美容产品有什么指导意义？只有从化妆品原理的高度来看化妆品及化妆品以外的美容方法，才能认清本质，解决疑问，指导应用；只有与化妆品原理相关的科学技术的发展，才能推动化妆品等美容方法的发展。

化妆品原理涉及医学、化学、生物、物理等多方面知识。化妆品以医学知识为基础，以物理学、化学、生物学知识为解决问题的手段，其发展实质上是医学、物理学、化学、生物学的发展成果在化妆品上的应用。

1.1 化妆品的发展

1.1.1 古代、近代化妆品

人类对美的追求自古有之，自有文字记录以来，就有美容方法的记载。

在有文字记载以来的中华文明中，最初的甲骨文就有"疥"、"癣"、"疣"等损美疾病的记载。《博物志》中有"纣烧铅锡作粉"的记载。《中华古今注》有云："燕脂起自纣，以红蓝花汁凝作之。调脂饰女面，产于燕地，故曰燕脂。或作赦。"可见，中国从商纣时期就已经有用于修饰妇女面部的化妆品。随着中医的发展，各种关于美容的记载更是层出不穷，例如，元初的《御药院方》中收集了大量宋、金、元时期的美容秘方，明代的《普济方》中涉及美容方面的论述就有上千页。到清代，美容化妆之术更是达到鼎盛，故宫至今仍藏有许多宫廷美容方子[1]。

考古证实，古埃及人最早使用化妆品美容。古埃及人在平时、宗教仪式上都使用化妆品，甚至死者也要化妆。为防止热和干燥的侵扰，他们常用动物油脂涂抹皮肤，同时还在眼圈上下染上绿、蓝等颜色的染料。他们不停地从印度北部和阿拉伯南部运来大量的芳香性香胶树腊、植物根部以及树皮等，来制造香水和化妆品[2]。

古希腊人用烟黑涂描眼睫毛，然后再涂上黄白色的天然橡胶浆，当时，妇女还喜爱从指甲花里萃取染料涂在嘴唇和两颊。公元前460年至公元前146年间，古希腊文化巅峰时期，在医药、宗教仪式或者个人生活中，希腊人大量地使用香水及化妆品。希腊的妇女用白铅制成脸部化妆品，眼部涂锑粉，面颊及嘴唇则抹朱砂。朱砂可以和油膏混合使用，可以像现代化妆品一样轻轻涂抹在皮肤上。同时，他们还发明了保养皮肤与指甲的方法[2]。

古代和近代的化妆品没有现代科学作为支撑，美容配方多基于表象和经验，美容方式多为表面的修饰和气味的修正，一些美容方法甚至有很大的危害，如铅、汞的大量使用。一些化妆品炒作沿用古代美容秘方，实质上是利用中国人敬重古人文化传统的一种营销手段，事实上，古人使用的化妆品，不可能比现代的好。

1.1.2 现代化妆品

基于现代科学技术的化妆品，早已脱离了古人对美容的认知。从用途上看，不仅有用于外在形象修饰的彩妆类化妆品、气味修正的香水化妆品，还有用于清洁、护理、治疗、防晒等用途的化妆品；从剂型上看，有液体的水、油、喷雾型化妆品，有膏体的凝胶、乳液、悬浮体化妆品，还有固体的饼、棒、块等化妆品；从关注度看，护理型化妆品已经超越了彩妆、香水等用于外在形象的化妆品。人们对自身形象的美化已经从外在修饰转向了内在护理，所以以保湿、营养、抗衰老等为目的的化妆品强势崛起。现代化妆品的内涵已经远远超越了古代。

现代化妆品行业繁荣，除了人们自古以来对美的追求的推动外，现代科学技术的发展也为现代化妆品的发展奠定了基础并起到了推动作用。

物理学的发展使众多科学仪器得以发明和使用，直接推动了医学、化学、生物学的发展，同时也使人们对皮肤问题的认知从模糊、经验阶段跃升到清晰、直接、客观的阶段，并为皮肤问题的解决提供了物理方法；医学发展进入细胞和分子水平，使人们对皮肤色素形成、皱纹产生、光滑度的影响因素等有了客观、正确的认识；化学和生物学的发展，使众多功效成分得以发现和制备，为皮肤问题的解决提供了物质支撑。总之，现代科技的发展，使人们对化妆品原理有了正确、客观的认识；使化妆品剂型更加多样及其质地更加细腻，对形象的修饰更加自然和舒适，解决皮肤问题的手段更加安全和有效；使化妆品美容方式从外在修饰为主转向皮肤护理为主。

1.1.3 展望未来化妆品

现代科学技术的发展已经使化妆品的原理性知识基本清晰，能正确诊断皮肤问题，已经把化妆品剂型的研制发挥到极致，发现了众多能应用于化妆品的功效成分，但是仍然有一些问题有待解决，这些问题主要是皮肤的抗衰老问题。

从古代的炼丹术士梦想炼制长生不老药，到现代科学家们希望分子水平下的控制和逆转衰老，人类在追求长生的道路上一直在努力前行。

衰老是绝大部分皮肤问题的根源所在，现代护理型化妆品中抗衰老是其最主要的目的，根据现代科学研究成果，现代化妆品主要采取如下抗衰老措施：保湿补水、防紫外线和抗光老化、补充营养、抗氧化、抗糖基化、促进胶原蛋白合成并防止其降解、消除微循环障碍、增强细胞活性等，这些措施在抗衰老上有一定效果，但往往是某个方面衰老的减缓而不能逆转。一些问题在逆转衰老上成为"拦路虎"，科学家们正努力解决并看到了希望的曙光。

1. 毛细血管体密度降低与修复

随着皮肤的衰老，真皮层上部的襻状血管慢慢消失，弯曲缠绕的毛细血管拉直，毛细血管的体密度越来越小。毛细血管承担着营养供给的重任，其密度降低，将导致营养成分供给不足。营养成分是成纤维细胞、基底细胞活性的物质基础。俗话说："巧妇难为无米之炊"，所以毛细血管体密度降低间接促使皱纹的产生和表皮层的衰老。

现代化妆品在消除微循环障碍上的作用主要是疏通血管，不能逆转其体密度降低。在衰老的早期，通过运动可以减缓毛细血管体密度降低，但随着年龄增长，其效果会越来越弱。最新研究报道了激活血管内皮细胞活性的方法，并成功地将老鼠的毛细血管数量和密度修复到与年轻时相当的水平[3]。也许在不久的将来，涂抹某种化妆品就可以解决毛细血管体密度降低问题。

2. 脂褐素的沉积与去除

脂褐素是细胞溶酶体分解大分子留下的垃圾，难以分解代谢，会在细胞中越积越多，不仅影响肤色，形成老年斑，而且它的沉积是身体脏器功能衰退和许多疾病产生的主要原因。

面对衰老引起的脂褐素沉积，药物或化妆品一般通过抗氧化和抗糖基化来减少脂褐素的形成，也有一些药物如氯酯醒，能溶解代谢脂褐素。但是，逆转脂褐素沉积问题还远未解决，还需要发现更多、活性更好、安全性更高的去除脂褐素的物质。期待有一天，使用某种化妆品也能像去除黑色素一样去除脂褐素。

3. 能量代谢供应链减弱与恢复

细胞中能量代谢过程的供应链减弱是引起衰老的重要原因。烟酰胺腺嘌呤二核苷酸（NAD）是能量代谢的关键成分，衰老导致它在细胞中的水平一直在下降，但补充 NAD 并不能缓解能量代谢过程的衰老。研究发现，补充 NAD 的前体烟酰胺单核苷酸（NMN），可以在能量代谢过程中迅速产生 NAD，并激活体内乙酰化酶，从而逆转衰老。动物和人体实验都证明了 NMN 在抗衰老和预防许多疾病中的作用[4]。衰老引起的能量代谢供应链减弱，会间接影响细胞的活性，从而影响皮肤的状态。NMN 分子较小、易溶于水、适合皮肤渗透，期待 NMN 应用于化妆品。

4. 线粒体衰老与逆转

线粒体是细胞内的"能量转换器"，把细胞中的糖、脂肪转化成细胞可利用的能量，但随着时间的推移，线粒体 DNA 损伤积累，导致了衰老体征的出现。科学家们通过损伤老鼠 DNA，成功使老鼠出现体毛变灰和变薄、皮肤产生皱纹、运动量减少和嗜睡等衰老体征，又通过修复损伤 DNA，成功地使老鼠短期内恢复到年轻的状态[5]。尽管该研究仅是"线粒体衰老理论"的验证，但修复线粒体 DNA 来恢复线粒体功能的方法如果成功在人体复制，人类逆转衰老的梦想就可能实现。也许未来化妆品的抗衰老作用可以通过修复皮肤线粒体功能来实现。

5. 清除体内衰老细胞逆转衰老

衰老细胞在动物体内不再复制和分裂，但会不断分泌一些蛋白质，这些蛋白质堆积会损害周围细胞和组织。在年轻的动物体内，免疫系统会及时清理这些分泌物，但在衰老动物的免疫系统内，因免疫能力降低，它们很难得到及时有效的清理，最终导致衰老加速。如果能像年轻人那样及时清理衰老细胞的分泌物，是否可以减缓衰老进程呢？科学家们用一些药物清除了小鼠体内衰老细胞及其分泌物，小鼠的衰老速度明显放缓，已经衰老的小鼠出现了衰老逆转现象[6]。未来化妆品的抗衰老作用，是否也可以通过清除衰老细胞及其分泌物来实现？

6. 其他抗衰老研究

一些抗衰老研究也许应用于化妆品的可能性很小，但客观上也能抗皮肤衰老，这些研究有：通过肠道微生物调控延长鱼的寿命[7]，通过饮食中卡路里限制延长猴子寿命[8]。

衰老是绝大部分皮肤问题的根源，未来化妆品中，抗衰老将成为主题，但是一些抗衰老技术在未成熟之前，就应用于人体抗衰老，这与当年唐太宗服用丹药寻求长生没有本质区别。要特别防止一些人借科学之名，行骗子之实。曾经被炒作的抗衰老疗法有端粒酶疗法、羊胎素疗法、干细胞注射疗法等。

端粒酶在人体内的作用是通过维持细胞内染色体两端端粒的长度（端粒的长度会随着蛋白复制而缩短）来增加 DNA 复制蛋白的次数。一些商家以端粒酶概念为卖点推出口服液和化妆品类产品。然而研究表明，端粒酶的异常激活与癌症发生紧密相关，目前尚无科学数据显示人工激活端粒酶可以延长寿命。而且，个体死亡时，染色体端粒未耗尽，即使延缓端粒消失，也不能延长寿命。

人体内的各种激素对人体的发育及各项生理功能起着重要的调节作用，如刺激细胞分裂、调节性功能等，然而外用激素类物质有极大的副作用。羊胎素曾经被用于皮肤抗衰老，然而，2015 年，世界上唯一允许使用羊胎素的国家瑞士也正式禁止了羊胎素疗法的使用。

外来干细胞注射也是曾经被炒作过的抗衰老疗法，但是，外来干细胞注入健康人体内后，会被免疫系统迅速杀死，即使未被杀灭，也容易在体内形成肿瘤。

1.2　非化妆品美容方法

使用化妆品或者非化妆品美容，它们原理是一样的，只是美容的具体方法不同。

1.2.1　注射法

水光针是目前应用较广泛的注射美容，真皮营养成分、玻尿酸、肉毒素、富含生长因子的血清（platelet-rich plasma, PRP）等都可以用水光针注射。

1. 注射肉毒素或类肉毒素除皱

皮肤中胶原蛋白起着鼓胀作用，而肌肉纤维起着拉紧的作用，皮肤皱纹产生实质上是胶原蛋白减少或弹性降低，鼓胀作用不足，而肌肉纤维把皮肤拉出了皱纹。

肉毒素又称肉毒杆菌毒素，它是由致命的肉毒杆菌分泌出的细菌内毒素，有剧毒。高度稀释的肉毒素作用于运动神经的末梢，干扰乙酰胆碱在运动神经末梢的释放，阻断神经与肌肉之间的信号传递，使肌纤维不能收缩，肌肉松弛，从而达到除皱美容的目的。肉毒素效果一般维持半年到一年，注射次数增多可能使体内产生抗体，抑制肌肉收缩的效果将会减弱。

肉毒素注射多在面部，面部肌肉丰富，分工很细，如果注射量、注射部位控制不好，可能影响其他肌肉的功能。注射肉毒素后可能出现表情僵硬、面部特征变形、流泪等副作用。

肉毒素毒性很大，有副作用，所以出现了具有肉毒素功效，但安全无毒、温和、副作用小的类肉毒素。类肉毒素一般为多肽类物质，如乙酰基六肽-8（阿基瑞林）能局部阻断神经传递肌肉收缩的信号，影响皮囊神经传导，使脸部肌肉放松来抚平皱纹。

2. 注射 PRP 除皱

皮肤伤口部位会产生大量胶原蛋白，是因为伤口部位血液中细胞生长因子浓度较高，促使成纤维细胞大量增殖。正常的血液中，也含有细胞生长因子，但浓度较低。提取、富集自体正常血液中的细胞生长因子，得到富含生长因子的血清，即 PRP，再注射回产生皱纹的部位，促使皱纹部位成纤维细胞大量增殖，产生更多的胶原蛋白，从而抚平皱纹。

注射自体的 PRP，一般两三周内就会见效，一次注射 PRP 除皱效果可维持近一年，多次注射维持效果可能达几年时间。但类似血液疗法，对技术要求极高，极易发生严重的医疗事故，中国在 2012 年禁止了该项美容疗法。

3. 注射玻尿酸除皱

玻尿酸又称透明质酸，是人体真皮层基质中的主要成分，起着保持真皮层水分的作用。纯的玻尿酸是白色固体，注射用的玻尿酸实际是其水溶液，注射玻尿酸水溶液在皮肤中形成多个几十微米大小的囊泡，通过填充方式除去皱纹。

因为注射的玻尿酸是外来成分，有出现排异反应的可能性，注射后可能产生暂时性的轻微发红、肿胀、瘙痒等现象。

注射进入人体的玻尿酸，一般会在半年至一年时间内被代谢，所以其除皱效果维持时间一般为半年至一年。

4. 注射自体成纤维细胞除皱

正常情况下，人体内的成纤维细胞有密度限制，不能无限增殖，要让体内有更多的成纤维细胞来产生胶原蛋白，去除皱纹，可以采用体外培养再回输体内的方式。取自体健康皮肤中的成纤维细胞，在实验室中进行分离、纯化、培养、增殖，使成纤维细胞数量大量增加。把这些实验室中培养的健康的成纤维细胞回输到真皮层，这些成纤维细胞在真皮层产生大量的胶原蛋白来修复皱纹，皮肤犹如启动了一个自我修复皱纹的系统。注射自体成纤维细胞除皱效果可以维持 8～10 年。

5. 自体脂肪移植术除皱

将人体自身脂肪较丰富的部位如腹、臀、大腿或上臂等处的脂肪用吸脂方法吸出，纯化脂肪颗粒后，再注射植入需要改变的有缺陷部位的皮下组织，通过物理填充来实现除皱、修正缺陷等目的。自体脂肪移植后 3～6 个月，部分脂肪会被代谢去除，之后填充效果则会稳定维持。

6. 美白针

美白针是通过静脉注射方式向血液中输入美白成分，来实现全身美白、祛斑、抗氧化等功效的美容方法。美白针中添加的成分通过血液大量输入，其安全性极为重要，不是所有成分都能静脉注射。美白针中添加的成分一般是传明酸、维生素 C 和谷胱甘肽。传明酸是黑色素细胞活性增强因子抑制剂，能有效抑制黑色素细胞活性异常增强，减少皮肤中异常的黑色素分泌和沉着；维生素 C 能还原除去黑色素、抗氧化及促进胶原蛋白合成；谷胱甘肽有抗氧化和抑制酪氨酸酶的作用。这三种成分是美白针在长期的临床实践中被证实的安全、有效的成分。用美白针实现全身美白，一般需要多个疗程。

1.2.2　电波拉皮除皱

高频电波进入真皮层，使真皮层水分子或其他分子产生热运动，温度升高使胶原蛋白收缩，从而实现紧致皮肤、除去皱纹的目的。高频电波刺激真皮层还会促使成纤维细胞分泌更多新的胶原蛋白。

1.2.3　激光美白祛斑

皮肤的正常组织和黑色素吸收光线的波长不同，用特定波长的光线照射皮肤，可以使黑色素吸收光线，而尽量减少皮肤正常组织吸收。利用这一原理，特定波长的高强度激光照射皮肤，可以选择性地粉碎黑色素颗粒，从而尽量减少对正常组织的损伤。

用激光美白祛斑，因选择光源不同、使用激光的波长不同、激光的强度不同等，叫法不同，如光子嫩肤、彩光嫩肤、生物光子嫩肤、激光美肤、点阵纳米光美肤、U 光祛斑嫩肤等，但它们原理都是一样的。

用激光美肤，可以美白祛斑、去红、去疤痕。激光对皮肤的照射，会启动皮肤损伤修复机制，可以促进血液循环、促进胶原蛋白的合成、修复皮肤损伤。激光手术是最有效、最快速的祛斑美肤方法。但是，激光手术不能完全做到不损伤正常皮肤组织，它会损伤皮肤角质层，造成术后皮肤对光敏感、对外界物质敏感、易失水干燥。如果术后生活环境不利于保养或者保养不当，很容易出现皮肤长期变红、色素沉着等副作用。而且，激光手术未从根源上解决斑的形成，术后可能复发。

1.2.4　超声波美容

超声波是指频率高于 20000Hz、不能引起正常人听觉反应^①的机械振动波。超声波通过高频振动按摩皮肤，可以有四大作用：疏通皮肤血液循环以及去除因微循环不通畅引起的皮肤红色；促进胶原蛋白的合成；配合洁面化妆品使用有卓越的清洁效果；配合营养化妆品使用有卓越的促渗透效果。

使用超声波美容时，超声探头不能辐射眼睛、眼皮等部位。一些患有疾病，如心脏病等的人，不能使用超声波。超声波促渗透时，可能把化妆品挤入毛孔和汗管，引起毛孔和汗管阻塞；可能把一些难渗透的成分"挤"入皮肤，引起皮肤过敏。

1.2.5　蒸汽美容

蒸汽美容是用较高温度的水蒸气刺激面部的美容方法。高温水蒸气可以扩张毛细血管、促进皮肤血液循环；可以舒张毛孔，软化毛孔中黑头等污物，起清洁毛孔的作用；可以起到皮肤补水的作用。桑拿实质上就是一种蒸汽美容。

过于频繁使用高温水蒸气刺激皮肤，毛孔总是扩张的，可能导致毛孔粗大；毛细血管总是扩张，可能出现皮肤偏红。因此蒸汽美容不宜天天做。

知 识 测 试

一、判断

1. 美白针是用水光针向皮肤注射美白成分的美白方法（　　）
2. 维生素 C、传明酸、谷胱甘肽是美白针常用的三种成分（　　）
3. 超声波可以破坏黑色素颗粒而达到美白效果（　　）
4. 蒸汽美容没有副作用，可以天天做（　　）
5. 美白针只能用于面部美白（　　）
6. 电波拉皮是一种去除皮肤皱纹的方法（　　）
7. 自体脂肪移植除皱、注射玻尿酸除皱的原理都是物理填充（　　）
8. 注射自体成纤维细胞除皱方法中的成纤维细胞来源于实验室培养、增殖（　　）
9. 肉毒素是使胶原蛋白收缩来除皱的（　　）
10. 肉毒素是使肌肉纤维不能收缩来除皱的（　　）
11. PRP 血清通过促使成纤维细胞增殖来除皱（　　）
12. 现在已经有一些效果"逆天"的化妆品可以逆转衰老，使我们变得更年轻（　　）
13. 2015 年后，世界上所有国家都已经禁止羊胎素用于美容（　　）
14. 未来的化妆品中，抗衰老将成为主题（　　）

---

① 人能听到的声波频率为 20～20000Hz。

15. 古埃及最早使用化妆品（　　）

16. 化妆品原理的发展推动了化妆品等美容方法的发展（　　）

17. 源于古代美容秘方的化妆品比现代化妆品好（　　）

18. 衰老是绝大多数皮肤问题的根源（　　）

19. 使用现代化妆品可以使皮肤毛细血管体密度恢复到年轻水平（　　）

20. 现代化妆品可以通过影响细胞能量代谢供应链来抗衰老（　　）

21. 现代化妆品可以修复线粒体功能而达到抗衰老效果（　　）

二、简答

1. 超声波用于美容有什么效果和副作用？

2. 高温蒸汽美容有什么效果和副作用？

3. 激光美容有什么效果与副作用？

4. 从目前研究看，未来化妆品可能有什么抗衰老方法？

参 考 文 献

[1] 唐佳韵，姚敏，赵倩，等. 浅谈古代中医美容史[J]. 中国美容医学，2012，21（2）：342-343.

[2] 风中徐行. 国外美容发展史[EB/OL]. http://blog.sina.com.cn/s/blog_503f7aed01008fsy.html. 2019-02-10.

[3] Das A, Huang G X, Bonkowski M S, et al. Impairment of an endothelial NAD⁺-H₂S signaling network is a reversible cause of vascular aging[J]. Cell，2018，173（1）：74-89.

[4] Mills K F, Yoshida S, Stein L R, et al. Long-term administration of nicotinamide mononucleotide mitigates age-associated physiological decline in mice[J]. Cell Metabolism，2016，24（6）：795-806.

[5] Singh B, Schoeb T R, Bajpai P, et al. Reversing wrinkled skin and hair loss in mice by restoring mitochondrial function[J]. Cell Death and Disease，2018，9（7）：735-749.

[6] Bussian T J, Aziz A, Meyer C F, et al. Clearance of senescent glial cells prevents tau-dependent pathology and cognitive decline[J]. Nature，2018，562：578-582.

[7] Smith P, Willemsen D, Popkes M L, et al. Regulation of life span by the gut microbiota in the short-lived african turquoise killifish[J]. Elife，2017，6：e27014.

[8] Mattison J A, Colman R J, Beasley T M, et al. Caloric restriction improves health and survival of rhesus monkeys[J]. Nature Communications，2017，8：14063.

第2章 化妆品概论

古希腊"化妆品"的词义是"装饰的技巧",意思是把人体自身的优点多加发扬,而把缺陷加以补救。根据 GB 5296.3—2008 对化妆品的定义,化妆品是指以涂抹、洒、喷或其他类似方式,施于人体表面任何部位(皮肤、毛发、指甲、口唇等),以达到清洁、芳香、改变外观、修正人体气味、保养、保持良好状态目的的产品。

2.1 皮肤类化妆品使用顺序

皮肤类化妆品使用的一般顺序是:卸妆、洁面、补水、补充营养物质、润肤或隔离、化妆。

2.1.1 卸妆

如果在皮肤上使用含油性物质较多的化妆品,油性物质长时间暴露在空气中,会干化变黏,这些黏稠的油性物质太多,很难用常规洁面方法清除干净,需要用一些自身容易清洁的溶剂先溶解,并擦洗除去绝大部分油性物质和粘在皮肤表面的无机颗粒,这个过程就是卸妆。卸妆用溶剂一般是一些混合、易清洁、低黏度的油性溶剂,卸妆原理即"以油溶油"原理。少数卸妆水采用乙醇等有机溶剂,这些溶剂有很强的溶解性和渗透性,可能溶解破坏脂质双分子层和细胞膜结构,并把溶解的成分带到皮肤表面,长期使用这类溶剂,会破坏角质层屏障功能,使皮肤变得粗糙。卸妆是为下一步洁面过程中使皮肤清洁更干净做的准备。

2.1.2 洁面

化妆品中的油性物质和皮脂腺分泌的皮脂存在于皮肤表面,形成一层油性膜,如果这些油性物质清洁不彻底,会有如下问题:①易干化阻塞皮肤(特别是面部)的毛孔,形成黑头或长痘;②阻碍功能成分的吸收;③腐烂变质,滋生有害细菌,对皮肤造成伤害;④影响皮肤美观。因此,清洁是皮肤护理的基础工作。仅从化妆品使用顺序上看,仔细做好洁面工作,是为后续步骤中向皮肤渗透水分和营养物质做准备。

洗面奶、洁面乳等用于清洁的化妆品都含有表面活性剂,可把不溶于水的油性物质乳化到水中。为了更好地清洁皮肤,在使用洁面化妆品的同时,辅助使用超声波洁面仪会使皮肤的清洁更彻底。

2.1.3　补水

皮肤中水分充足,才显得柔润。洁面以后用化妆水给皮肤补水,除了让皮肤充分吸收水分并保湿外,主要是为后续补充营养物质做准备:①水分可以撑大细胞内外容纳营养物质扩散的空间,提供营养物质扩散的载体,更有利于水溶性营养物质的吸收;②补充营养物质前,需要把皮肤调节到最佳状态,化妆水还具有调节皮肤 pH、收缩毛孔等调节皮肤状态的作用。收缩毛孔可以减小化妆品进入毛孔的概率,让皮肤看起来更细腻。

2.1.4　补充营养物质

补充营养物质即向皮肤中渗透对皮肤有益的物质。人体是一个水系统,皮肤需要的营养物质绝大部分是水溶性的,要让这些营养物质渗入皮肤中:①需要清洁除去皮肤上的油性阻隔膜,以防其阻碍水溶性物质的渗透;②需要让皮肤充分吸收水分,以利于水溶性物质的渗透扩散;③需要把化妆品的剂型调整到适合分子渗透扩散的形态,以利于营养物质在皮肤中渗透。

向皮肤渗透营养物质的化妆品剂型一般是面膜、凝胶或乳液。

2.1.5　润肤或隔离

在前面步骤中清洁皮肤时,皮肤上的皮脂膜同时被除去,补水和补充营养物质后都没有重塑这层保护膜,如果不化妆,则需要在皮肤上涂上润肤类化妆品重塑这层油性的保护膜,以阻止皮肤中水分蒸发。如果在皮肤表面使用彩妆类化妆品,由于彩妆中可能含有对皮肤有害的成分,需要先在皮肤上涂上一层易成膜的油性物质,以隔离彩妆类化妆品中的有害成分。

2.1.6　化妆

化妆指在皮肤表面使用彩妆类化妆品以用于修饰、遮瑕、防晒等。如果既要防晒又要化妆,应在隔离后先涂防晒化妆品,再化妆。

2.1.7　化妆品使用步骤的简化

如果每天完全按上述步骤使用化妆品,固然不错,但很浪费时间,现代人的快节奏生活要求简化化妆品烦琐的使用步骤,简化方式一般是直接省略某些步骤或者把化妆品设计成多功能合一的产品。例如:

如果不化妆,就不用卸妆,按洁面、补水、补充营养物质、润肤步骤进行。

有的化妆水本身含有丰富的营养物质或者有的精华液含水很多,补水与补充营养物质可以二合一。

有的化妆水含有防晒成分,集防晒、补水于一体。

有的乳液、日霜、面霜等本身富含营养物质,同时也含有较多的油性润肤物质,可以将补充营养物质和润肤二合一。

传统的化妆过程,需要先涂粉底(起到隔离和黏合作用),再扑粉,过程烦琐,耗时较长,BB 霜或 CC 霜集隔离、修饰和遮瑕、保湿、防晒等于一体,大大简化了化妆过程,节约了时间。

多步骤合一的化妆品,必然会以牺牲某些功效为代价。例如,BB 霜弱化了隔离功能;加防晒成分的化妆水增大了防晒成分吸收概率;润肤和补充营养物质二合一,营养物质渗入皮肤的概率大大减小;用化妆水向皮肤中渗透营养成分,因化妆水在皮肤上干得太快,营养成分向皮肤中渗透时间太短,所以渗入皮肤的营养成分不会太多。

2.2　化妆品的分类

为方便管理,国家药品监督管理局把化妆品分为国产特殊用途化妆品、国产非特殊用途化妆品和进口化妆品。国产特殊用途化妆品是指在中国生产的用于育发、染发、烫发、脱毛、美乳、健美、除臭、祛斑、防晒的化妆品,它们的定义是[1]:

育发化妆品是有助于毛发生长、减少脱发和断发的化妆品。

染发化妆品是具有改变头发颜色作用的化妆品。

烫发化妆品是改变头发弯曲度,并维持相对稳定的化妆品。

脱毛化妆品是具有减少、消除体毛作用的化妆品。

美乳化妆品是有助于乳房健美的化妆品。

健美化妆品是有助于使体形健美的化妆品。

除臭化妆品是有助于消除腋臭的化妆品。

祛斑化妆品是用于减轻皮肤表皮色素沉着的化妆品。

防晒化妆品是具有吸收紫外线作用、减轻因日晒引起皮肤损伤的化妆品。

除国产特殊用途化妆品外,其他国产化妆品属非特殊用途化妆品。

在国家药品监督管理局网站(https://www.nmpa.gov.cn/WS04/)上,可以查询中国所有合法销售的化妆品的详细信息,包括产品名称、产品类别、生产企业、生产企业地址、批准文号、批件状态、批准日期、批件有效期、卫生许可证号、产品名称备注、备注、产品技术要求。在每个化妆品产品的"产品技术要求"栏,点击"查看详细内容",可查询到配方成分及作用、生产工艺、感官指标、卫生化学指标、微生物指标、检验方法、使用方法、保质期。这些详细信息可为消费者认识化妆品成分、区分假冒伪劣化妆品提供帮助。

本书按用途把化妆品分为皮肤保养类化妆品、皮肤清洁类化妆品、皮肤彩妆类化妆品、皮肤治疗类化妆品和非皮肤类化妆品,并以此为主线编写。

需特别指明的是,本书把美白化妆品也归入皮肤保养范畴。有人认为,皮肤美白实际上是对皮肤天然系统的人为干预,有些美白成分不是皮肤自有成分,对皮肤有害无益,所以美白不能算是皮肤保养。但本书认为,中国的传统观念是以白为美,以红润白嫩为保养皮肤的终极目标,皮肤的保养包括除去皮肤上的色素,绝大部分美白措施对皮肤有益无害,如疏通微循环、防晒、维生素 C 还原黑色素等；针对"三酶一素"的美白措施的确是对皮肤天然系统的干预，几乎没有危害性，所以本书把美白纳入皮肤保养范畴。

按剂型分类的化妆品在此不一一列举。

2.3　化妆品的成分

2.3.1　化妆品成分概述

1. 化妆品成分流行性与皮肤需求的不变性的矛盾

化妆品作为时尚商品，具有流行性。化妆品厂商针对功效成分和剂型总是要推陈出新，以适应流行趋势变化，但是皮肤对营养成分的需求不会由于化妆品流行趋势变化而改变，具有一定的不变性。因此，总是存在化妆品流行性和皮肤需求不变性之间的矛盾，化妆品厂商需要在皮肤对营养成分的需求和推陈出新之间做出平衡。作为消费者，一定要认识到，化妆品厂商广告宣传的成分，不一定对皮肤有多大的作用，而且这些成分还可能有更安全、更好功效的替代成分。

2. 如何区分化妆品成分好坏

化妆品的功效成分种类繁多，哪些才是化妆品中好的功效成分呢？如果是专业人士，可以从成分功效测定的相关数据中进行比较判断，普通消费者显然不具备这些专业能力，应该如何区分化妆品功效成分的好坏呢？

一种对皮肤有益的成分，每个化妆品厂商都可以用，不存在某化妆品厂商具有专利权的问题。不好的成分会在化妆品使用过程中逐渐被淘汰，好的成分会在长期使用的历史中沉淀下来。因此，长期使用、大家都使用的成分才是化妆品中好的成分①。至于化妆品厂商广告宣传的某些成分，大多只是为了吸引消费者眼球、打出化妆品特色，不一定是好的、安全的、真正起作用的成分。例如，红石榴提取物用于很多化妆品中，它一定是安全有效的成分；超氧化物歧化酶仅用于个别化妆品中，它可能存在某些问题，不适合用于化妆品中。

3. 关于化妆品成分的标识规定

在我国正规销售的化妆品，必须有中文标识，在化妆品包装的醒目位置列出添加的全部成分，加入量大于 1%的成分按加入量由多到少列出，加入量小于或等于 1%的成分按任意顺序排在加入量大于 1%的成分后面[2, 3]。这个规定有助于消费者判断化妆品中各成分加入量的多少。

2.3.2　按用途对化妆品成分分类

按用途可把化妆品成分分为主要功效成分和辅助添加剂。

---

① 在化妆品的网上销售平台搜索成分名称，可以看出该成分在各品牌中的使用情况。

1. 主要功效成分

化妆品的设计目的是皮肤的保湿、营养、治疗、美白、清洁等。化妆品通过加入一些具有上述功效的物质来实现这些功能，因此这些成分被称为主要功效成分。这些成分将在对应章节详细讲解，其作用原理及应用是本书的主要内容。

2. 辅助添加剂

商品化妆品需要有较长的保质期、吸引人的状态、与皮肤相适应的 pH，因此，还需要辅助添加一些物质，以达到抑菌、抗氧、调 pH、赋形、溶解等目的。这些添加剂不是皮肤需要的成分，有的可能还会对皮肤造成一定的伤害，因此化妆品应尽量减少或不用这些辅助添加剂。

一些宣传无添加的化妆品，意思就是没有添加这些辅助添加剂。如果从配方设计和包装上下功夫，的确可以大幅度减少辅助添加剂的使用。例如，一些成分没有列入化妆品防腐剂名录，但高浓度下具有抑菌防腐效果，最典型的就是乙醇，化妆品中添加大于 5%的乙醇，可大幅减少防腐剂用量；设计一些成分简单、功效成分明确的化妆品也可以减少防腐剂用量；小颗粒独立包装的化妆品不用考虑剂型因素，可减少赋形剂的添加，独立无氧无菌的小颗粒包装可大幅减少防腐剂用量。

化妆品常用的辅助添加剂主要是：防腐剂、赋形剂、pH 调节剂、溶剂、抗氧剂。

1）防腐剂

防腐剂具有抑制微生物生长繁殖的作用，使化妆品能有较长的保质期。由于防腐剂可能使皮肤过敏，化妆品中防腐剂用量一般较少，在成分列表中一般排在最后面。我国在 2015 年版《化妆品安全技术规范》中，对国内化妆品中可使用的防腐剂的范围和限量有明确规定，即使最安全的防腐剂，除丙酸及其盐总量不超过 2%外，其他规定的最大限量也不超过 1%。如果化妆品的成分复杂或者天然提取物加入量和种类较多，为微生物的生长提供了充足营养，化妆品更易滋生细菌，防腐剂需要用得更多，但是每种防腐剂用量都有限量规定，不能无限增加防腐剂量，只能通过增加防腐剂种类来延长保质期。因此，有的化妆品可能添加多种防腐剂。当然，不排除有些化妆品用多种防腐剂可能是出于对防腐效果、防腐范围和相容性的考虑。

在 2015 年版《化妆品安全技术规范》中，化妆品准用防腐剂共 51 种，其中仅规定添加量上限的通用防腐剂有 30 种（表 2-1），有使用范围和限制条件的防腐剂 21 种（表 2-2）。与 2007 年版相比，碘酸钠、聚季铵盐-15、甲基二溴戊二腈、乌洛托品和氯乙酰胺五种防腐剂不再准许使用。

表 2-1　通用防腐剂

序号	防腐剂名称	最大允许使用浓度
1	烷基（C_{12}～C_{22}）三甲基铵溴化物或氯化物	总量 0.1%
2	苯扎氯铵，苯扎溴铵，苯扎糖精铵[1]	总量 0.1%（以苯扎氯铵计）
3	苄索氯铵	0.1%

续表

序号	防腐剂名称	最大允许使用浓度
4	苯甲酸及其盐类和酯类	总量 0.5%（以酸计）
5	苯甲醇	1.0%
6	溴氯酚	0.1%
7	氯己定及其二葡萄糖酸盐、二酯酸盐和二盐酸盐	总量 0.3%（以氯己定计）
8	苄氯酚	0.2%
9	氯二甲酚	0.5%
10	氯苯甘醚	0.3%
11	氯咪巴唑	0.5%
12	双（羟甲基）咪唑烷基脲	0.5%
13	二溴己脒及其盐类，包括二溴己脒羟乙磺酸盐	总量 0.1%
14	二氯苯甲醇	0.15%
15	1,3-二羟甲基-5,5-二甲基（DMDM）乙内酰脲	0.6%
16	甲酸及其钠盐	总量 0.5%（以酸计）
17	己脒定及其盐，包括己脒定二羟乙基磺酸盐和己脒定对羟基苯甲酸盐	总量 0.1%
18	海克替啶	0.1%
19	咪唑烷基脲	0.6%
20	无机亚硫酸盐类和亚硫酸氢盐类	总量 0.2%（以游离 SO$_2$ 计）
21	甲基异噻唑啉酮（卡松或凯松）	0.01%
22	邻伞花烃-5-醇	0.1%
23	邻苯基苯酚及其盐类	总量 0.2%（以苯酚计）
24	4-羟基苯甲酸及其盐类和酯类（尼泊金酯类）	单一酯 0.4%（以酸计），混合酯总量 0.8%（以酸计），且其丙酯及其盐类、丁酯及其盐类之和分别不得超过 0.14%（以酸计）
25	苯氧乙醇	1.0%
26	聚氨丙基双胍	0.3%
27	丙酸及其盐类	总量 2.0%（以酸计）
28	羟甲基甘氨酸钠	0.5%
29	山梨酸及其盐类	总量 0.6%（以酸计）
30	十一烯酸及其盐类	总量 0.2%（以酸计）

1）标签上必须标印"避免接触眼睛"

表 2-2 有使用范围和限制条件的防腐剂

序号	防腐剂名称	最大允许使用浓度	使用范围和限制条件
1	二甲基噁唑烷	0.1%	pH≥6
2	2-溴-2-硝基丙烷-1,3-二醇（布罗波尔）	0.1%	避免形成亚硝胺
3	水杨酸及其盐类[1]	总量 0.5%（以酸计）	除香波外，三岁以下儿童勿用，标签必须标印"含水杨酸"
4	对氯间甲酚	0.2%	禁用于接触黏膜的产品

序号	防腐剂名称	最大允许使用浓度	使用范围和限制条件
5	7-乙基双环噁唑烷	0.3%	禁用于接触黏膜的产品
6	脱氢乙酸及其盐类	总量 0.6%（以酸计）	禁用于喷雾产品
7	甲醛和多聚甲醛	总量 0.2%（以甲醛计）	禁用于喷雾产品
8	三氯叔丁醇	0.5%	禁用于喷雾产品；标签上必须标印"含三氯叔丁醇"
9	戊二醛	0.1%	禁用于喷雾产品，当成品中戊二醛浓度超过0.05%时，标签上必须标印"含戊二醛"
10	沉积在二氧化钛上的氯化银	0.004%（以氯化银计）	沉积在二氧化钛上的 20%（w/w）氯化银，禁用于三岁以上儿童使用的产品、眼部及口唇产品
11	三氯卡班	0.2%	纯度标准：3, 3′, 4, 4′-四氯偶氮苯少于 1mg/kg; 3, 3′, 4, 4′-四氯氧化偶氮苯少于 1mg/kg
12	三氯生	0.3%	洗手皂、浴皂、沐浴液、非喷雾除臭剂、化妆粉及遮瑕剂、指甲清洁剂（使用频率不得高于 2 周/次）
13	5-溴-5-硝基-1, 3-二噁烷	0.1%	淋洗类产品，避免形成亚硝胺
14	甲醛苄醇半缩醛	0.15%	淋洗类产品
15	甲基氯异噻唑啉酮和甲基异噻唑啉酮与氯化镁及硝酸镁的混合物（甲基氯异噻唑啉酮：甲基异噻唑啉酮为 3∶1）	0.0015%	淋洗类产品，不能与甲基异噻唑啉酮同时使用
16	苯氧异丙醇	1.0%	淋洗类产品
17	吡硫鎓锌	0.5%	淋洗类产品
18	苯汞的盐类，包括硼酸苯汞	总量 0.007%（以 Hg 计）	眼部化妆品，标签上必须标印"含苯汞化合物"
19	硫柳汞	总量 0.007%（以 Hg 计）	眼部化妆品，标签上必须标印"含硫柳汞"
20	碘丙炔醇丁基氨甲酸酯[2]（IPBC）	0.02%	淋洗类产品
		0.01%	驻留类产品；禁用于唇部用品；禁用于体霜和体乳
		0.0075%	除臭产品和抑汗产品；禁用于唇部用品
21	吡罗克酮和吡罗克酮乙醇胺盐	总量 1.0%	淋洗类产品
		总量 0.5%	除淋洗类产品外的其他产品

1）当产品可能被三岁以下儿童使用，并与皮肤长期接触时，标签上必须标印"三岁以下儿童勿用"

2）除沐浴产品和香波产品外，当产品可能被三岁以下儿童使用时，标签上必须标印"三岁以下儿童勿用"

  由于天然产物更易被消费者认可，有的化妆品厂商开始尝试使用植物源防腐剂，但植物源防腐剂在效果的稳定性、抗菌范围等方面远不如目前常用的防腐剂，加之植物粗提物的杂色和异味对化妆品颜色和气味的影响，植物源防腐剂还没有大范围应用[4-7]。

  2）赋形剂

  每一种成分的添加都可能影响化妆品的形态，广义地说，每一成分都可以是赋形剂，但是有的成分添加的目的不是赋形，所以我们把添加目的是改变化妆品形态的一类物质称为赋形剂。化妆品的稠度和黏度与皮肤感受息息相关，化妆品赋形主要是增稠和调节黏度。

化妆品的常见状态主要是：液态、固态、凝胶态、乳态。

液态化妆品中的成分都溶解或均匀分散在溶剂中，一般仅需要根据皮肤感受稍微调节黏度和稠度，不会根本上改变其液体形态。

固态化妆品的形态往往依靠自身固态成分成形，一般仅调节固态成分的软硬度。

从形态上说，凝胶态和乳态化妆品介于液态和固态之间。制备这些剂型时，需要向溶液或乳液中添加一些增稠剂和黏度调节剂来形成有一定流变性的形态。

增稠剂种类很多，刘义和高俊对化妆品使用的增稠剂作了总结[8]。但是，化妆品常用的增稠剂并不是很多，而且一般是高分子增稠剂，因为高分子增稠剂分子体积大，不会穿过皮肤的角质层屏障，只能停留在皮肤的表面，所以不会引起皮肤过敏。

化妆品中常见的高分子增稠剂有[9]：卡波姆系列（丙烯酸共聚物、丙烯酸酯共聚物、丙烯酰胺共聚物）、纤维素系列、黄原胶、核菌胶、瓜尔胶。

化妆品中增稠剂本身受很多因素的影响，其黏度会发生变化。直接添加一些物质来影响化妆品的黏度，这类物质称为黏度调节剂。常见黏度调节剂有：无机盐类（如氯化钠）、脂肪醇类（如硬脂醇）、脂肪酸类（如硬脂酸）。这类黏度调节剂往往不能独立实现增稠，当添加的增稠剂形成胶束时，它们可以插入胶束来实现黏度调节。

多种乳化剂也会对化妆品黏度有很大影响，蜡类成分也能起到降低黏度的作用。

3）pH调节剂

皮脂中的脂肪酸使皮肤天然呈弱酸性（pH为5～6），如无特别需要①，与皮肤接触的化妆品的pH应呈弱酸性，过酸或过碱都可能刺激甚至灼伤皮肤。化妆品中添加了许多成分，其pH可能出现与皮肤pH有较大差异的情况，需要加入pH调节剂（酸性或碱性物质）来调控化妆品酸碱度。化妆品中常用的酸性调节剂主要是有机酸，如脂肪酸、果酸、乳酸等，个别也使用无机酸，如硼酸。化妆品中常用的碱性调节剂主要有：氢氧化钾（或氢氧化钠）、硼砂、三乙醇胺、三异丙醇胺等。化妆品的pH不仅要与皮肤相近，还应具有纠正皮肤过酸或过碱的功能，因此，在化妆品中既加入酸性调节剂，也加入碱性调节剂，使化妆品形成具有一定pH缓冲能力的体系，针对过酸或过碱的皮肤，使用化妆品后，皮肤pH能回到弱酸状态。

4）溶剂

以水为主的化妆品体系的主要溶剂是水；精油型化妆品的主要溶剂是不溶于水的液态油脂。除二者外，化妆品中常要加入一些辅助溶解的溶剂②，主要有醇类溶剂（乙醇、丁醇、戊醇、异丙醇等），酯类溶剂[肉豆蔻酸（十四酸）异丙酯、棕榈酸（十六酸）异丙酯、硬脂酸（十八酸）丁酯]等。这些溶剂具有低黏度、高渗透性、高溶解性的特点，不仅能辅助溶解一些功能成分，也能溶解细胞膜、脂质双分子层等，因此长期使用这些溶剂，可能导致皮肤粗糙。

5）抗氧剂

抗氧剂是指用于防止化妆品中一些成分被氧气氧化的一类物质（应区别于人体内抗氧

---

① 去死皮、去角质、去粉刺栓类化妆品需要较高的酸度，脱毛类化妆品需要较高的碱度。
② 有些液态成分客观上具有辅助溶解的效果，但化妆品添加的主要目的不是助溶，不算作溶剂。

化物质），添加抗氧剂使化妆品成分的稳定性提高。化妆品中常用的抗氧剂分为水溶性和油溶性两类，水溶性抗氧剂主要有维生素 C 和植酸，油溶性抗氧剂主要有维生素 E、没食子酸丙酯、特丁基对苯二酚、丁基羟基茴香醚、二丁基羟基甲苯等[10]。

2.3.3　按吸收情况对化妆品成分分类

按吸收情况可以把化妆品的成分分为覆盖于皮肤表面的成分、渗透到皮肤中的成分。

1. 覆盖于皮肤表面的成分

皮肤对化妆品成分的吸收是一种不完全的吸收，其中的大分子成分和一些没有渗透进入皮肤中的小分子成分会停留在皮肤的表面。彩妆类化妆品的设计目的主要是在皮肤表面工作，它的成分也主要停留在皮肤的表面。这些停留在皮肤表面的成分可以起保湿、修饰、遮瑕、防晒、隔离、磨砂等作用。除用于防护的防晒和隔离作用外，对皮肤的保湿、修饰、遮瑕、磨砂等作用，可以迅速改变皮肤的观感，但只是暂时性的，不能从本质上改变肤质和肤色。化妆品成分长时间停留在皮肤表面，会氧化变质和滋生有害细菌，使皮肤色泽灰暗、无光泽，严重的会引起皮肤过敏，其副作用不可忽略，应及时清洗。

2. 渗透到皮肤中的成分

保养皮肤，除了在皮肤表面防护外，让营养成分渗入皮肤中才能实现皮肤的真正改善，改善过程是缓慢、可持续的。

为达到快速改善肤质和肤色的目的，一些不良商家在化妆品中违法添加有害成分。这些有害成分导致肤质、肤色的快速改善，对皮肤伤害极大，其危害性将在本书中有较多论述，其带来的皮肤改善假象是不可持续的、短暂的，而且可能有严重的反弹，停用后皮肤变得更差。

商品化妆品中的成分不都对皮肤有益，渗透进入皮肤中的成分还包括非皮肤友好的成分，甚至有害成分，它们的存在可能引起皮肤过敏或使皮肤受到损害。好的化妆品，不应加入有害成分，即使非皮肤友好的辅助添加剂等成分也应该尽量少加入。

2.3.4　按溶解性对化妆品成分分类

根据溶解性可以把化妆品成分分成水溶性成分和油①溶性成分。一般情况下，溶于水的成分在油中很难溶解，溶于油的成分在水中很难溶解，既溶于水又溶于油或者既不溶于水也不溶于油的成分极少，本书若有提及，会特别指明。

人体本身为一水系统，人的皮肤需要的功效成分绝大部分是溶于水的，也就是说化妆

---

① 油是指以甘油三酯为主要成分的动植物油脂，也就是我们炒菜用的油。

品添加的绝大部分功效成分都是溶于水、不溶于油的，只有少部分功效成分不能溶于水，只能溶于油。

水溶性成分配入化妆品时，只需要简单的溶解即可。如果化妆品配方中所有成分均可溶于水，形成的是透明溶液，增稠该透明溶液即可得到透明凝胶型化妆品，透明凝胶型化妆品一般不含或含有很少油及油溶性成分。油溶性成分配入水体系化妆品[①]时，因为水和油互不相溶，需要先把油溶性成分溶解在油中，然后乳化在水中，再增稠形成乳液，乳液型化妆品必然含有较多的油和油溶性成分。油溶性成分也可以直接溶解在油中，做成精油型化妆品。彩妆类化妆品处于皮肤最外面，易失水变干，所以一般以油性溶剂为主，水溶液只能乳化于油中。

2.4　化妆品的安全性

化妆品的安全风险主要是：添加成分的安全风险、假冒伪劣化妆品风险、化妆品变质的风险、化妆品中的新技术风险。

2.4.1　添加成分的安全风险

从皮肤面临风险的角度看，添加在化妆品中的成分可以分为无害成分、风险成分和有害成分。无害成分不构成皮肤的安全风险，本节主要讲述风险成分和有害成分。

1. 风险成分

风险成分是指相关部门允许在化妆品中添加的，但在一定条件下，可能引起皮肤过敏等伤害的成分。在 2015 年版《化妆品安全技术规范》中，这些风险成分一般都有添加限量和适用范围的规定。概括起来，化妆品中的风险成分主要是：辅助添加剂、天然提取物、新成分、荧光增白剂、强氧化剂。

1）辅助添加剂

2.3.2 节中对辅助添加剂有详细描述，这些辅助添加剂不是皮肤的自有成分，对皮肤没有任何益处，大量辅助添加剂经皮吸收进入皮肤，可能引起过敏反应，所以在《化妆品安全技术规范》中，许多辅助添加剂的用量和适用范围都有严格规定。

2）天然提取物

化妆品中使用天然提取物，有诸多缺点。例如，天然提取物成分复杂，会让皮肤吸收太多未知成分；天然提取物为细菌滋生提供充足营养，会导致化妆品中防腐剂大量添加；天然提取物一般功效成分含量低，效果不尽如人意；天然提取物有杂色，会影响化妆品状态。但是，消费者在"自然主义"影响下，却误认为一切源于天然的东西都是好的。为迎合消费者的这种心理，很多化妆品厂商喜欢在化妆品中添加多种天然提取物，甚至主打本草品牌来吸引消费者。事实上，在 2015 年版《化妆品安全技术规范》中，很多天然提取

---

① 市售化妆品绝大部分是以水为主要溶剂的水体系化妆品，彩妆和精油型化妆品是以油为主的油体系化妆品。

物是禁止添加的。选用化妆品的天然原料应该秉持可食用原则来降低天然提取物的安全风险，即人体消化系统吸收是安全的，经皮吸收也应该安全。

3）新成分

有机化学科技工作者的研究工作中，经常发现对皮肤有益的新成分，这些新成分一旦被发现，一般很快就会应用到化妆品中。为什么化妆品厂商有抢先应用这些新成分的动力呢？这实质上是化妆品厂商迎合消费者的一种表现。新成分的使用可以为化妆品营销提供新的、与众不同的素材，更能吸引消费者眼球；由于普通消费者对科学的敬畏，新成分会被消费者误认为比老的更好；化妆品中使用新成分的短期风险主要是皮肤过敏，消费者对化妆品引起的皮肤过敏一般较少追究生产商的责任，所以一些化妆品厂商喜欢用新成分。但是，化妆品用的新成分，没有经历如新药那样众多的安全性实验，很多隐患不为人知，新成分带来的安全风险往往要在长期使用的过程中慢慢体现出来。在化妆品成分应用历史上，有很多成分由于使用过程中暴露出安全风险而被禁用[1]。长期安全使用、大家都喜欢添加的成分，才是化妆品中好的成分。

4）荧光增白剂

黄种人的皮肤肤色偏黄是因为皮肤反射光线中缺少蓝色光线，所以解决皮肤偏黄的一种有效方法就是补充皮肤反射光线中的蓝色光线。荧光增白剂可以吸收紫外线，放出蓝色荧光，涂在黄色皮肤上可以增加皮肤反射光线中的蓝光，从而使皮肤变白[2]。由于人的眼睛不能感知紫外线，涂有荧光增白剂的皮肤，因增加的蓝光使反射光线增强，看起来会比没有涂荧光增白剂的皮肤亮一些，因此在黄色的皮肤上涂抹荧光增白剂，不仅使皮肤更白，还能提亮肤色。

荧光增白剂最开始在洗涤用品中使用，以便使发黄衣物变白，后来应用到化妆品中，特别是面膜型的化妆品中来快速改善发黄皮肤肤色。

一直以来，对荧光增白剂在化妆品中的使用有诸多争议，争议焦点集中在荧光增白剂有没有害和化妆品中该不该用。

从国家法规层面看，在2015年版《化妆品安全技术规范》中，没有荧光增白剂在化妆品中使用的禁用或限用的相关规定，这说明荧光增白剂可以应用在化妆品中。从一些研究文献看，大多数荧光增白剂无毒无害，甚至一些饮料中也有荧光增白剂。很多物质如维生素 A、一些蛋白质等都能放出蓝色荧光，理论上都可以用于美白，都可以称为荧光增白剂。但是，仅从这几点还无法消除公众对荧光增白剂在化妆品中使用的忧虑，因为绝大部分荧光增白剂是皮肤不需要的成分，大量渗入皮肤，必然会引起皮肤的过敏反应[3]，基于此，荧光增白剂的安全风险性至少应等同于非皮肤友好的添加剂，化妆品中应尽量少添加，尽量选用安全风险不大的荧光增白剂。荧光增白剂在化妆品中没有限量规定，如果大量添加，其安全风险性会高于有限量规定的非皮肤友好的添加剂。

---

① 国家权威部门几乎每年更新已使用化妆品原料名称目录，一些成分被加进来，一些成分被从中删除。
② 红、橙、黄、绿、青、蓝、紫七色光线在一起形成白色，缺少蓝色光线，其他光线混在一起即为黄色。
③ 有人认为皮肤吸收不了荧光增白剂，其覆盖于皮肤表面，易清洗，但本书认为荧光增白剂种类多，不能一概而论。

5）强氧化剂

有机色素之所以会有颜色，是因为色素分子中的共轭双键吸收了可见光线，如果破坏这些共轭双键，分子就不会吸收可见光，分子颜色也随之消失。这些共轭双键可以被强氧化剂氧化破坏，把强氧化剂添加到美白化妆品中，可以破坏皮肤中色素分子而实现快速美白。双氧水又称过氧化氢，无色且分解产物是水和氧气，是美白化妆品中常添加的一种用于破坏色素分子的强氧化剂。

强氧化剂进入皮肤，会氧化皮肤中抗氧化成分，加速皮肤衰老；会氧化皮肤中分子的羟基、杀死细胞、破坏皮肤的分子结构；对皮肤一般都有较强的腐蚀性。所以，在化妆品中使用过氧化氢类的强氧化剂，存在一定安全风险。医学上，可以使用 3%～5%过氧化氢给伤口消毒，说明其安全性可控。偶尔使用低浓度过氧化氢，对皮肤的危害性可忽略不计，但天天使用，长期使用，其危害的累积不可忽视。2015 年版《化妆品安全技术规范》规定：皮肤类化妆品中过氧化氢浓度不能超过 4%。

2. 有害成分

有害成分是指对人体及皮肤有危害的成分，在 2015 年版《化妆品安全技术规范》中，把一些可能有害的物质规定为禁用和限用两大类，禁用物质理所当然是任何化妆品都不能添加的有害成分，限用是对物质使用范围和用量的限制。由于《化妆品安全技术规范》中规定有禁用和限用的物质太多，不可能一一列举说明，本书结合近年来化妆品违规添加和超标事件，对化妆品中易出现的有害成分进行了总结和分析。

1）有害元素

（1）铅、汞。因为铅、汞元素能快速破坏酪氨酸酶的结构，有快速美白的效果，所以不良化妆品厂商有故意添加这两种有害元素的动机。但铅、汞等重金属可与皮肤巯基结合，使巯基含量减少，反而激活酪氨酸激酶，使生成的黑色素增多，所以一旦停止使用含铅、汞的化妆品，皮肤很快就会泛黄、起斑、发黑，或者引起皮肤的过敏反应。长期使用，会导致铅、汞进入人体，对神经、血液、消化、心脑血管、泌尿等多个组织和系统造成损害，严重影响体内的新陈代谢，阻塞金属离子代谢通道，造成低钙、低锌、低铁，并导致其补充困难，出现神经系统病症、代谢障碍[11]，严重者会危及生命。我国规定，化妆品的汞含量不得超过 $1\mu g/g$，铅含量不得高于 $10\mu g/g$。在化妆品使用历史上，含铅、汞的化妆品曾经流行一时，近年来铅、汞元素违法添加的事件也常有发生。

（2）砷。砷及其化合物在人体内与蛋白质和氨基酸有很强的亲和力，能与含巯基的酶结合而抑制其活性，导致细胞呼吸和氧化过程发生障碍。我国规定，化妆品中砷含量不得超过 $2\mu g/g$。化妆品中的砷主要来源于化妆品的原料和生产过程。

（3）镉。镉及其化合物有剧毒，能破坏钙、磷代谢；参与微量元素代谢，抑制酶的活性；损伤心脏、肝脏、肾脏、骨骼肌和骨组织。镉及其化合物是化妆品中禁止添加的物质，化妆品中镉含量不得超过 $5\mu g/g$。化妆品中常用的锌化合物的原料——闪锌矿中常含有镉，厂家使用不合格原料会使化妆品中的镉超标。

（4）铬。皮肤接触铬化物，可引起愈合极慢的"铬疮"。铬为皮肤变态的反应原，可引起过敏性皮炎或湿疹，病程长，久治不愈。铬及其化合物是化妆品中禁止添加的物质。

（5）钕。钕对眼睛和黏膜有很强的刺激性，对皮肤也有中度刺激性，吸入还可导致肺栓塞和肝损害。

砷、镉、铬、钕四种有害元素，对美肤无任何帮助，因此化妆品厂商没有故意添加这些有害元素的动机。但近年来这些元素超标事件时有发生，都是由使用不合格原料造成的。

2）激素

激素可以通过促进皮肤新陈代谢、促进胶原蛋白合成、增加皮脂分泌等方式辅助美肤，从而减少皮肤皱纹、增强皮肤弹性和光泽度。但是外用的激素被称为"皮肤鸦片"，容易被皮肤吸收，导致出现激素依赖性皮炎（过敏、脱皮、红血丝）、多毛以及引起身体器官病变、诱发癌症。雌性激素、孕激素、肾上腺髓质和皮质激素等都属于化妆品中的禁用物质。由于激素有快速改善肤质和肤色的作用，不法商家有在化妆品中添加激素的动机。近年，违法添加激素的事件时有发生，特别是夸大宣传一些功效的化妆品，近四分之一被检出含有激素[12]。

激素给皮肤带来的美肤效果确定无疑，但不能外用。某些植物成分能与雌性激素受体结合，实现弱的雌性激素功能，它们的分子不是雌性激素的甾体结构，没有雌性激素的副作用，常被用到化妆品中实现雌性激素功能。通常在化妆品中添加的最具代表性的植物雌性激素主要是大豆提取物（大豆异黄酮），另外白藜芦醇也被报道具有弱的雌性激素功能。

3）甲醇

甲醇是小分子水溶性物质，极易被皮肤吸收，它在人体内代谢成甲酸，麻醉中枢神经系统，引起脑水肿、视神经萎缩，甚至导致失明。甲醇主要存在于含乙醇的化妆水、香水或其他用于喷雾的水剂中，化妆品中甲醇限量为 2mg/g。由于它对美肤无任何帮助，商家不会故意向化妆品中添加甲醇，化妆品中的甲醇都是从添加的乙醇中引入的，如化妆品常添加的变性乙醇（工业酒精）中往往含有甲醇。

4）氢醌（对苯二酚）

氢醌通过抑制酪氨酸酶活性使皮肤中色素减少，效果极佳，医生可用它来治疗长斑。氢醌曾经被允许在皮肤类化妆品中使用，但后来发现皮肤长期与氢醌接触会发红，易产生皮肤癌，氢醌急性中毒会引起白细胞减少，所以我国已经禁止氢醌用于皮肤类化妆品。目前美白化妆品中常用的成分熊果苷实质上是氢醌经结构改造以降低副作用的替代物。

5）间苯二酚

间苯二酚刺激皮肤及黏膜，可经皮肤迅速吸收引起中毒症状，限用于洗发类化妆品中，限量为 0.5%。

6）二噁烷

二噁烷又称二氧六环，在日常生活中广泛存在，毒性不大，但接触浓度比较高的二噁烷，会引起头晕、呕吐、嗜睡，严重的会导致尿毒症和死亡。化妆品中如果含有二噁烷，主要是由添加的聚氧乙烯类或聚醚类结构的物质带来的。2015 年版《化妆品安全技术规范》中，二噁烷在化妆品中的限量为 30μg/g。曾有报道称某些品牌洗发水中含有二噁烷[13]，如果其含量在规定限量内，可以放心使用，其毒性可以忽略。

7）石棉

石棉是强致癌物质，2015 年版《化妆品安全技术规范》规定，化妆品中不得检出石棉。添加有滑石粉的化妆品，有混入石棉的风险，因滑石矿与石棉矿多是伴生或共生的，一些纯度不够的工业用滑石粉原料容易混有石棉。

2.4.2　假冒伪劣化妆品风险

假冒伪劣化妆品不仅大概率存在违法添加，还会由于生产环境差、工艺差等造成细菌、有害成分等污染，可能对使用者造成严重危害。现实生活中，网售假冒伪劣化妆品十分猖獗，近几年，几乎每年都有假冒伪劣化妆品被查处。究其原因，主要是以下几种。

1. 电子商务的普及为假冒伪劣化妆品提供了方便、隐蔽的销售渠道

网络改变了我们的生活，在电子商务时代，消费者只需要轻轻点击电脑就可以买到所需的东西，商家只需要上传身份证件及照片就可以开一个网店，买和卖之间变得十分容易、方便和隐蔽。网上销售的化妆品往往只能通过图片和卖家的宣传来判断真伪，而这二者反映的仅仅是包装，考验的是卖家的良心，不能为消费者提供真正判断真伪的信息。一般的消费者也不具备判断化妆品真伪的能力，因此一个网店是否售卖假货很难被发现，曾经有售卖假冒化妆品的网店存在了十几年而没有被发现[14]。

2. 缺失监管和违法成本低，难以形成有效震慑

尽管国家已经出台法规加强对网络上销售产品的监管，一些网络销售平台企业自身加强了监管，但受监管人力和物力成本影响，国家相关部门不可能经常和广泛地抽检，发现假冒伪劣化妆品仍然是小概率事件。即使某些造假和售假者被发现，处罚可能仅仅是店铺的关停和造假工厂的查封，处以违法所得几倍罚款，因使用假冒伪劣化妆品造成的伤害往往不会太严重，证据难收集，处罚也不可能太重。历年查到假冒伪劣化妆品、违法添加化妆品、超标化妆品的报道很多，但对相关人员及企业的处罚结果少有报道，难以对违法人员形成有效震慑，近二十年来，电子商务高速发展，化妆品造假售假者形成了成熟的产业链、利益链和规避法律制裁的方法。针对化妆品造假售假者存在发现难、处罚轻、人难抓的现象。

3. 暴利驱使造假者铤而走险

大牌化妆品的成本主要在广告营销环节，而造假售假者只需要付出试剂成本。这些假货销售价格即使仅为正品的一半，其利润也十分惊人，高额的利润让这些违法者铤而走险，假货屡禁不止。

4. 非正常消费心理使假冒伪劣化妆品有固定消费人群

化妆品售假者娴熟运用消费心理学。一些消费者贪图便宜的心理常被售假者利用，他们打着打折促销的旗号让消费者受骗上当；一些经济条件有限但崇尚大牌化妆品的消费者被售假者利用，他们售卖小样（试用装）使消费者上当；对于一些崇拜洋货的消费者，他们用代购的方式使之上当；消费者追求快速美肤的心理被利用，他们使用一些有害成分来实现快速美肤的目的。

一些长期存在的品牌化妆品偶尔也会爆出一些有害成分超出国家规定的标准，这些超标往往是由于无意、不小心使用了不合格原料，超标的量不会太大，一般不会对消费者皮肤带来较大的影响。但化妆品造假者，不是以维持品牌信誉为目的，而是以追求短期的、高额的利润为目的，其小作坊式的生产和劣质原材料的使用就决定了假货的低劣性，更主要的是他们通过添加有害成分来追求快速美肤，消费者使用这些化妆品，可能给皮肤带来极大的危害。基于上述原因，某些网络销售平台售假无处不在，消费者应如何避免购买这些假冒伪劣化妆品呢[15]？

（1）从证照齐全的实体店、专卖店、超市或信誉度高的网络销售平台购买化妆品。实体店、专卖店、超市销售的化妆品需要较高的成本，是国家传统监管的销售渠道，出现假冒伪劣化妆品概率较低；一些大的网络销售平台，其商品进货由企业把关，大大降低了出现假冒伪劣化妆品概率。从这些销售渠道购买的化妆品，基本可以保证是真品。

由批发市场途径获得的化妆品出现假货的概率很高；一些网售平台中的网上店铺售卖的化妆品出现假货概率较高；小样化妆品出现假货的概率较高；代购化妆品出现假货的概率较高；微商销售的化妆品出现假货的概率很高。应尽量避免从这些渠道购买化妆品。

（2）购买长期存在的化妆品品牌。在网络上销售的化妆品，每年总是有一些新的化妆品品牌出现和一些品牌消失，这些新的品牌只有电商销售，没有实体店销售，没有大量的广告投入。做这类化妆品只需要很小的投资，投资小即意味着即使违法也不需付出高昂的成本，它们吸引消费者的不是品牌的信誉度，而是漂亮的网页、夸张虚假的宣传。这类化妆品即使在国家药品监督管理局网站上有备案，也是违法添加有害成分的高风险化妆品，是消费者应尽量规避的化妆品。历年查处的违法添加事件主要涉及这类品牌。

如果一种化妆品品牌能长期存在，说明经受住了国家长期监管的考验，是值得信赖的品牌。

（3）应深入了解欲购化妆品信息，以降低买到假货的概率。

对欲购买的化妆品，特别是一些新的、不知名的、低投入的[①]化妆品，需要了解它的详细信息来判断它是否值得信赖。

（a）要仔细查看产品的生产企业、生产日期、有效期限等相关信息，不要购买没有批准文号或者与批准信息不符、没有备案文号或者与备案信息不符的化妆品[②]。

---

① 没有广告投入、没有实体店销售，仅有网络销售的化妆品，属于低投入化妆品。
② 2.2 节"化妆品的分类"中，介绍了如何从国家药品监督管理局网站查询化妆品的详细信息。

（b）应搜索化妆品相关信息，不要购买有被查处到不合格记录的化妆品。

（c）购买需要向皮肤中渗透成分来实现保养和美白类效果的化妆品，消费者评价不能作为参考标准，因为消费者难以对这类化妆品作出客观评价。这类化妆品的效果是长期使用形成的累积的结果，不是短时间能见效的。然而，消费者评价，往往是从肤感、效果等方面进行判断。不良的化妆品厂商往往故意添加有害成分来实现快速美肤，以获得消费者的好评。从被查处的添加了有害成分的化妆品的消费者评价来看，几乎所有人都给出了效果好的正面评价。因此，购买皮肤保养和美白类化妆品，如果有快速美肤的宣传和评价的，是相当危险的和应该规避的。

（d）购买在皮肤表面工作的彩妆类、润肤类化妆品，消费者评价可以作为评判标准。因为这类化妆品是在皮肤表面通过防护、修饰等实现美肤作用，化妆品厂商没有故意添加有害成分的必要性，消费者可以第一时间感知该类化妆品是否好用，所以其评价是真实的和可信赖的。

（4）不要盲目相信打折促销广告和宣传，不购买与市场价格相比明显过低或过高的产品。低价经常是假冒伪劣化妆品吸引消费者的手段，信誉度不高的销售平台上的打折促销，或者比市价明显偏低的化妆品不能购买。售假者一般很能揣测人们的消费心理，当大家都认识到低价可能买到假货时，又出现高价售卖假化妆品的报道。

2.4.3　化妆品变质的风险

变质的化妆品会导致皮肤刺激、过敏等，一定不能使用超过保质期或因储存不当引起变质的化妆品。

我国化妆品包装上的保质期是指未开瓶盖时的日期，打开瓶盖后，化妆品直接与外部氧气和细菌接触，会进一步缩短保质期。欧美一些化妆品包装上还可能印有打开瓶盖后的保质期。

保质期内的化妆品可能由于储存不当引起变质，化妆品储存有四怕原则：

（1）怕晒。阳光直射会使化妆品水分蒸发，出现膏体干缩、油水分离等现象，使化妆品失去原有功效；阳光中紫外线会使化妆品中一些物质发生化学变化，产生有毒物质。

（2）怕冷和热。冷藏保存化妆品，可以减缓变质，是允许的，但冷冻或冬天气温过低，会导致化妆品中水分结冰，改变化妆品原有的形态和质地，使化妆品不再适合使用。过热的环境也会对化妆品的稳定性产生影响，导致保质期缩短。

（3）怕潮。化妆品成分复杂，受潮易产生霉变。如果化妆品采用铁盖包装，受潮易生锈，影响化妆品品质。

（4）怕脏。使用化妆品后，一定要重新拧紧瓶盖。用手直接取用时，手一定要清洁干净，取多的化妆品不能重新放回去，以免细菌侵入。

2.4.4　化妆品中的新技术风险

化妆品的制备过程就是把一些功效成分、辅助添加剂混在一起，一般没有高技术可言。但在化妆品技术发展中，出现了可称为高技术的基因技术和纳米技术在化妆品中的应用。这些高技术在化妆品中的应用并不一定安全，可能给人体带来一定安全风险。

1. 基因技术在化妆品中的应用及风险

化妆品中基因技术的应用主要是通过基因技术制备小分子肽类成分，并添加到化妆品中。化妆品常用的功效成分中，有很多小分子肽，制备方法有天然提取、人工合成、发酵、基因技术。一些美容人士认为，人体内的蛋白质和肽是以基因为模板复制获得的，只有采用与人体获得肽类成分相同的方法制备的肽，再应用于人体才是最安全、与人最匹配、效果最好的。这些美容人士把通过基因技术获得的肽应用于皮肤美容的方法称为基因美容。实质上，不论哪种方法制备的肽类成分，只要化学结构相同，它们的功效都是一样的。

基因技术在化妆品中的另一应用是基因芯片技术，其主要应用方向是功效成分作用靶点研究、功效成分筛选、作为高通量筛选平台以及开发"量身定做"化妆品。

总体来说，基因技术在化妆品中应用实质是用基因技术制备功效成分，并无直接安全性风险。我国仅在婴幼儿化妆品中不鼓励使用基因技术的产品[16]。

2. 纳米技术在化妆品中的应用及风险

化妆品中纳米技术的应用主要是纳米无机粒子用作紫外线吸收剂、营养成分纳米微囊化两个方面。

1）纳米无机粒子用作紫外线吸收剂及其风险

无机粒子表面上有很多的未成键原子轨道，这些原子轨道中电子跃迁可以吸收紫外线。微米级无机粒子的比表面积小，吸收的紫外线可以忽略不计，但纳米无机粒子①的比表面积增大几百到几千倍，紫外吸收能力同等增强，可用作防晒化妆品中的紫外线吸收剂。与传统的有机紫外线吸收剂相比，纳米无机粒子紫外线吸收剂具有稳定性高、皮肤上黏附性好、透明性好等特点。但是，这些纳米无机粒子直径小于角质细胞间隙宽度，可直接被人体吸收，而且很难被破坏。研究表明，这些纳米无机粒子在某些细胞中有富集趋势，目前尚无证据证明它们的安全性，反而越来越多的研究证据证明了它们的安全风险[17,18]。纳米无机粒子对环境的污染看不见、摸不着，它们会进入食物链而永远存在，它们的不可破坏性决定了其对环境影响的不可逆转性。

2）营养成分纳米微囊化及其风险

角质细胞吸收水溶性分子，角质细胞间隙吸收油溶性分子。把化妆品成分包裹成纳米微囊，可以实现油溶性分子分散于水中，通过角质细胞吸收；水溶性分子分散于油中，通过角质细胞间隙吸收，由此大幅度提高了化妆品成分的吸收效率。这种纳米微囊进入人体

---

① 纳米无机粒子一般指粒径 10～100nm 的无机粒子，常见的有纳米二氧化钛、纳米氧化锌、纳米碳酸钙等。

后，微囊会被逐渐破坏，营养成分会被缓慢释放。包裹营养成分的纳米微囊与纳米无机粒子的不同之处是微囊会被破坏和吸收，不构成安全风险。

2.5　化妆品的效果

大牌化妆品可能通过动物实验甚至人体皮肤实验来确定即将上市的化妆品效果，有很多文献介绍了很多针对化妆品各方面效果的检测方法，但化妆品到消费者手中，情况千差万别，是否能实现化妆品宣称的功效却不得而知。化妆品消费者需要掌握一些关于化妆品效果的基本知识，以提升其判断能力。

正常情况下，采用化妆品改善皮肤，需要把营养成分渗透进入皮肤中，以实现保湿、营养补充、抗氧化、抗糖基化、促进胶原蛋白合成、消除微循环障碍、增强细胞活性、美白、治疗等功效。实现这些功效需要消费者长期使用针对性化妆品，缓慢累积。但是，消费者对化妆品的作用有过高的期盼，有急于美肤的需求，因此催生了一些快速美肤的方法。能否快速美肤是消费者对化妆品的第一感受，是大部分消费者是否购买某一款化妆品的决定因素之一，所以几乎所有的商品化妆品都不会忽视快速美肤效果，一些不法的商家甚至添加有害成分以达到快速美肤的目的。

在化妆品快速美肤方法中，有允许的、低风险的方法，也有禁止的、有害的方法。

2.5.1　允许的、低风险的方法

允许的、低风险的方法有如下几种。

（1）水分补充可快速改善皮肤观感。

（2）一些物质的刺激使毛孔收缩、肌肉舒张或收缩、皮肤紧致。这些方法是允许的和无害的，但只是短暂的。

（3）使用聚硅氧烷类物质覆盖在皮肤表面可以让皮肤摸起来更顺滑，反光度增加。

（4）彩妆类化妆品物理遮蔽和调色，亮肤肽遮蔽、淡化色斑。

（5）机械磨面、去死皮、去角质改善皮肤。

（6）荧光增白剂使肤色变白。过量使用荧光增白剂会增加皮肤过敏风险。

（7）过氧化氢使肤色变白。过量使用、长期使用强氧化剂有加速皮肤衰老的风险。

（8）神经酰胺修复皮肤角质层会使皮肤更光滑并且效果较持久。

（9）激光手术去除色素、色斑使美肤效果维持几个月。如果后续保养不佳，可能带来严重反弹。建议不要在紫外线强、空气干燥的气候环境做该类手术。

（10）电波拉皮、注射玻尿酸等除皱。

即使快速美肤的方法是允许的、低风险的，其效果也仅仅是表象，是短暂的，不是皮肤真正的改善，只有向皮肤中渗透功效成分，才能实现皮肤各方面真正的改善，这一过程往往是长期保养的累积，是缓慢的[①]。

---

① 从皮肤科临床研究来看，大多数成分实现皮肤改善的时间在两个月左右，化妆品中添加了多种成分，其中功效成分浓度一般小于皮肤科的临床实验，见效时间可能会更久一些。

2.5.2　禁止的、有害的方法

使用铅、汞、对苯二酚、激素等有害成分可以实现快速美肤，但这些有害成分可能对人体造成严重伤害，是绝对禁止的。

2.6　化妆品科技发展

科技的发展日新月异，人们对科学的崇拜也与日俱增，这种崇拜反映到化妆品中，主要体现在消费者对化妆品求新的心理和化妆品生产商对科技概念的重视。为迎合消费者敬重科技发展的求新消费心理，有些化妆品生产商的宣传广告打科技牌、夸大成果、混淆科技概念。为真实客观地看待化妆品科技发展，本书对化妆品科技发展方向作简要评价。

2.6.1　化妆品剂型的变化

根据化妆品的使用时间、场景、方便性、吸收性和营销需要等，要求化妆品有适合的剂型。化妆品生产商常通过不同剂型设计来吸引消费者。例如 BB 霜，可把膏体直接装在管状容器中，使用时挤出即可，有的厂商把膏体吸附在多孔软垫子中，使用时从多孔垫子的无数小孔中挤出（图 2-1）。

根据不同的使用时间和场景设计不同的化妆品剂型是对化妆品厂商最基本的要求，不能算是研究成果。

图 2-1　不同剂型的 BB 霜

2.6.2　发现新的功效成分

一种对皮肤有益的新功效成分的发现，一般由化学科技工作者完成，这样的发现只能算一般性的研究成果，化妆品厂商可能首先在化妆品中使用这种新成分，通过夸大成果重要性来吸引消费者眼球。消费者需要擦亮眼睛，不被宣传广告迷惑，应该认识到：这样的新成分，没有长期使用的历史，有安全隐患；实现同样的效果可能还有其他多种成分，甚至更好的、更安全的成分。

2.6.3　解决皮肤问题的新途径

所有化妆品实现保养皮肤的主要方法是：防晒和抗光老化、保湿补水、补充营养、抗氧化、抗糖基化、胶原蛋白的合成与防护、增强细胞活性、消除微循环障碍、美白祛斑。

如果能有其他方法被发现，如在 1.1.3 节中提到的"修复皮肤线粒体功能"，在理论和应用上都将是一较大突破。

2.7 化妆品厂商的概念炒作和误导

在化妆品营销过程中，为了吸引消费者，可能进行炒作和误导，消费者需要看透化妆品厂商宣传广告的本质。化妆品厂商的广告宣传有以下特点：

1. 炒作概念

利用消费者对自然的崇拜，炒作天然概念、中医概念："植物精华""植物能量""本草""百草""墨菊巨补水""人参精华""澳洲坚果精粹"等。

利用消费者对科技的崇拜，炒作科技概念："基因密码""水能量""透明质酸""磁力导入""匠心保湿科技"等。

利用水分对皮肤的重要性，炒作水概念："雪山水""深层地下水""深层海洋水""冰川水"等。

2. 夸大成果重要性

一些夸大成果重要性的化妆品宣传用语："10 年研究成果——水杨酸衍生物""FG 因子——超越世纪的诺贝尔发现""革命性 RNA Complex 科技"等。

3. 用词具有迷惑性和创新性

化妆品宣传广告中的用词丰富多彩，如美白可以叫做净白、凝白、臻白、嫩白、透白、焕白等；补水可以叫做鲜补水、巨补水等。

化妆品宣传广告用词具有迷惑性，让人似懂非懂，如"WIS 极润""雪润皙白冰肌水""沁透补水""走珠凝露""活肽精元保湿"等。

4. 皮肤护理程序复杂化

皮肤的护理实质上是外部防护和皮肤内部营养问题，但化妆品厂商为了营销需要，总是让皮肤护理复杂化，推出不同时间、不同场景、不同剂型的化妆品，如常规护理、日间护理、夜间护理、区域护理、晒后修复等。

5. 广告宣传错误百出

类似如下在化妆品宣传广告中的错误比比皆是。

图 2-2 中椭圆圈住的文字描述不知所云，维生素 E 作为不溶于水的油溶性成分与补水保湿没有任何关系。

图 2-3 中第一个分子结构应该对应噬黑因子，第二个分子结构是肌醇，第三个分子结构是十一碳烯酰基苯丙氨酸，第四个分子结构是烟酰胺。

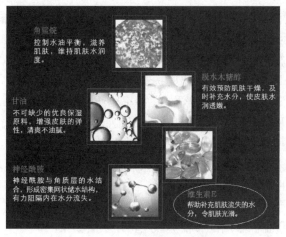

图 2-2　某深度补水乳宣传图片

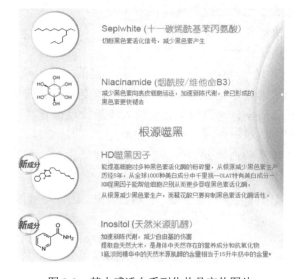

图 2-3　某水感透白系列化妆品宣传图片

知 识 测 试

一、判断

1. 长期使用、大家都使用的功效成分才是化妆品中好的成分（　　　）
2. 化妆品厂商广告宣传的成分是化妆品中最好的成分（　　　）
3. 植物提取物用作防腐剂已经广泛用于化妆品中（　　　）
4. 除丙酸及其盐以外，其他防腐剂在化妆品中的最高限量不超过 1%（　　　）
5. 苯氧乙醇是一种化妆品常用防腐剂（　　　）
6. 乳液型化妆品一定含有油性成分（　　　）
7. 化妆品中添加的高分子增稠剂不会引起皮肤过敏（　　　）
8. 化妆品中添加的非水溶剂是安全无害的（　　　）

9. 向皮肤中渗透营养成分保养皮肤的方法可以快速让皮肤发生根本性的改变（　　）

10. 彩妆类化妆品一般都偏油（　　）

11. 化妆品中添加天然提取物多会导致防腐剂用量增加（　　）

12. 长期使用过氧化氢美白会加速皮肤衰老（　　）

13. 新出现的化妆品品牌出现违法添加的概率比长期存在的化妆品品牌高得多（　　）

14. 化妆水中的甲醇超标可能原因是化妆品厂商故意添加的（　　）

15. 氢醌是可以用在化妆品中的一种美白剂（　　）

16. 不良化妆品厂商有故意在美白保养类化妆品中添加有害成分的动机（　　）

17. 化妆品厂商的广告宣传是可信的（　　）

18. 网售小样化妆品是品牌化妆品的试用装，是安全可信赖的（　　）

19. 近年来化妆品流行添加红石榴提取物，几年后如果不流行了，说明皮肤不需要红石榴提取物了（　　）

20. 快速美肤的方法不能真正改善皮肤状态（　　）

21. 荧光增白剂能快速使黑色皮肤变白（　　）

22. 皮肤科医生推动了化妆品科技的发展（　　）

23. 在化妆品中添加 10～100nm 的无机粒子有一定的安全风险（　　）

24. 化妆品使用的基因技术是指通过改变基因来改变容貌的技术（　　）

25. 为延长化妆品保质期，可以把化妆品放入冰箱冷藏保存（　　）

26. 好的化妆品配方应尽可能减少辅助添加剂（　　）

27. 保养美白类化妆品的消费者评价是不可靠的（　　）

28. 凝胶型化妆品中一般含油很少或者不含油（　　）

29. 氢氧化钠、氢氧化钾类物质是强碱，会腐蚀皮肤，因此不能添加在化妆品中（　　）

二、简答

1. 皮肤类化妆品的一般使用顺序是什么？为什么？

2. 如何购买放心的化妆品？

3. 哪些快速美肤方法是允许的？哪些是不允许的？

4. 怎样查询市售化妆品的详细信息？

参 考 文 献

[1] 卫生部. 化妆品卫生监督条例[Z]. 1989-09-26.

[2] 卫生部. 化妆品卫生监督条例实施细则[Z]. 2005-05-20.

[3] 中华人民共和国国家质量监督检验检疫总局，中国国家标准化管理委员会. GB 5296.3—2008 消费品使用说明 化妆品通用标签[S]. 2008-06-17.

[4] 姬静. 化妆品中防腐剂的应用和发展趋势[J]. 日用化学品科学，2014, 38（12）：47-51.

[5] 王友升，朱昱燕，董银卯. 化妆品用防腐剂的研究现状及发展趋势[J]. 日用化学品科学，2007, 30（12）：15-18.

[6] 孙吉龙，李传茂，向琼彪，等. 化妆品中防腐剂的使用现状及趋势[J]. 广东化工，2015, 42（4）：57-58.

[7] 蒋勇，何聪芬，祝钧. 植物源防腐剂及其在化妆品中的应用[J]. 日用化学品科学，2011, 34（5）：34-36.

[8] 刘义，高俊. 化妆品用增稠剂[J]. 日用化学工业，2003, 33（1）：44-48.

[9]　何佳. 化妆品体系粘度的影响因素[J]. 中国化妆品，2010，3：85-90.

[10]　喻敏. 化妆品中的抗氧化剂[J]. 中国化妆品，2003，2：72-75.

[11]　陈德文，金训伦. 化妆品的安全性及其有害物质的分析研究进展[J]. 分析试验室，2010，29（增刊）：238-242.

[12]　上海电视台新闻综合频道. 广东省食品和药品监督管理局. 针对网售面膜产品非法添加问题的监督性风险监测结果 [EB/OL]. https://v.qq.com/x/page/j0316um3eev.html. 2016-07-25.

[13]　香港自由行. 香港消委会/38 款洗发水验出二噁烷，这些知名品牌都上榜[EB/OL]. http://www.sohu.com/a/164914902_ 164539. 2019-03-02.

[14]　青岛电视台. 淘宝全球购卖家假货仓库被查[EB/OL]. https://v.qq.com/x/page/r0153nsvhgf.html.2015-05-08.

[15]　国家食品药品监督管理局. 化妆品互联网消费警示公告第 105 号[EB/OL]. http://www.nmpa.gov.cn/WS04/CL2138/ 299921.html. 2011-12-31.

[16]　国家食品药品监督管理局. 儿童化妆品申报与审评指南（国食药监保化〔2012〕291 号）[Z]. 2012-10-12.

[17]　陈文革，段希萌. 纳米化妆品及其研究进展[J]. 中国粉体技术，2007，6：41-44.

[18]　代静，李利，李硕，等. 防晒剂中纳米材料管理及检测技术研究进展[J]. 日用化学品科学，2018，41（8）：36-42.

第3章 皮肤的结构与化妆品应用

人皮肤的结构总体上稳定，但也会经历生长、成熟、衰老过程，不同的年龄阶段有各自的特点，因此，需要结合不同年龄阶段的特点，使用不同的化妆品。

3.1 皮肤的结构

人体的皮肤可分为表皮层、真皮层、皮下组织、皮肤附属器官四部分（图3-1），在表皮层外还有由皮脂腺分泌物形成的皮脂膜和皮肤表面的正常微生物群。

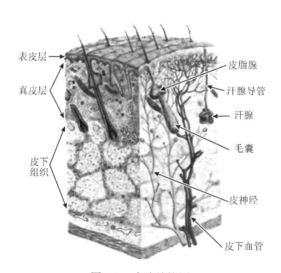

图 3-1 皮肤结构图

皮下组织是真皮层下的疏松结缔组织和脂肪组织，主要作用是缓冲外力，使皮肤有一定的可动性，对皮肤的形态影响不大，而且它距离皮肤表面太远，透皮渗透不能达到该部位。因此，皮下组织不是化妆品应关注的部位。

3.2 表皮层外皮脂膜、微生物群与化妆品应用

3.2.1 皮脂膜与化妆品应用

表皮层外覆盖着一层主要由皮脂腺分泌的皮脂产生的皮脂膜，是一层油水乳化形成的保护膜，起着保湿（阻止水分从皮肤表面蒸发）、隔离、增加皮肤反光度和光滑度、维持皮肤弱酸性的作用。

　　皮脂的主要化学成分除水分外，还有甘油三酯、蜡质、角鲨烯、脂肪酸、胆固醇以及微量的单甘油酯和双甘油酯等，其中甘油三酯、角鲨烯、蜡质三种油性成分是形成油性皮脂膜的核心成分。脂肪酸能把皮肤表面的 pH 维持在 5～6（弱酸性），并维持皮肤表面菌群的稳定性；脂肪酸、单甘油酯或双甘油酯起乳化作用，形成油包水型乳化膜。

　　皮肤表皮层外的皮脂膜可能由于清洁、汗水冲洗等而被损坏，因为皮脂腺发育不成熟或皮脂腺衰老而分泌的皮脂太少。使用润肤系列化妆品重塑不完整的皮肤保护膜是表皮层外化妆品的一项重要应用。此外，表皮层外还可以用彩妆类化妆品进行修饰、遮瑕、防晒等[1]。

　　润肤或彩妆类化妆品，需要长时间暴露在皮肤最外层，水分干得太快，其剂型通常偏油、偏黏、偏干，其中的营养成分难以向皮肤中渗透，因此不适合在配方中添加皮肤需要的营养成分。

3.2.2　皮肤表面的微生物群与化妆品应用

　　皮肤表面的微生物群主要包括细菌、病毒、真菌等一切定植在皮肤表面的微生物。正常情况下，这些微生物群在皮肤表面起着如下作用：①分解人体和有害病菌产生的代谢产物，起到自我净化、自我清洁和保护作用，分解代谢产物产生的各种氨基酸、脂肪酸，可维持皮肤正常酸度；②通过抢占细胞结合位点、抢夺营养成分、维持酸度、产生抗菌肽和细菌素，抑制有害病菌的生长；③与皮肤免疫系统相互作用，引起相应的免疫应答，提高免疫力[2]。

　　皮肤表面的微生物群与皮肤表面的组织细胞及各种分泌物、微环境等共同组成的整体，维持着微生物群与皮肤表面组织细胞之间的微妙平衡[3]。这种平衡一旦被打破，就可能引起皮肤病或感染，危害皮肤的健康。与皮肤表面的微生物群失衡相关的皮肤病主要有：脂溢性皮炎、痤疮、银屑病、特应性皮炎[4]。在皮肤损伤的情况下，皮肤表面的微生物群失衡还可能导致一些细菌侵入性感染。

　　导致皮肤表面的微生物群失衡主要有内在因素，如皮脂分泌增多引起痤疮丙酸杆菌生长繁殖；外在因素，如抗生素、化妆品的使用。

　　化妆品涂抹在皮肤上，其中的防腐剂和改变的皮肤酸碱度可能抑制皮肤正常的微生物群，丰富的有机物可为有害微生物繁殖提供充足的营养。化妆品对皮肤正常微生物群的干扰不可忽视。为减少化妆品对皮肤正常微生物群的干扰，应尽量使用添加剂少的化妆品以减少防腐剂对皮肤正常细菌的抑制作用；每天必须彻底清洁涂抹化妆品的皮肤以减小有害细菌繁殖的可能性；使用的化妆品 pH 应与皮肤微酸性环境一致。

3.3　表皮层的结构及化妆品的应用

　　皮肤表皮层平均厚度为 0.07～0.12mm（手掌、脚跖表皮层除外），分为角质层、透明层①、颗粒层、棘细胞层和基底层（图 3-2）。

---

① 手掌和脚掌有透明层，其他部位没有。

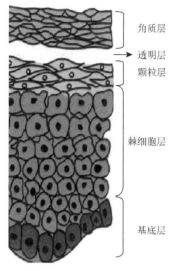

角质层

透明层

颗粒层

棘细胞层

基底层

图 3-2 表皮层结构示意图

3.3.1 角质层

角质层是由 4～8 层死亡的扁平无核细胞和角质细胞间隙的脂质双分子层组成的类似砖墙的保护层，厚度约 15μm。角质细胞由致密交联的蛋白网状结构的细胞膜和膜内大量规整排列的微丝角蛋白和丝蛋白构成。角质细胞间隙由脂质双分子层构成，脂质双分子层的主要成分是 50% 神经酰胺、25% 胆固醇和 10% 饱和脂肪酸。

角质层由颗粒层、棘细胞层的细胞向外移行并角质化（又称角化）而形成。在角化过程中：①细胞自身形态变扁、变小，细胞间距增大，角质细胞间隙宽度平均约 60nm；②细胞之间的桥粒水解消失，角质细胞之间没有桥粒相连接，角质层易剥脱或脱屑[5]；③细胞释放脂质颗粒，在细胞周围形成脂质双分子层；④细胞器消失，在角质细胞内形成规整排列的丝蛋白和微丝角蛋白。

角化过程需要有水分的参与，如果缺少水分，桥粒不能水解，角质细胞之间粘连而不易脱落，皮肤会出现鳞屑；细胞不能释放脂质颗粒并水解形成脂质双分子层，角质细胞间隙缺少脂质，不能有效阻止皮肤内水分蒸发，皮肤更加干燥、粗糙；丝蛋白不能分解形成天然保湿因子（NMF），皮肤保湿能力进一步变差。

角质层的主要作用是抵抗摩擦，防止体液外渗和物质选择性内侵，是皮肤与外界隔离的主要屏障。这个屏障可能在某些情况下受到破坏而导致：①皮肤内水分更易蒸发，皮肤变得干燥，水分蒸发吸收热量，还会导致毛细血管扩张，皮肤变红；②外界化学成分更易进入皮肤，紫外线更易穿透皮肤，皮肤变得敏感；③角质细胞间黏结，皮肤易起屑但不易脱屑。

正常情况下，角质细胞十分坚固并难以破坏，角质层屏障功能受损的主要原因是角质细胞间的填充物脂质双分子层被破坏。常见角质层屏障功能受损的原因有：①皮肤缺水导致脂质形成太少；②一些能溶解脂质的溶剂，如促渗透剂、乙醇等，破坏双分子层结构或把脂质带到皮肤表面；③果酸去角质、激光美白祛斑等磨削、剥脱角质层的方法会使角质层变薄，从而使角质层屏障功能受损。

角质层吸水能力较强，水分含量为 10%～25%，才能维持皮肤柔润，低于 10% 就会出现皮肤干燥。

在角质层中化妆品的主要应用是：神经酰胺修复脂质双分子层、保湿补水、去死皮和去角质。

3.3.2 透明层、颗粒层、棘细胞层

透明层是角质层的前期，由 2～3 层无核扁平透明细胞组成。此层于手掌和足掌处最明显。

颗粒层由 2～3 层梭形细胞构成，是进一步向角质层转化的细胞层。

棘细胞层由 4～10 层多边形细胞组成,细胞较大,有许多棘状突起,胞核呈圆形。棘状突起是细胞间的桥粒连接(图 3-3)。棘细胞内有板层小体,在向颗粒层过渡时,会被细胞吐出形成脂质颗粒,最终形成角质层的脂质双分子层。

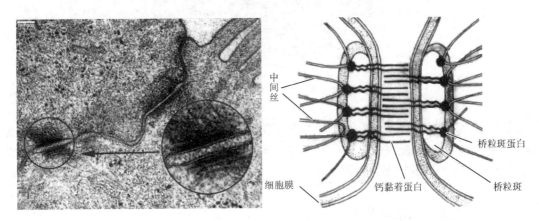

中间丝
桥粒斑蛋白
细胞膜
钙黏着蛋白
桥粒斑

图 3-3 棘细胞之间的桥粒

透明层、颗粒层、棘细胞层是形成角质细胞之前的状态,是正在死亡的细胞形态,它们几乎不需要营养物质,只需要水分来推动向角质细胞转化。紫外线会使角质形成细胞产生内皮素,促使黑色素细胞产生黑色素。

棘细胞间距约 25nm,外推形成角质细胞后,细胞间连接消失,细胞变小变扁,细胞间距变大。

在棘细胞层中,还存在一类特殊的抗原传递和免疫监测细胞,占棘细胞层 3%～5%,称为朗格汉斯细胞。致敏成分(即抗原)进入人体,首先与朗格汉斯细胞结合,朗格汉斯细胞释放抗体,当抗体累积到一定浓度,会与真皮层嗜碱性粒细胞和肥大细胞接触并发生过敏性反应。

3.3.3 基底层

基底层处于表皮的最里层,由一层垂直于基底膜的柱状细胞平行排列而成,此层细胞不断分裂出棘细胞,逐渐向上推移、变形、角化,形成表皮其他各层,最后角化脱落。棘细胞从形成到移至颗粒层上部,是细胞角化死亡的过程,大约需要 14 天,从颗粒层上部再移至角质层外部并脱落又需要 14 天。角质形成细胞从基底细胞分裂出来到最终角化脱落,共需要约 28 天,称为表皮更新周期。

在基底层中,存在 10% 左右的树突状黑色素细胞(图 3-4),美白类功能成分主要作用于该层。随着年龄增长,黑色素细胞会逐渐减少。

基底细胞的活性对表皮层的结构和状态有极大影响,主要是:①黑色素细胞活性影响肤色;②如果基底细胞分裂太快,表皮更新周期缩短,角质形成细胞来不及角化,桥粒来不及分解,出现鳞屑、红斑症状的皮肤病;③衰老导致基底细胞活性不够,分裂太慢,表皮更新周期延长,因细胞角化死亡时间不变,所以颗粒层、棘细胞层会变薄

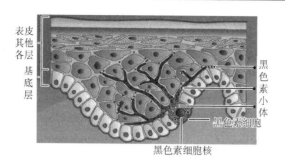

图 3-4　树突状的黑色素细胞

甚至消失，皮肤表皮变薄，角化过度。基底细胞分裂太慢，还会导致表皮层的损伤不能及时修复，最终导致表皮层色素分布不均匀，形成浅层色斑。基底细胞的活性衰退是表皮层衰老和产生各种皮肤问题的根源。

3.3.4　表皮层化妆品的应用

总体来说，在表皮层中，化妆品的主要应用是：去死皮、去角质、保湿补水、抗过敏、美白、增强基底细胞的活性和修复表皮损伤。

1. 去死皮

由于角质细胞间分子作用力或者未水解桥粒的粘连作用，皮肤表面一些本应脱落的角质细胞还堆积在皮肤表面，形成死皮。这些死皮会影响皮肤颜色、光滑度、反光度等。日常生活中，去除这些死皮主要采用一些物理手段，如洗澡时，水分浸泡松解角质细胞后，直接搓揉除去。用化妆品去除死皮，除了利用一些粗糙颗粒物理摩擦外，还利用水、酸、尿囊素、表面活性剂等消除角质细胞间的粘连作用，加速角质细胞松解，去除死皮。

2. 去角质

正常的角质细胞排列紧密，不能像去死皮那样简单地搓揉去除，用激光、磨砂、冷冻、微晶等物理方法能很好地去除部分角质层。化妆品去角质主要是用果酸腐蚀剥脱角质层。由于果酸具有一定的皮肤刺激性，为保证含果酸的化妆品的使用安全，我国在 2015 年版《化妆品安全技术规范》中规定，化妆品中各种酸（以酸计）的总浓度不能超过 6%，6%的果酸去角质十分缓慢，如果要果酸换肤，应去正规美容机构，在医生指导下用更高浓度的果酸进行。

3. 保湿补水

基底细胞分裂出来的角质形成细胞的角化过程，实质就是细胞死亡过程，这一过程不需要其他营养成分，仅需要水分来推动，在细胞角化过程中，桥粒水解、脂质双分子层形成、天然保湿因子形成、细胞器消失等，都需要水分的水解作用。表皮层中水分的多少对皮肤的光滑度、反光度、柔软度、皮屑多少等都有极大影响。皮肤保湿补水是化妆品的主要任务之一，在第 5 章中对皮肤保湿原理及其在相关化妆品中的应用有详细论述。

4. 抗过敏

抗过敏的原理主要是阻断过敏传递反应,抗过敏药物长期使用会导致药物依赖性皮炎等皮肤病,在 2015 年版《化妆品安全技术规范》中明确禁止抗过敏药物在化妆品中使用。化妆品抗过敏更多地采用一些温和的植物提取成分,如黄酮类化合物、多酚类化合物、皂苷[6]或化妆品中允许添加的一些具有温和抗过敏效果的营养成分,如红没药醇、洋甘菊提取物、甘草酸二钾、维生素 C、尿囊素等。

5. 美白

黑色素细胞处于基底层中,化妆品中的美白成分从表皮层外渗入,抑制黑色素细胞活性的成分可以在棘细胞层等表皮各层中,通过抑制黑色素细胞激活因子来实现,或者占据黑色素细胞膜上的受体位置,阻止黑色素细胞激活因子与黑色素细胞结合来实现;阻止黑色素生成的成分必须渗入黑色素细胞中的黑色素小体,才能阻断黑色素形成的反应链。美白皮肤,解决皮肤色素问题,是化妆品的主要任务。

6. 增强基底细胞的活性和修复表皮损伤

基底细胞活性对皮肤状态的影响非常大,基底细胞活性降低,将导致表皮损伤不能及时修复。影响基底细胞活性的因素主要是基底细胞需要的营养供给和一些关键性活性成分的供给。化妆品为增强基底细胞活性主要采取的措施有:①尽量消除微循环障碍来维持基底细胞的营养供给;②补充维生素 A 等关键成分。第 6 章中的增强细胞活性包括增强基底细胞的活性。

3.4　基底膜及化妆品的应用

表皮层与真皮层之间有皱褶型的紧密嵌合结构,这种嵌合结构不仅使表皮层与真皮层紧密啮合,而且增加了真皮层与表皮层的接触面积,更有利于真皮层中的水分和营养成分向表皮层渗透。基底膜位于啮合结构的中间,主要是层连蛋白、Ⅳ型胶原蛋白等形成的多孔的薄膜状结构,它在表皮层与真皮层之间起连接作用和选择性渗透作用。真皮层的水分、营养成分、淋巴细胞、巨噬细胞和神经元突触可穿过基底膜进入表皮层,而真皮层其他细胞不能穿过基底膜进入表皮层。黑色素细胞产生的黑色素一般不能穿过基底膜进入真皮层,但基底膜局部损坏会导致表皮层中黑色素进入真皮层。基底膜的损伤也会使真皮层的水分和营养进入表皮层受到阻碍。通过化妆品补充生物活性肽和生物活性多糖酵母提取物可修复基底膜[7]。

3.5　真皮层的结构及化妆品的应用

真皮层厚度为 1~2mm,为表皮层的 15~40 倍,由纤维、基质、细胞构成,另外还有神经、毛细血管、汗腺、皮脂腺、淋巴管及毛根等组织。

3.5.1 纤维

纤维主要由胶原纤维、少量的弹力纤维和网状纤维构成。胶原蛋白呈螺旋状，三条胶原蛋白扭在一起形成胶原纤维束，胶原纤维束分叉，再与其他胶原蛋白扭成新的纤维

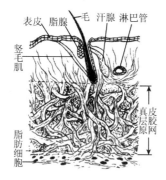

图 3-5　真皮层胶原蛋白网状结构

束，胶原蛋白不断地分合，纵横交错，编织成了一种看似凌乱实则有序的特殊的网状结构（图 3-5）。胶原纤维与盘绕在胶原纤维束上及皮肤附属器官周围的弹力纤维一起，构成皮肤及其附属器官的支架，赋予皮肤弹性。

真皮层胶原蛋白与皮肤的皱纹有关，胶原蛋白多、密度高，皮肤就有弹性；胶原蛋白少、密度低，皮肤弹性小。在肌肉等弹力纤维的拉伸作用下，缺少弹性的皮肤形成皱纹。另外，真皮层胶原蛋白的网状结构增强真皮层的储水能力，胶原蛋白减少会降低真皮层的储水能力。

皮肤的老化在真皮层中的一种表现是胶原蛋白交联和流失、密度降低、形态改变导致皮肤失去弹性，起皱。可向皮肤中渗透小分子胶原肽或一些促进胶原蛋白合成的关键性活性成分来促进胶原蛋白的合成[8]；也可以通过抗氧化等抗衰老措施来减缓胶原蛋白的老化。

3.5.2 基质

基质主要是一种无定形的、均匀的胶样物质，充塞于胶原纤维束和细胞间，是提供营养成分及物质代谢的场所，主要成分是黏多糖①和水，外加一些未成束的小分子纤维蛋白、营养成分和代谢产物。皮肤老化会导致透明质酸在基质中含量降低，真皮层含水量减少，从而影响皮肤正常的新陈代谢，并且使表皮层变得干燥。真皮层基质疗法是广泛应用的皮肤抗衰老疗法，即在基质中补充营养成分来达到抗衰老、增加皮肤含水量和促进胶原蛋白产生的目的。营养成分从表皮层外渗透到真皮层，要经过角质层阻碍且距离较长，仅一些小分子易渗透的成分有少量到达，因此基质中补充的营养成分，应以一些关键性的、微量需求的成分为主。为解决经皮渗透方式补充营养成分的困难，一些美容机构采用水光针等注射方式。

3.5.3 细胞

真皮层细胞主要有成纤维细胞、组织细胞和肥大细胞。

1. 成纤维细胞

真皮层中最重要的成分胶原蛋白和透明质酸都是由成纤维细胞产生的，因此成纤维细

---

① 不同分子量的透明质酸。

胞的活性关系到真皮层储水能力和皮肤的弹性，并最终对皮肤状态产生重大影响。对抗成纤维细胞衰老，可向皮肤中渗透能促进成纤维细胞活性的成分（如信号肽、维生素 C、积雪草提取物、大豆异黄酮等），来增强成纤维细胞的活性，促进胶原蛋白和透明质酸的合成；通过抗氧化等抗衰老措施来减缓成纤维细胞活性降低。

2. 组织细胞

组织细胞能吞噬微生物、代谢产物、色素颗粒和异物，起清除作用。如果黑色素进入真皮层，一种代谢方式就是噬黑素细胞吞噬分解，促进溶酶分解黑色素的成分可以增强细胞对黑色素的吞噬能力。

3. 肥大细胞

肥大细胞能储存和释放组织胺及肝素等，是诱导过敏反应发生的细胞，抗过敏成分作用机理是阻断诱导过敏反应发生的过程。抗过敏药物禁止在化妆品中使用，但一些非药物的温和抗过敏成分如红没药醇、洋甘菊提取物、甘草酸二钾、维生素 C、尿囊素可以应用于化妆品中。

3.5.4　毛细血管

毛细血管直径为 20～50μm，其中的血液循环称为微循环。微循环负责向真皮层基质补充营养物质和带走代谢废物，真皮层黑色素也可以被微循环带走并分解。

皮肤的微循环会对皮肤状态有重大影响，主要是：①毛细血管体密度降低、阻塞会影响营养供给，进而影响细胞活性，影响皮肤的修复恢复能力；②微循环阻塞，黑色素代谢不畅，会引起色素沉着，形成色斑；③微循环不通畅，血液中养分过度消耗，血液颜色暗黑，导致肤色暗沉。

皮肤的老化会带来：①毛细血管体密度降低，乳头层襻状血管减少，真皮层和基底层营养不足；②毛细血管内径变窄，血管增粗，弹性减弱，内腔减小，血管排列不规则；③血液黏稠（纤维蛋白增加），血管壁或血液中易形成微血栓，阻碍血液流动。皮肤抗衰老的措施之一就是消除皮肤老化带来的微循环障碍。

3.5.5　真皮层化妆品的应用

真皮层好坏，反映的是皮肤本质的好坏，皮肤的皱纹、色斑、干燥等都与真皮层息息相关。对于年轻的皮肤，真皮层各方面都很好，反映在皮肤状态上就是无皱纹、无色斑、有弹性、光滑有光泽。但随着真皮层的衰老，皮肤会产生皱纹、色斑，失去弹性和光泽，形成系列衰老体征。真皮层中化妆品的应用主要就是抗衰老。

化妆品抗衰老的措施主要有：向真皮层补充营养成分、抗氧化、促使真皮层胶原蛋白和透明质酸合成、防止胶原蛋白降解流失、增强真皮层细胞活性、消除真皮层微循环障碍。在第 6 章将详细论述化妆品抗衰老的原理及化妆品在抗衰老方面的应用。

真皮层有比较均匀的胶原蛋白网状结构，物理损伤会破坏胶原蛋白网和该部位的毛细血管。伤口愈合时，大量成纤维细胞在此增生，大量胶原蛋白产生，形成不同于其他部位的胶原疤痕结构①，这种疤痕的修复主要是抑制疤痕部位成纤维细胞增殖和胶原蛋白合成，已经形成的胶原增生只能随胶原蛋白的更新而减轻，这是一个十分缓慢的过程。去疤痕是治疗类化妆品的主要任务之一，第 9 章将详细论述去疤痕的原理及化妆品的应用。

真皮层的最佳保养时间是 22～23 点，因为晚上 23 点至凌晨 2 点之间，皮肤的新陈代谢功能最为活跃，修复能力最强，是最需要营养的时间。在睡前使用面膜、精华液等向皮肤中渗透营养成分，可为睡觉过程中皮肤修复、恢复提供充足的物质保障。而且，晚上保持充足的睡眠，可以减少生理活动对营养成分的消耗，以便皮肤细胞能获取充足营养，对美容养颜十分必要。如果晚上没有充足的睡眠，皮肤毛细血管中的营养成分过度消耗，不仅皮肤需要的营养得不到及时补充，缺少营养的静脉血液还会导致肤色暗沉，尤其是眼周部位毛细血管丰富，熬夜过度消耗营养可能形成黑眼圈。

3.6　皮肤附属器官与化妆品的应用

皮肤附属器官主要是毛发和毛孔、皮脂腺和汗腺。

3.6.1　毛发和毛孔及其化妆品的应用

毛发生长于皮肤表面，是人的整体形象的一个重要影响因素，头发的护理是化妆品的重要任务之一。除头部等特殊部位外，中国人的传统审美观中女性以少毛为美。用粘胶直接拔出皮肤表面的毛发需要忍受疼痛，并非脱毛方法的首选，化妆品利用强碱对毛发的腐蚀性来脱毛，但强碱也会腐蚀皮肤，而且脱毛后再生的毛发更粗壮。有研究报道植物雌性激素（大豆异黄酮）可以抑制毛发生长[9]。毛发相关化妆品及应用原理在第 12 章有详细讲解。

毛孔粗大影响皮肤美观，诱发毛孔粗大的原因及化妆品对应的解决方法主要有以下几种。

1. 毛孔阻塞，皮脂撑大毛孔

毛孔正常直径一般 20～50μm，彩妆类化妆品使用的无机粒子粒径为 0.5～5μm，这些无机粒子不溶解，进入毛孔后难以清除，阻塞毛孔；毛囊内壁角化使毛囊口变窄，脱落的死皮与干化的皮脂也会在毛孔上形成栓塞。毛孔阻塞，同时皮脂过度分泌则会撑大毛孔，这种情况多出现在青春期。有黑头、易长痘的皮肤应尽量不化妆，以减少无机粒子对毛孔的阻塞。偏油性皮肤应尽量不使用油性化妆品，同时还要抑制皮脂分泌，做好清洁工作，防止毛孔角栓形成。毛孔角栓已经形成的，可使用酸性（果酸、水杨酸等）成分除去角栓。

2. 皮肤老化导致毛孔粗大

皮肤老化，支撑毛孔的胶原蛋白流失，导致毛孔周围坍塌，形成毛孔粗大。促使皮肤

---

① 表皮层损伤会随表皮更新而修复，一般不会留下疤痕。

中产生更多胶原蛋白，防止胶原蛋白变性、降解，减少胶原蛋白流失是从根源上解决该种毛孔粗大的唯一办法。

3. 皮肤干燥导致毛孔粗大

角质细胞缺水，变得干瘪，同时在缺水情况下胶原蛋白弹性降低，导致毛孔粗大。应使用保湿补水类化妆品，保持角质层一定的含水量，来减轻毛孔粗大。

毛孔粗大一旦形成，很难在短时间内解决，用乙醇、金缕梅提取物等促使毛孔中蛋白凝聚的方法收缩毛孔或者补水快速收缩毛孔，都是暂时性措施，维持时间极其短暂，不能从根本上解决问题。除做好防止皮肤干燥、防止毛孔阻塞等预防性措施外，保养皮肤、延缓衰老才是解决毛孔粗大的根本方法。

3.6.2　皮脂腺

皮脂腺位于毛囊内，其分泌的皮脂是形成皮肤表面保护膜的主要成分。皮肤皮脂分泌的多少是皮肤分类的主要依据。皮脂分泌正常，能很好地保持皮肤中的水分，维持皮肤的弱酸性，这类皮肤称为中性皮肤；皮脂分泌少，导致皮肤保湿差，皮肤偏碱，这类皮肤称为干性皮肤；皮脂分泌过多，导致皮肤酸度过大，毛孔被过多皮脂撑大，易形成黑头、痤疮、毛囊炎、脂溢性皮炎等，这类皮肤称为油性皮肤，油性皮肤因有充足的皮脂形成的保护膜阻止水分蒸发，一般不干燥，但有些人的皮肤既油又干，可能是皮肤天然保湿系统其他方面出了问题（详见第 5 章）；皮肤的前额、鼻子或下颌偏油，面颊偏干一般称为混合性皮肤，这类皮肤对偏油区和偏干区应按油性皮肤和干性皮肤处理方法区别对待。

油性皮肤一般出现在青春期，体内激素水平升高导致皮脂过度分泌，出现黑头，如果不能及时清洁除去毛囊中多余的皮脂，可能滋生痤疮丙酸杆菌，形成痤疮（长痘）。随着皮肤的衰老、皮脂腺的衰退，皮脂的分泌会越来越少，无论哪种类型皮肤，都会向干性皮肤转化。

3.6.3　汗腺

汗腺分泌的汗液主要成分是水及少许水溶性无机盐和其他成分，起着给皮肤表面补水和调节体温的作用。被汗液带出的少量脂肪酸可被皮肤上存在的一些细菌分解形成带刺激性气味的小分子物质，形成狐臭。除臭化妆品可以通过抑汗、抑菌、掩蔽臭味的方式除臭。汗管很细，外界异物不易进入，不会出现如毛孔的外源性阻塞，汗管瘤的形成与遗传和内分泌有一定关系。一些出现在皮肤表面，特别是眼部周围的白色小疙瘩，美容上称为脂肪粒，部分脂肪粒即是汗管瘤[①]。

---

① 另一部分为粟丘疹，脂肪粒形成后，需要多种手段综合治疗，不是化妆品能解决的问题。

3.7 分 龄 护 肤

根据各时期皮肤的结构特点，人一生中皮肤可分为：婴幼儿时期、青春期、成年期、衰老期和老年期。青春期以后，皮肤免疫力提高，可以向皮肤中补充保养皮肤需要的任何成分，而对皮肤的保养，无论是成年期，还是衰老期和老年期，保养原理、使用的成分都是一样的，所以使用的化妆品一般不再进行区分。

3.7.1 婴幼儿时期

婴幼儿时期（12 岁及以下）的皮肤特点：①皮肤处于生长发育阶段，不需要抗衰老的成分；②黑色素产生少、代谢通畅、代谢快、不需要美白成分，血红蛋白含量高、皮肤红润；③皮肤天然保湿因子含量高，皮肤含水量高，一般不需要深层锁水成分；④皮肤角质层和表皮层薄，皮肤敏感，免疫力弱，不宜向皮肤中渗透外来成分；⑤皮脂腺发育不成熟，皮脂分泌比成人少，易失水变红，需要重塑皮脂膜来防止水分蒸发。

原国家食品药品监督管理局根据婴幼儿皮肤特点，给出了儿童化妆品的配方原则[10]。其配方原则如下：

（1）应最大限度地减少配方所用原料的种类。

（2）选择香精、着色剂、防腐剂及表面活性剂时，应坚持有效基础上的少用、不用原则，同时应关注其可能产生的不良反应。

（3）儿童化妆品配方不宜使用具有诸如美白、祛斑、去痘、脱毛、止汗、除臭、育发、染发、烫发、健美、美乳等功效的成分。

（4）应选用有一定安全使用历史的化妆品原料，不鼓励使用基因技术、纳米技术等制备的原料。

（5）应了解配方所使用原料的来源、组成、杂质、理化性质、适用范围、安全用量、注意事项等有关信息并备查。

根据婴幼儿皮肤特点和原国家食品药品监督管理局给山的配方原则，综合米说，婴幼儿皮肤只需要重塑皮脂膜来保持水分，婴幼儿化妆品成分应越简单越好，因此婴幼儿化妆品一般是成分简单、安全可靠的润肤霜。

3.7.2 青春期

青春期（13～25 岁）皮肤胶原蛋白含量高、细胞活性强、微循环系统好，还未开始衰老，所以抗衰老的一系列成分没有效果。与婴幼儿皮肤相比，青春期皮肤各方面发育已经较成熟，已经具备了成人皮肤的免疫力，可以向皮肤中渗透一些成分，如美白成分、深层锁水成分。青春期皮肤各方面都很好，但青春期易出现性激素水平波动，引起皮脂腺过度分泌皮脂，如果没有及时清洁，易形成黑头，皮脂会撑大毛孔，残留在毛孔中的皮脂易滋生细菌，形成痤疮。

痤疮会给皮肤带来损伤，形成的痘印很难恢复，所以青春期皮肤的首要问题就是预防痤疮，一旦发现皮肤偏油，一定要采取有效清洁措施。已经长痘的皮肤，除做好清洁工作外，一定要去看皮肤科医生。

总体来说，除预防和治疗痤疮外，青春期主要使用一些针对表皮层外和表皮层中的化妆品，不必使用针对真皮层的一些成分。青春期化妆品的主要应用是：保湿补水、美白、去角质和死皮、化妆。

3.7.3　成年期及以后

成年期及以后（25 岁以后）的皮肤各方面都发育成熟，不再限制对皮肤有益成分的渗透，皮肤保养的重点应该是保持皮肤充足的营养和水分、防止紫外线等造成的损伤并及时修复、抗衰老，化妆品的使用应围绕上述重点进行。

尽管成年期以后不再限制对皮肤中渗透各种有益成分，国家相关部门对成人化妆品也没有给出配方原则，但是除对皮肤有益的成分外，化妆品中往往会添加一些皮肤不需要的辅助添加剂，或者添加的物质本身成分复杂，它们仍可能给皮肤带来伤害，所以，好的化妆品成分应尽量简单、功效成分明确、尽量采用皮肤自身成分、防腐剂和香精等成分含量尽量少。然而，现实情况却不是如此，一些化妆品厂商为赚取利润、迎合消费者而背离化妆品的基本原则。

知 识 测 试

一、判断

1. 化妆品成分可以渗透到皮下组织中起作用（　　　）
2. 皮肤呈弱酸性（pH 5～6）（　　　）
3. 皮肤呈弱酸性是皮脂中的脂肪酸造成的（　　　）
4. 皮脂膜是一种水溶性保护膜（　　　）
5. 油性皮肤会随皮肤衰老向干性皮肤转化（　　　）
6. 干性、油性、混合性皮肤是以皮脂分泌的多少来分类的（　　　）
7. 角质细胞之间主要靠桥粒粘连（　　　）
8. 角质层含水量低于 10%，皮肤会呈现干燥状态（　　　）
9. 皮肤缺水，桥粒不能正常分解（　　　）
10. 棘细胞层细胞比角质细胞大（　　　）
11. 朗格汉斯细胞是抗原传递和免疫监测细胞（　　　）
12. 黑色素细胞处于棘细胞层中（　　　）
13. 黑色素可以穿过完整的基底膜进入真皮层（　　　）
14. 基底膜处于表皮层和真皮层之间，起连接表皮层和真皮层的作用（　　　）
15. 皮肤的皱纹是皮肤缺少弹性时肌肉或弹性蛋白拉伸造成的（　　　）
16. 真皮层的损伤不会留下疤痕（　　　）

17. 透明质酸和胶原蛋白都是成纤维细胞产生的（　　）

18. 真皮层储水能力降低会引起皮肤干燥（　　）

19. 真皮层的好坏不会影响表皮层的状态（　　）

20. 保养皮肤的最佳时间是早晨起床时（　　）

21. 皮肤伤口愈合后形成的疤痕是该部位胶原蛋白增生造成的（　　）

22. 青春期毛孔粗大是过度分泌的皮脂撑大的（　　）

23. 金缕梅提取物可以永久收缩毛孔（　　）

24. 青春期皮肤护理的重点应该是预防和治疗痤疮（　　）

25. 皮肤表面正常微生物群有抑制有害细菌的作用（　　）

26. 婴幼儿化妆品一般是润肤霜（　　）

27. 可以在化妆品中使用抗过敏药物（　　）

28. 基底层中的黑色素细胞随年龄增大会越来越少（　　）

二、简答

1. 请谈谈基底层对皮肤状态的影响。

2. 哪些因素会导致角质层屏障功能受损？

3. 什么是表面更新周期？

4. 化妆品如何干扰皮肤的正常微生物群？如何减轻化妆品对皮肤正常微生物群的干扰？

5. 谈谈成年人使用婴幼儿化妆品的利弊。

参 考 文 献

[1] 陆本荣，刘毅，李世龙，等. 皮脂膜结构功能及重建[J]. 中华烧伤杂志，2016, 32 (2): 126-128.

[2] 孙琦. 皮肤微生物组对强化皮肤屏障的作用[J]. 生物化工，2017, 3 (6): 116-120.

[3] 应时，全哲学. 人体皮肤微生物群落研究进展[J]. 微生物与感染，2013, 8 (3): 166-173.

[4] 闫慧敏，姜薇. 人类皮肤微生物群和皮肤疾病[J]. 中国皮肤性病学杂志，2015, 29 (12): 1292-1294.

[5] 杨扬. 皮肤角质层的相关屏障结构和功能的研究进展[J]. 中国美容医学，2012, 21 (1): 158-161.

[6] 范金波，陈历水，冯叙桥. 抗过敏功能活性成分研究进展[J]. 食品工业科技，2013, 21 (34): 361-365.

[7] 邹鹏飞，刘志河，路万成，等. 皮肤自身保湿系统和保湿护肤品设计思路[J]. 日用化学品科学，2012, 35 (1): 18-20.

[8] 缪进康. 胶原水解物的皮肤渗透性及生物功能性[J]. 明胶科学与技术，2006, 26 (1): 33-39.

[9] 赵亚，魏少敏. 植物性雌激素在美容护肤方面的研究进展[J]. 日用化学工业，2006, 36 (2): 116-119.

[10] 国家食品药品监督管理局. 儿童化妆品申报与审评指南（国食药监保化〔2012〕291 号）[Z]. 2012-10-12.

第 4 章　化妆品的吸收

除需要在皮肤表面工作的化妆品外，保养皮肤和解决皮肤问题化妆品的功效成分都需要渗入皮肤中并集聚于作用部位，才能实现其功效。化妆品中的成分从化妆品到作用部位是通过渗透扩散来实现的。

影响化妆品成分分子渗透扩散的因素主要是化妆品和作用部位的压力差、成分浓度差和渗透过程的阻碍。增加外部压力，可促使化妆品成分的吸收，如超声波的高频振荡，涂抹化妆品时拍打、按摩皮肤均可增加压力从而促进化妆品成分吸收。提高化妆品某些功效成分的浓度，也可以促进该种成分的吸收，但浓度不能无限制地提高，因为功效成分的浓度不能超过皮肤的承受能力、不能超过国家的限量规定，而且添加某种成分太多会影响化妆品的形态。

化妆品的吸收障碍主要源于功效成分的渗透过程，包括：化妆品涂层内的扩散阻碍、化妆品涂层与皮肤间的油性膜的阻碍、角质层的阻碍。物质分子一旦通过角质层屏障，其渗透能力可增加数十倍甚至数百倍[1]，角质层以内化妆品成分分子的渗透扩散再无阻碍。讨论化妆品的吸收，主要是讨论化妆品吸收过程中的障碍。

4.1　化妆品涂层内的扩散阻碍

化妆品涂抹在皮肤表面，其涂层厚度约为 $10\sim100\mu m$①，均匀分布在化妆品涂层中的成分分子向里层的皮肤扩散，涂层内部分子运动的阻碍是决定因素，化妆品的黏稠度越高，越不利于分子的运动。也就是说，处于液态的化妆品，分子在其中扩散是最容易的；处于固态的化妆品，分子只能在某一位置振动，不能扩散；处于液态和固态之间的化妆品，越趋近于固态，黏稠度越高，分子越难扩散。

如果仅从分子扩散的观点来看，溶液型化妆品是向皮肤中渗透成分的最佳剂型，但是如果考虑渗透时间因素，水型化妆品中水、乙醇易挥发，使涂层固化，成分扩散进入皮肤的最佳时间短，不利于吸收，因此实际应用中，以水为主的化妆品向皮肤中渗透成分，必须采取一些措施，维持皮肤表面一定水分。在化妆品配方中添加一些高分子锁水成分，如透明质酸、核菌胶、卡波姆、阿拉伯树胶、胶原蛋白、瓜尔胶、聚乙烯醇等，用于皮肤表面和化妆品自身保湿，以延长化妆品涂层湿润时间，有利于化妆品中成分的吸收，同时，这些高分子锁水成分一般有增稠作用，所以营养型化妆品大多有一定稠度。精油型化妆品的溶剂油难挥发，涂在皮肤表面一直以液态形式存在，是油溶性成分向皮肤中渗透的最佳剂型。

---

① 假设取化妆品 $0.5cm^3$，涂抹面积 $100cm^2$，则其涂层厚度为 $50\mu m$。

乳液型化妆品的油和水共同存在于乳化体系中，形成水包油或油包水的剂型。因为皮肤自身为水的体系，绝大部分营养成分都是水溶的，所以需要向皮肤渗透营养的乳液一般以水为主，其乳化颗粒一般大于 500nm，呈现白色，其中成分吸收仍然是以分子为单位的渗透扩散，乳化颗粒被破坏后，其中的成分才能渗入皮肤，由于水油相互阻隔，乳化颗粒中的油性溶剂覆盖在皮肤上，会阻碍水溶性成分的吸收。一些水包油型微乳液，乳化颗粒粒径低于 100nm，乳化颗粒可直接通过角质细胞间隙进入皮肤，吸收情况接近于溶液，状态与凝胶型化妆品一样，呈现半透明状。油包水型化妆品涂抹在皮肤上，首先在皮肤上形成油性膜，水颗粒中的成分就不能穿过油性膜，因此一些不需要皮肤吸收成分的化妆品、在皮肤表面工作的化妆品，如彩妆类化妆品，需要防止化妆品涂层干得太快，多采用这种剂型。

从分散在溶液中的粒子扩散性能上看，不同剂型的化妆品中，成分吸收从易到难排列顺序如下：

溶液型＞凝胶型＞水包油型乳液＞油包水型乳液＞固体型

溶液型化妆品主要有化妆水和精油。不溶于水，溶于油的成分要渗入皮肤，采用的最佳化妆品剂型就是精油，精油可以从角质细胞间隙渗透进入皮肤中，而且不会挥发变干，可渗透时间较长。但皮肤功效成分绝大部分是水溶的，所以精油化妆品在整个化妆品中占比很小。水溶液中的功效成分极易渗入皮肤，所以化妆水中常添加多种营养成分，形成营养精华水。由于水分挥发快，该型化妆品并非向皮肤渗透营养的首选剂型。

凝胶型化妆品主要用于精华液、面膜、补水保湿化妆品，它不含或含极少的油性成分，不会形成油性膜阻碍成分吸收，同时该型化妆品往往含有较多的皮肤表面锁水成分，涂在皮肤表面不易干（油溶性成分也可以通过微乳液形成凝胶），是皮肤中渗透功效成分的最佳剂型。晚上睡前向皮肤中补充营养应采用这种剂型。

水包油型乳液也用于精华液、面膜、日霜、面霜、补水保湿化妆品等，是普通化妆品的主要剂型。从成分吸收角度来看，乳液型化妆品不如凝胶型，但考虑到化妆品使用的方便性，乳液型化妆品又成为首选，因为在清洁皮肤后，皮肤表面皮脂膜同时被清除，使用水型或凝胶型化妆品后，还要涂润肤类化妆品来重建保护膜，而乳液型化妆品中含有一定的润肤油性成分，在向皮肤补充营养的同时润肤。所以这类化妆品多在早上或白天使用。

油包水型乳液含有较多的油性成分，油中分散水颗粒的目的不是让水中的成分渗入皮肤，而是起保湿作用，因此该型化妆品一般不向皮肤渗透成分，主要用于皮肤表面工作的化妆品，如润肤霜、防晒霜和 BB 霜等，化妆品中的油不易干，可以持久滋润。

固体型化妆品主要是彩妆化妆品，有粉体和蜡状两种，这些化妆品中分子只能振动，不会迁移，不能扩散，成分也不会被皮肤吸收，相反，一些粉体化妆品还可能吸收皮肤中的水分。

剂型影响化妆品成分分子吸收的具体应用实例：

（1）以面膜纸为载体向皮肤渗透营养成分时，美容师会不断向敷在脸上的面膜纸加水或营养液，目的就是保持面膜纸湿润，有利于成分分子吸收。如果面膜纸变干，面膜纸上的成分就不能吸收进入皮肤。

（2）珍珠粉中碳酸钙占 90%以上，有利于皮肤的营养成分只有百分之几，而且这些营养成分包裹在碳酸钙中，不能溶解进入溶液，如果直接拌入水和其他辅料涂在皮肤上，仅能起到遮瑕作用，去除碳酸钙，做成水溶性珍珠，珍珠中的营养成分才能渗入皮肤中。

（3）一般中草药面膜是粉状的，如果直接拌敷在皮肤上，固态粉末中的营养成分不能渗透到皮肤中，先用热水泡一下或煮一下，使其中的营养溶解在水中，再拌敷在皮肤上效果更好。

（4）一些化妆品商家在彩妆类化妆品中添加营养成分，并用于宣传，是不恰当的。因为彩妆设计的目的是在皮肤表面工作，一般是蜡状固体或油包水型，水溶性成分几乎不能渗入皮肤。

（5）用黄瓜美容时，传统方法是切片，然后贴在皮肤上。由于黄瓜中的营养成分禁锢在固体中，这样做吸收效果不好。如果榨出黄瓜汁，再来拌敷在皮肤上，效果将更好。

4.2 化妆品涂层与皮肤间的油性膜的阻碍

化妆品添加成分的溶解性一般可分成溶于水不溶于油、溶于油[①]不溶于水、既溶于水又溶于油、既不溶于水又不溶于油，绝大多数成分都属于前两种情况，后两种情况很少见，本书中如果有遇到，会特别指明。对绝大多数成分来说，水与油混合形成界面，水溶性物质很难进入油相，油溶性物质[②]很难进入水相，既溶于水又溶于油的物质，可穿过水油界面进入水相或油相。

人体是水系统，皮肤需要的功效成分（或者化妆品添加的功效成分）绝大部分是水溶性的，如保湿成分、氨基酸和肽类成分、绝大多数多酚成分等，因此如果皮肤表面有一层油形成的膜，化妆品中的水溶性成分无法穿透这层膜而渗入皮肤。即使是化妆品添加的油溶性成分，以乳化颗粒形式分散在水体系的化妆品中，水分的阻隔使它们仍然难以穿过这层油性膜。既溶于水又溶于油的成分极少，而且大多是表面活性剂，在化妆品中起乳化作用，不是皮肤需要的成分，这些分子自身易聚集，不易渗透扩散。所以，正常情况下，皮肤表面油性膜的存在，会导致所有水体系的化妆品成分难以穿透这层膜，形成渗透阻碍。利用这个原理，可以隔离彩妆类化妆品中的有害成分。

皮脂、乳液型化妆品或彩妆化妆品在皮肤表面的油性成分残留都是化妆品成分渗透吸收的阻碍，因此给皮肤补充营养成分之前，先要清洁皮肤，以便营养成分更好地渗入皮肤。

4.3 角质层的阻碍

角质细胞和角质细胞间隙（脂质双分子层）占皮肤比表面积 99%以上，是皮肤从外界吸收物质的主要途径（图 4-1）。影响物质吸收的主要因素是角质层物质渗透扩散空隙的大小、待吸收物质分子的大小、待吸收物质分子与角质层物质的相溶性。

---

① 油是指以甘油三酯为主要成分的油脂。
② 化妆品中常添加的油溶性成分不多，常见的有维生素 E、辅酶 Q10、维生素 A、虾青素等。

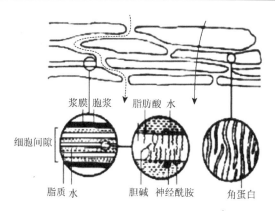

图 4-1　化妆品成分透皮吸收途径[2]

　　角质细胞留给物质分子扩散通过的空间很小，而角质细胞间隙平均宽度约 60nm，留给物质分子扩散通过的空隙相对较大，考虑到皮肤的拉伸以及角质细胞间隙的不均匀性，一般认为粒径大于 100nm 的微粒很难通过皮肤角质层进入皮肤。

　　几种常见分子的大小见图 4-2。水的分子量为 18，乙醇分子量为 46，熊果苷分子量为 272。

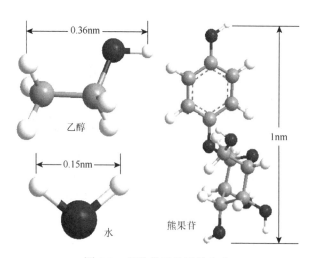

图 4-2　几种常见分子的大小

　　一般情况下，分子量越大，包含的碳、氢、氧原子越多，分子体积就越大。比较角质细胞间隙的宽度，分子量大于 3000 的分子很难通过角质层被吸收。在《化妆品安全风险评估指南》（征求意见稿）中，分子量超过 1000 的分子，就免除评估其透皮吸收带来的安全风险[3]。一些皮肤自有的、化妆品经常添加的高分子成分如胶原蛋白、透明质酸等，只能停留在皮肤表面，要让它们能渗入皮肤，必须把它们水解成小分子成分，胶原蛋白一般水解成分子量 2000 以下的胶原肽，透明质酸水解成纳米透明质酸。能快速有效地被皮肤吸收的分子的分子量一般小于 800。

4.3.1　角质细胞的吸收

物质分子要穿过角质细胞进入皮肤中，必须出入角质细胞，在角质细胞膜上有针对水及水溶性小分子的转运蛋白，它是物质分子出入角质细胞膜的运载工具。在角质细胞内充满了亲水性的丝蛋白、角蛋白，留给分子渗透扩散的空间很小（一般低于几纳米）。因此能够通过角质细胞被皮肤吸收的分子必须是水溶性（大极性）的小分子，较大的分子不能通过角质细胞。水分子体积很小，主要通过角质细胞吸收进入皮肤；乙醇分子也很小，但它既水溶又油溶，所以既可以通过角质细胞吸收，又可以通过角质细胞间隙吸收，其渗透性极佳[①]；熊果苷分子是水溶性的，分子最长达 1nm，可以通过角质细胞吸收，但会有较大的吸收阻碍。尽管角质细胞吸收物质的阻力很大，但它的大小为微米级，占皮肤比表面积很大，吸收的分子占总吸收的比例仍然较大。

4.3.2　角质细胞间隙的吸收

角质细胞间隙填充着脂质双分子层分子，脂质双分子层的成分主要是：50%神经酰胺、25%胆固醇和 10%饱和脂肪酸。神经酰胺和饱和脂肪酸分子是表面活性剂分子结构，一端亲水，一端亲油，其亲油端和亲水端分别自动聚集形成层状结构，层与层之间是非极性（亲油）的柔软烷基链。正常情况下，低极性的油溶性分子可以穿过双分子层之间的柔软烷基链通道进入皮肤，在无促渗透剂破坏脂质双分子层有序结构的情况下，角质细胞间隙一般只吸收油溶性分子（低极性分子）。角质细胞间隙的宽度远远大于角质细胞内的空间，所以角质细胞间隙能吸收的分子体积上限远远大于角质细胞吸收的分子，而且吸收量也大于角质细胞，是角质层渗透吸收物质成分的主要方式。

角质细胞间隙宽度会因皮肤的拉伸而改变，所以搓揉、拍打皮肤除增加待吸收化妆品压力外，还可以改变渗透空间而增加吸收。脂质双分子层有序排列结构中分子的水溶部分聚集在一起不能自主移动，所以水溶性分子不能通过水通道渗过角质细胞间隙，但一些分子可以溶解构成脂质双分子层的分子，扰乱脂质双分子层的有序结构，导致水溶性和油溶性分子均能通过角质细胞间隙吸收进入皮肤，这些分子被称为促渗透剂。

4.3.3　皮肤附属器官的吸收

在皮肤的表面，还有毛囊和汗管，化妆品成分进入其中，没有角质层阻碍，成分极易渗入皮肤，毛囊和汗管的吸收称为旁路吸收。但是，毛囊直径为 20～50μm，汗管更小，涂抹化妆品时，很少能进入其中，所以通过旁路吸收的化妆品几乎可以忽略不计。而且，任何吸收都是不完全的，化妆品进入毛囊或汗管，吸收的残留部分很难清除，会形成黑头，甚至滋生细菌，所以一般情况下，不主张利用毛囊和汗管吸收化妆品，涂抹化妆品前，要收缩毛孔，以减少化妆品进入其中的可能性。

---

① 既溶于水又溶于油的分子，既可通过角质细胞吸收，又可通过角质细胞间隙吸收，所以此类分子极易被皮肤吸收。

4.3.4 增强化妆品成分吸收的方法

1. 让皮肤充分吸收水分来增强化妆品成分吸收

由于角质细胞亲水，吸收水分后，细胞内空间增大，同时水分存在推动了物质分子的渗透扩散，所以让皮肤充分吸水后有利于水溶性成分的吸收。皮肤吸收水分不会影响角质细胞间隙的宽度和脂质双分子层的结构，所以对精油型化妆品或者油溶性分子的吸收，这种方法没有明显效果。

角质细胞本身坚固、形变小，除角质细胞吸收水分增强吸收外，其他措施很难影响角质细胞的吸收。因此，这种方法也是唯一针对角质细胞的促渗透方法，是化妆品使用者常用的促渗透方法。

2. 轻拍、按摩、搓揉皮肤促进化妆品成分吸收

轻拍、按摩、搓揉皮肤不仅会增加涂抹在皮肤表面的化妆品的渗透压力，还会起到改变角质细胞间隙宽度的作用，从而促进化妆品成分吸收。这种方法也是化妆品使用者涂抹化妆品时常用的促进成分吸收的方法。超声波在涂有化妆品的皮肤表面高频率振荡可以大幅度提高化妆品成分的吸收率就是利用这个原理。涂抹不需要向皮肤中渗透成分的化妆品，如涂抹彩妆、清洁化妆品时，则不必要轻拍、按摩、搓揉皮肤，否则可能导致无机粉体等有害成分进入毛孔而形成阻塞，或者增加有害成分进入皮肤的风险。

3. 促渗透剂促进化妆品成分吸收

脂质双分子层是有序排列的结构，这个有序结构中能动的部分只是分子的柔软烷基链部分，所以正常情况下，角质细胞间隙只能从脂质双分子层层状结构之间的柔软烷基链部分渗透油溶性、低极性的分子。脂质双分子层分子的水溶部分聚集在一起不能自主移动，不能推动水溶性分子渗过角质细胞间隙，但一些溶剂可以溶解构成脂质双分子层的分子，可以扰乱脂质双分子层的有序结构，增加脂质流动性，使水溶性和油溶性分子均能通过角质细胞间隙吸收进入皮肤（图4-3）。化妆品中常见的促渗透剂主要有乙醇、丙二醇、氮酮、二甲亚砜、氨基酸、脂肪酸及其酯、脂肪醇、柠檬烯等。使用促渗透剂来促进成分吸收的方法主要在化妆品配方中使用或者一些美容机构使用。

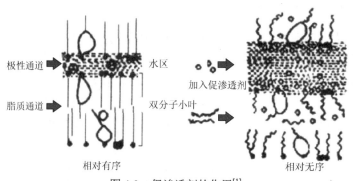

图 4-3 促渗透剂的作用[1]

4. 纳米微囊技术促进化妆品成分吸收

正常情况下，角质细胞仅渗透通过水溶性小分子成分，角质细胞间隙仅渗透通过低极性的油溶性成分，一些分子较大的水溶性成分体积上能通过角质细胞间隙，但由于相溶性问题，它不能被皮肤吸收，如果把这些分子用表面活性剂包成低于 100nm 的微囊，这些纳米微囊就可能直接从脂质双分子层的脂质通道（层与层之间）渗透通过（图4-4）。这些被包裹的分子不能与其他分子接触，增加了稳定性；进入皮肤后，微囊破坏需要一定时间，可以使这些被包裹的分子缓慢释放出来，增加了效果的持续性。事实上，用纳米微囊技术来促进化妆品成分的吸收，已经应用于水溶性的较大分子，即使是其他能被角质层吸收的分子，也可以用纳米微囊包裹的方式实现既亲水又亲油，既能通过角质细胞吸收，又能通过角质细胞间隙吸收，大大提高待吸收分子的吸收效率，并且还能增加被包裹分子的稳定性，使其在皮肤里缓慢释放。

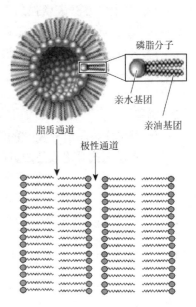

图 4-4　纳米微囊通过脂质双分子层

一般的乳液型化妆品的实质也是把油和油溶性成分包裹并分散在水中，它与纳米微囊技术的区别在于乳液包裹的微囊粒径一般大于 500nm，呈白色，微囊粒径太大不能直接被皮肤吸收，而纳米微囊化妆品包裹的微囊粒径一般应小于 100nm，有一定透明性，微囊可以直接被皮肤吸收。

纳米微囊技术包裹的微囊进入人体后，这些微囊会被破坏，不会带来人体安全风险，但如果是一些纳米无机粒子，如纳米珍珠粉、纳米二氧化钛等，进入人体后不能被破坏，将永远地存在，会带来一定安全风险。

知 识 测 试

一、判断

1. 化妆品涂在皮肤上看不见了，说明化妆品已经被皮肤完全吸收（　　　）
2. 水分进入皮肤是通过角质细胞被皮肤吸收（　　　）
3. 精油化妆品的成分是通过角质细胞间隙吸收的（　　　）
4. 化妆水是水溶性成分吸收进入皮肤的最佳剂型（　　　）
5. 珍珠中有益于皮肤的营养成分可以直接被皮肤吸收（　　　）
6. BB 霜中添加一些营养成分后，既遮瑕又营养皮肤（　　　）
7. 皮肤上的污垢不会影响皮肤对化妆品成分的吸收（　　　）
8. 做面膜前应清洁皮肤（　　　）
9. 胶原蛋白面膜有助于消除皮肤皱纹（　　　）

10. 化妆品中添加的透明质酸有助于皮肤深层锁水（　　　）

11. 给皮肤充分吸收水分后有利于精油化妆品成分吸收（　　　）

12. 促渗透剂是通过增加脂质双分子层流动性来增强吸收的（　　　）

13. 有很多办法来增强角质细胞对化妆品成分的吸收（　　　）

14. 白色乳液中的乳化微粒可以直接被皮肤吸收（　　　）

15. 把化妆品功效成分包裹成纳米微囊既有利于成分吸收，又有利于成分稳定和缓释（　　　）

二、简答

1. 影响化妆品成分吸收的因素有哪些？

2. 增强皮肤对化妆品成分吸收的方法有哪些？

参 考 文 献

[1]　林婕，何聪芬，董银卯. 化妆品功效成分的透皮吸收机理[J]. 日用化学工业，2009，39（4）：275-278.

[2]　林婕，何聪芬，董银卯. 化妆品功效成分的透皮吸收途径与技术[J]. 中国化妆品，2009，1：89-97.

[3]　食品药品监管总局药化注册司. 化妆品安全风险评估指南（征求意见稿）[Z]. 2015-11-10.

第 5 章 保 湿

水分子很小，皮肤天然保湿系统不能完全阻止水分子进出皮肤；干燥的、多风的环境会加速皮肤中水分流失；皮肤天然保湿系统出现问题会导致水分流失。水分对皮肤非常重要，保持皮肤中的水分是化妆品主要任务之一。

5.1 水分对皮肤的作用

水在皮肤中有十分重要的作用。它是皮肤新陈代谢等生理活动的溶剂，营养物质的吸收、代谢废物的排出、体内化学反应都在水溶液中进行；它还会直接参与体内的某些化学反应；皮肤表面水分的蒸发还会起到调节体温的作用。在表皮层中，角质形成细胞角化过程必须有水分的参与，皮肤含水量的多少与皮肤状态息息相关，水对皮肤的主要作用有：使皮肤柔软、防止大分子交联、水解桥粒、形成脂质双分子层、形成天然保湿因子等。

1. 使皮肤柔软

皮肤柔软是由皮肤内细胞之间、高分子之间作用力小，易滑动造成的。水分在细胞之间和大分子之间起着润滑作用，降低了它们的凝聚力，使皮肤柔软。缺水会导致细胞排列紧密，皮肤变硬。

2. 防止大分子交联

自由基、脂质过氧化、糖基化等会引起皮肤内的蛋白质分子交联，使皮肤变硬、失去弹性，大分子交联是皮肤衰老的分子水平特征之一。水分在皮肤的大分子之间形成阻隔，降低大分子交联的风险，起着抗衰老的作用。

3. 水解桥粒

角质形成细胞间有桥粒粘连，细胞不能自由移动，但随着细胞外推并角化，细胞之间的粘连结构会被水解脱落，表皮层缺水会导致桥粒水解不完全，角质细胞部分粘连，角质层不能正常更新，在皮肤表面形成鳞屑。

4. 形成脂质双分子层

角质细胞之间的脂质需要在细胞角化过程中水解形成，缺水会导致脂质双分子层形成减少，角质细胞间缺少填充剂，角质层屏障功能减弱，使皮肤粗糙、敏感和干燥。

5. 形成天然保湿因子

在皮肤的表皮层中，水分水解角质形成细胞中的蛋白质、糖等物质，产生很多可以与水分子形成氢键的天然保湿因子。

正常皮肤的表皮层含水量应为 20%～30%，当含水量降到 10% 以下时，皮肤就会干燥、硬化、起屑、起皱、老化加速。

5.2 皮肤天然保湿系统

皮肤需要水分，正常情况下，皮肤有自身的保湿系统来供给和保持皮肤的水分[1]，主要是：皮脂膜阻止皮肤水分蒸发、角质层阻止皮肤内水分外渗、天然保湿因子锁住水分、真皮层供给表皮层水分。

1. 皮脂膜阻止皮肤水分蒸发

在皮肤的表面，有皮脂腺分泌的皮脂覆盖，水分很难穿过这层油性的保护膜，从而起到阻止皮肤中水分蒸发的作用。皮脂膜的主要成分是：甘油三酯、角鲨烯、蜡、脂肪酸、胆固醇。

2. 角质层阻止皮肤内水分外渗

角质层作为皮肤最外层的主要屏障，它既阻止外物渗入皮肤，也阻止皮肤内成分向外渗透，皮肤中的水分绝大部分都被它阻隔在皮肤内。

3. 天然保湿因子锁住水分

天然保湿因子是皮肤表皮层细胞角化过程中形成的亲水性物质，大多数能与水分子形成氢键，从而锁住水分。正因为天然保湿因子的存在，减缓表皮中水分流失，保持表皮中的水分。这些天然保湿因子的主要成分是：氨基酸、吡咯烷酮羧酸、乳酸盐、尿素、尿酸、肽、糖、有机酸、柠檬酸盐和一些无机离子。

4. 真皮层供给表皮层水分

真皮层由微循环系统提供水分，由透明质酸和胶原蛋白锁住水分，与其相连的表皮层的水分主要由真皮层供给。

5.3 化妆品的保湿作用

除直接向皮肤补充水分外，化妆品保湿主要是通过修复和强化皮肤自身保湿系统来实现[2]。

1. 修复受损的皮脂膜

当皮脂腺分泌的皮脂不足，或者皮脂膜因清洁被破坏时，化妆品可以模拟重塑皮肤保护膜来辅助皮肤保湿。

2. 修复脂质双分子层

角质层阻止皮肤中绝大部分的水分流失，如果角质层屏障功能出现问题，皮肤中的水分更易穿过角质层屏障，皮肤更易失水而干燥。角质层问题主要是角质细胞间隙的脂质双分子层不足造成的[①]，修复角质层屏障主要方法是增加角质细胞间隙脂质双分子层的量。脂质双分子层的主要构成为：神经酰胺 50%、胆固醇 25%、饱和脂肪酸 10%。其中神经酰胺和饱和脂肪酸能自组装形成有序层状结构，化妆品修复角质层的方法主要是通过皮肤渗透补充神经酰胺等脂质，修复脂质双分子层[3]。

3. 增加皮肤中天然保湿因子含量

如果表皮层中天然保湿因子太少，表皮层锁水能力不足，化妆品可以向皮肤中渗透一些小分子锁水成分来增强表皮层锁水能力。

4. 在皮肤表面涂抹高分子锁水成分

在皮肤的表面，可以涂抹一些高分子锁水成分来锁住水分，减少皮肤内水分蒸发。皮肤表面的水分往往与高分子锁水成分一起乳化在皮脂膜或化妆品模拟形成的油性膜中。

5. 间接保湿措施

衰老是引起皮肤天然保湿系统出现问题的最主要原因，因此除上述直接修复皮肤天然保湿系统的措施外，保养皮肤、延缓衰老、维持皮肤天然保湿系统的高效性是化妆品间接的保湿方法。例如，增强成纤维细胞活性，促使胶原蛋白和透明质酸合成，可以增强真皮层的储水能力；增强基底细胞活性，可以维持表皮层正常，延缓表皮层衰老，防止表皮层过度角化，间接增强角质层屏障功能，增加天然保湿因子；消除微循环障碍可以带给细胞足够营养，增强成纤维细胞、基底细胞的活性，同时也间接加强皮肤天然保湿系统；抗氧化减缓皮肤天然保湿系统的衰退，间接增强皮肤保湿能力。

5.4　化妆品的保湿成分

保湿补水类化妆品的主要作用之一就是向皮肤中渗透水分，所以以水为主要溶剂的化妆品，水是最多的成分。另一主要作用是皮肤保湿，化妆品所有的保湿方法都要靠添加相应的成分来实现。

5.4.1　皮肤深层锁水成分

化妆品中常添加的皮肤深层锁水的成分主要有：丙三醇（甘油）、丁二醇、丙二醇、

---

① 角质细胞坚固且不易破坏，但角质细胞间隙的脂质却可能由于缺水而形成太少，或者外部溶剂的溶解作用导致其流失。

吡咯烷酮羧酸钠、甜菜碱、小分子糖、氨基酸和小分子肽、神经酰胺、小分子聚乙二醇等。除神经酰胺外，它们都与水分子形成氢键来保湿。

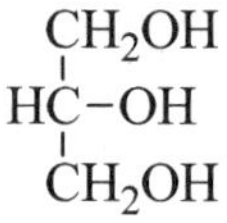

CH₂OH
HC-OH
CH₂OH
丙三醇

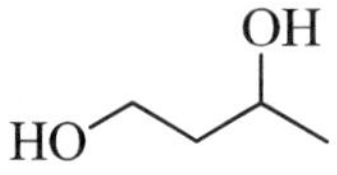

1,3-丁二醇

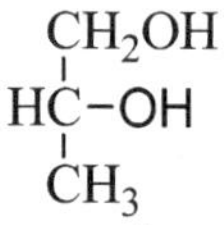

CH₂OH
HC-OH
CH₃
1, 2-丙二醇

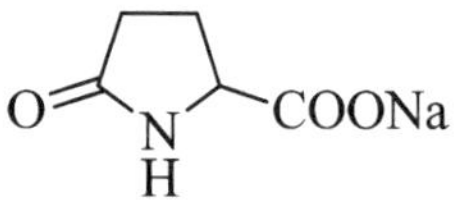

吡咯烷酮羧酸钠

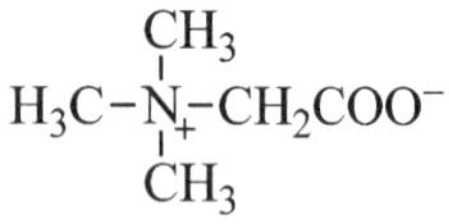

甜菜碱

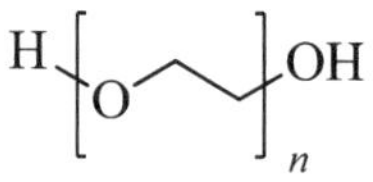

聚乙二醇

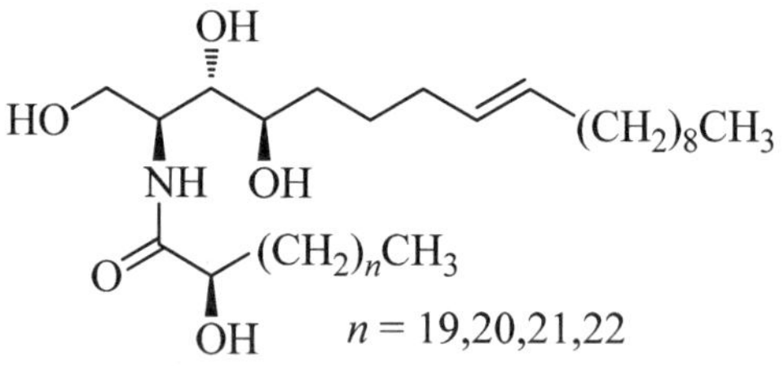

神经酰胺 n = 19,20,21,22

1. 丙三醇

丙三醇又称甘油，可以食用，无任何毒副作用，有长期安全使用历史，可与水任意比例混溶，是食品、药品、化妆品中常用的保湿剂。丙三醇分子很小，涂抹在皮肤上，可以通过角质细胞渗入皮肤，增加皮肤内保湿成分的含量。

2. 丁二醇

化妆品中应用的丁二醇主要是 1,3-丁二醇，是化妆品中常用的小分子保湿剂，易溶于水，涂抹在皮肤表面，通过角质细胞渗入皮肤，增加皮肤内保湿成分的含量，实现皮肤深层锁水。丁二醇有长期安全使用历史，虽然其保湿性能不如丙三醇，但与丙三醇配合，可降低黏度，改善触感。

3. 丙二醇

丙二醇有 1,2-丙二醇和 1,3-丙二醇两种，都是化妆品中常用的小分子保湿剂，易溶于水。它不仅易渗入皮肤中实现深层保湿，而且可增加皮肤舒适感。尽管丙二醇在化妆品中使用很安全，但仍需要指明：它是这些小分子保湿剂中唯一报道刺激皮肤的成分，有人甚至建议化妆品中应该用更安全的丁二醇或戊二醇代替丙二醇。

4. 吡咯烷酮羧酸钠

吡咯烷酮羧酸钠（PCA-Na）安全、无毒无刺激、皮肤渗透性好，用于皮肤深层保湿，有抑制酪氨酸酶活性的功效。因为它是皮肤的天然保湿成分，所以经常成为化妆品广告宣传的成分。

5. 甜菜碱

甜菜碱的保湿性能极佳[①]，并且无毒无刺激，是化妆品常用的深层锁水成分。长碳链烷基甜菜碱不再是保湿剂，而是表面活性剂。

6. 小分子糖

糖分子上有很多羟基，可与水分子形成氢键，所以常用作化妆品中的保湿剂和增稠剂。聚合度高的糖，不能穿过角质层屏障，只能在皮肤表面锁水，如透明质酸。小分子糖，聚合度低、可食用、有甜味、能渗透通过角质层屏障，是十分安全有效的皮肤深层锁水成分，如蜂蜜、水解透明质酸（纳米透明质酸）等。

7. 氨基酸和小分子肽

氨基酸和小分子肽既是皮肤需要的营养成分，也是皮肤中的天然保湿因子，十分安全，用在化妆品中可渗透到皮肤深层，实现深层保湿和补充营养的作用。化妆品中用于深层保湿的小分子肽主要是水解胶原蛋白。很多小分子肽除具有皮肤深层保湿功效外，还有许多特殊功效，后面章节中将详细讲解小分子肽在化妆品中的作用。

8. 神经酰胺

神经酰胺是角质细胞间隙脂质双分子层的主要成分。角质层屏障减弱的主要原因是脂质双分子层受损。化妆品中添加神经酰胺，主要作用是通过修补脂质双分子层来修复角质层屏障，防止皮肤中水分丢失。一些体外实验表明神经酰胺还有美白作用（抑制酪氨酸酶活性），事实上，化妆品中添加的神经酰胺，主要停留在脂质双分子层中，很难渗至黑色素细胞位置来实现美白作用。

2%烟酰胺可以增加角质细胞间隙的脂质含量，特别是神经酰胺含量，从而增强皮肤的屏障功能，减少经皮水分损失[4]。

9. 聚乙二醇

聚乙二醇无毒、无刺激，与许多有机物组分有良好的相溶性。随着聚乙二醇聚合度增大，其状态将由液态变得越来越黏稠，最终固化，只有低聚合度聚乙二醇才具有保湿性能。化妆品中一般添加有保湿性能的低聚合度聚乙二醇，这些聚乙二醇分子不大，部分可以渗入皮肤实现深层锁水，停留在皮肤表面的聚乙二醇可使皮肤更光滑。

聚乙二醇一般由环氧乙烷聚合制备，环氧乙烷聚合过程中易二聚成六元环结构，即二氧六环，又称二𫫇烷，所以化妆品中添加聚乙二醇或具有聚乙二醇结构的物质，一定要用合格产品，否则可能造成有害成分二𫫇烷超标。

这些深层锁水的成分，既是化妆品自身的保湿成分，也是实现皮肤保湿的成分，因为皮肤水分需求量大，所以深层保湿成分需要量也很大，在化妆品中添加量一般很多，在化

[①] 有报道说它的保湿性能是甘油的 12 倍。

妆品成分标注排列中，用作皮肤深层保湿的成分常排位靠前[①]。还有一些功效很好的皮肤深层保湿成分，但作为功效成分添加的量一般较少，其保湿作用几乎可忽略不计。常见的具有保湿作用的功效成分有维生素 B_5、尿囊素、根皮素等。

5.4.2　皮肤表面锁水成分

皮肤表面锁水成分一般为高分子成分，不能渗入皮肤深层，只能停留于皮肤表面锁住水分，常见的表面锁水成分主要有：透明质酸、胶原蛋白、一些具有增稠作用的高分子物质等。

1. 透明质酸

透明质酸（hyaluronan，HA）又称玻尿酸、玻璃酸、糖醛酸，是一种糖胺多糖，它是目前公认的最佳保湿成分，是真皮层细胞间质主要的保湿成分，具有改善皮肤营养代谢、使皮肤柔嫩光滑、抗衰老等功效，在化妆品中有广泛使用。它的特殊身份和在皮肤中的特殊生理功能使之成为商家宣传的对象。事实上，透明质酸作为高分子多糖成分，不能渗透穿过角质层屏障，只能在皮肤表面锁水保湿，与其他高分子保湿剂没有差别，要使透明质酸渗入皮肤，必须把它水解成粒径低于100nm的透明质酸（低聚合度透明质酸）。另外，透明质酸被宣传的所有功效实质上都是水分的作用，它只是起到保持水分的作用。

透明质酸

2. 胶原蛋白

胶原蛋白是皮肤真皮层的主要成分，起保持真皮层水分，使皮肤饱满、有弹性、无皱纹的作用。在化妆品中加入的胶原蛋白，不能吸收到皮肤中，所以不能改善皮肤皱纹，只起到增加化妆品黏度和在皮肤表面保湿的作用，如果把胶原蛋白水解成分子量低于2000的胶原肽，可以渗入皮肤起到深层保湿的作用。

一些具有增稠作用的高分子物质的分子结构有多个羟基、氨基，能与水分子形成氢键，不能渗入皮肤，在化妆品中，除用于增稠外，客观上也增强了皮肤表面和化妆品自身的保湿能力，如聚乙烯醇、卡波姆、黄原胶等。

5.4.3　润肤成分

皮脂腺分泌的皮脂可以在皮肤表面形成油性膜，阻止皮肤中水分蒸发，但是衰老等原

---

① GB 5296.3—2008《消费品使用说明 化妆品通用标签》规定：大于1%的化妆品成分标注排列是由多到少的顺序。

因可能造成皮脂分泌不足，清洁等原因可能导致这层油性膜被破坏，需要用化妆品来重塑这层油性保护膜，这类化妆品称为润肤化妆品。在润肤化妆品中，需要添加类似皮脂的油性成分（甘油三酯、烷烃、蜡）及一些其他油性成分（聚硅氧烷、非水溶剂）来模拟皮脂膜的功能。

1. 甘油三酯

皮脂中天然的甘油三酯含有碳碳双键，暴露在外会逐渐酸败、干化，状态上变干、变黏，易形成黑头甚至形成栓塞阻塞毛孔。化妆品中添加的甘油三酯应不易固化（降低脂肪酸碳数），并且不能含有导致酸败和干化的碳碳双键。基于这些认识，化妆品常用的甘油三酯是降低了脂肪酸碳数并且不含碳碳双键的三癸酸甘油三酯和三辛酸甘油三酯，这两种甘油三酯一般处于液态，不易干化和酸败。

一些特殊油脂中含有多种对皮肤有益的功效成分，即使其脂肪酸含大量碳碳双键，也广泛用在化妆品中，如鳄梨油（牛油果油）、蛇油、马油、月见草油、葡萄籽油、玫瑰籽油、椰子油、貂油。

1）鳄梨油

鳄梨又称牛油果，其压榨出的油脂的主要成分是甘油三酯，含有维生素 A、维生素 B_1、维生素 B_2、维生素 D 和多种矿物元素，在皮肤表面有较好的渗透性。鳄梨油用于化妆品常与其他油脂配合使用。

2）蛇油

蛇油即由蛇的脂肪提炼出的油脂，主要成分为甘油三酯，其中含有丰富的亚麻酸、亚油酸等不饱和脂肪酸和天然抑菌成分，皮肤渗透性很好，可单独用作润肤油涂抹在皮肤上，质地细腻并且感觉清凉、舒适，保湿性好，能抑制皮肤表面的有害细菌和螨虫生长。

3）马油

马油即马的脂肪提炼的油脂，主要成分为甘油三酯，其中的脂肪酸主要是油酸、亚油酸和棕榈酸，含有维生素 E。马油可以单独用作润肤油，保湿效果较好。

4）月见草油

月见草油是月见草种子提炼出来的甘油三酯，其中脂肪酸以亚麻酸为主，含有维生素 C、维生素 E、维生素 B_6、维生素 B_5 等多种对皮肤有益的维生素，以及镁、锌、铜等元素，是很好的营养皮肤的油脂，特别是其具有抗氧化和溶解微血栓（疏通微循环）的功效。月见草油常与其他油性成分配合使用。

5）葡萄籽油

葡萄籽油的主要成分是甘油三酯，其中脂肪酸以亚油酸为主，含有维生素 B_1、维生素 B_3、维生素 B_5、维生素 F、维生素 C，以及叶绿素、多种常量和微量元素、葡萄多酚、原花青素等。葡萄籽油皮肤渗透力强、抗氧化作用强、疏通微循环能力强，是化妆品中经常添加的营养功效成分。

6）玫瑰籽油

玫瑰籽油又称玫瑰果油，主要成分为甘油三酯，其中脂肪酸以不饱和脂肪酸为主，含有维生素 A、维生素 C,用于化妆品中抗氧化、增强基底细胞活性,经常使用玫瑰籽油化妆品可以修复暗疮、痘印等皮损疤痕。

7)椰子油

椰子油是由椰子肉提炼出的油脂,极易在人体内消化吸收,其中脂肪酸主要是长链式的饱和脂肪酸,拥有强抗菌能力,能杀死有害细菌、真菌、病毒和寄生虫。含有的甾醇类物质是人体激素合成原料,有助于维持衰老期妇女体内的激素平衡,是化妆品常用的基础油。

8)貂油

貂油是由水貂皮下脂肪组织提炼出的油脂,在皮肤上极易扩展且具有良好的皮肤渗透性,易被皮肤吸收,安全、无刺激性,其中脂肪酸主要为不饱和脂肪酸,可单独用作润肤油。

添加含不饱和脂肪酸的油脂的化妆品应尽量不要在高温、多风、白天或紫外线较强烈的环境使用,因为这样的环境会加速它们酸败和干化;使用含这类油脂的化妆品,每天都应仔细清洁皮肤,以免这类油脂残留,滋生细菌。

2. 烷烃

皮脂中的天然烃类的成分是角鲨烯,分子中含有六个碳碳双键,易氧化变质。化妆品中使用的烷烃成分,要除去分子中的碳碳双键,角鲨烷是角鲨烯氢化除去碳碳双键的产物,它保留了亲肤、透气性好等特点,被广泛应用于化妆品。

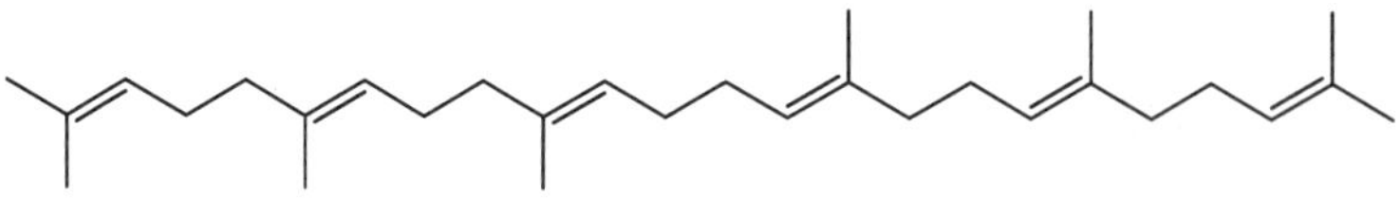

角鲨烯

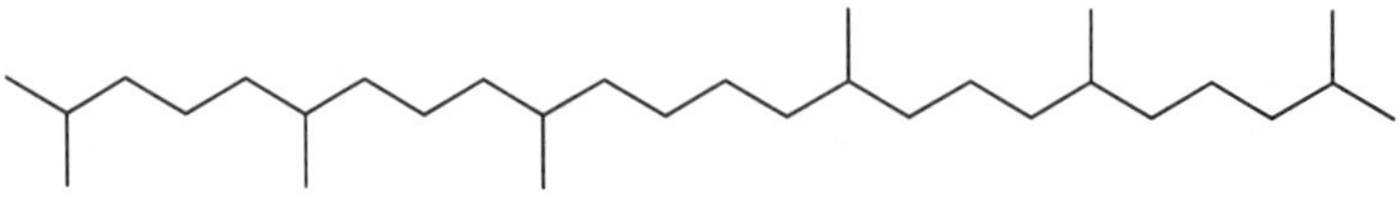

角鲨烷

常见的烷烃替代品主要有:凡士林、液体石蜡(精制的液体石蜡称为白油)、聚异丁烯、异链烷烃等。凡士林和液体石蜡来源于石油化工,涂抹在皮肤上成膜性好、保湿性非常好,但油腻感强、透气性不好、肤感不好。聚异丁烯、异链烷烃分子结构有甲基支链,与角鲨烷结构相似,有一定透气性。化妆品中常见这四种成分或者它们复配而成的烃类成分。

凡士林呈膏状,常单独用作润肤油。凡士林作为润肤油,优点是保湿性能非常好,适用于特别干燥的天气环境;缺点是涂在皮肤上一段时间内,皮肤看起来很油,透气性不好,肤感不好。

3. 蜡

蜡的化学结构为高级脂肪酸的高级一元醇酯,无碳碳双键,分子稳定,用在化妆品中，可降低黏度，增加皮肤表面光滑性和反光性。化妆品中，除使用一些合成蜡外，一些天然的蜡质成分含丰富的皮肤需要的营养成分，覆盖在皮肤上有一定透气性，接近天然皮脂的肤感，常被单独用作润肤油或配入化妆品使用，最具代表性的就是霍霍巴油和羊毛脂。

1）霍霍巴油

霍霍巴油是植物霍霍巴种子榨的油，主要成分是植物蜡，还含有丰富的维生素 A、维生素 B、维生素 E 等，易渗入并软化角质层，在皮肤上形成与皮脂相似的分子排列，有一定透气性，所以肤感与天然皮脂相似。由于它性质稳定、不易固化、可溶解干化变黏的油脂，用于油性皮肤可疏通、清洁毛孔。

2）羊毛脂

羊毛脂是羊毛上分泌的油状物质，主要成分是动物蜡，有气味，用于化妆品的羊毛脂必须精炼除味。羊毛脂与皮肤亲和性好、保湿的同时透气性好、肤感自然，可单独作润肤油使用，也常直接配入化妆品。

一些烃类成分，因具有与蜡相似的增加皮肤表面光滑性和反光性的特点，也被称为蜡，如微晶蜡（地蜡）、石蜡（有液体石蜡、固体石蜡）。这些烃类成分多为固体，一般用于剂型为固态的彩妆化妆品。

4. 硅油

硅油（聚硅氧烷）类物质不是皮脂的类似成分，涂在皮肤上也可以在皮肤表面形成油性膜，同样起保湿作用，而且性质稳定、不干化变黏、疏水性好。硅油主要有甲基硅油和改性硅油两类，化妆品添加甲基硅油或改性硅油物质，除在皮肤表面形成油膜保湿外，还有一主要目的是增加皮肤反光度和光滑度。洗发水中添加硅油，可以使头发光亮、顺滑，但是硅油敷在头发表面会导致头发不蓬松，越洗越油。

5.5　保湿补水化妆品

5.5.1　化妆水及补水保湿凝胶、乳液

给皮肤补水保湿使用的主要化妆品剂型是化妆水、补水保湿凝胶、补水保湿乳液。

1. 化妆水

1）化妆水的功能

使用化妆水的主要目的就是给皮肤补水和保湿，所以水中加入一定量的保湿成分，就具备化妆水的基本功能。从化妆品使用顺序上看，清洁皮肤后，使用营养化妆品前，除了使皮肤充分吸收水分，以增加皮肤吸收营养成分的能力外，还需要调节皮肤的 pH 至弱酸性、收缩毛孔、抑菌等。

清洁化妆品可能含有故意添加的碱或者羧酸钾或钠等呈碱性的强碱弱酸盐表面活性

剂，可能导致清洁后的皮肤偏碱性，所以要求化妆水应具有调 pH 至弱酸性的功能。

收缩毛孔，实质上是使毛孔中蛋白凝聚，它不仅使毛孔看起来细腻，而且在涂抹营养型化妆品时，可降低化妆品进入毛孔的风险[①]，乙醇和金缕梅提取物添加在化妆水中，主要作用是收缩毛孔。收缩毛孔对皮肤来说仅是暂时性功效，并不能真正改善毛孔粗大问题。

清洁皮肤过程中，如果清洁不彻底，残留在皮肤上的有机物会破坏皮肤表面微生物群的稳定，为有害细菌滋生提供营养，形成有毒害的小分子成分。在补水的同时需要抑制有害细菌繁殖，降低未清洁干净的有机物腐烂变质的风险。

化妆水是水溶液，水溶性的营养成分易渗透扩散，所以还可以在化妆水中添加营养功效成分，做成美白、保养型化妆水（美容液）。

2）化妆水的使用

一些化妆水虽然用于皮肤补水保湿，但不能在晚上清洁皮肤后、涂抹营养精华前使用。例如，添加紫外线吸收剂（防晒成分）的化妆水主要用于白天有太阳的环境补水保湿，晚上使用会导致皮肤吸收防晒成分；添加乙醇的化妆水可以增加皮肤冰爽感觉，可在较热的天气下给皮肤补水；含润肤油成分的化妆水[②]的主要作用是在补水的同时，在皮肤表面形成油性膜阻止水分蒸发，保湿功能比其他化妆水更强，所以常用于较干燥环境补水，晚上涂营养精华前使用会重新在皮肤表面形成油性膜，阻碍功效成分的吸收。

化妆品厂商设计的皮肤护理程序常常复杂化，把化妆水分成各种不同种类的水就是例证，如常见的化妆水有爽肤水、柔肤水、调理水、收敛水（紧肤水）、洁肤水、美容液等，很少有消费者能分清楚如何使用各种各样的化妆水。所以，从化妆水添加成分来看化妆水的用途，根据上述使用情境选择化妆水，才不会被纷繁复杂的商品化妆水种类所迷惑。

3）化妆水的成分解析

化妆水一般添加成分是：水、保湿成分、营养成分、pH 调节剂、收敛剂、防腐抑菌剂。

（1）某保湿化妆水（表 5-1）。该化妆水呈弱酸性，不含乙醇、油性成分、香料、营养成分等，低刺激，是适合晚上清洁皮肤后、涂抹营养成分前使用的一款化妆水。

表 5-1　某保湿化妆水成分解析

组分	作用
水	补水
丁二醇	深层保湿
甘油	深层保湿
PPG-10 甲基葡糖醚	保湿、增加光泽感
琥珀酸二钠	调 pH

① 化妆品在毛孔中不完全吸收，可能在毛孔中形成污物，难以清洁。
② 化妆水不能添加太多的油性成分，否则易分层，不能制成化妆水。

续表

组分	作用
透明质酸钠	皮肤表面保湿
羟苯甲酯	防腐
羟乙基纤维素	增稠
乙酰化透明质酸钠*	皮肤表面保湿
水解透明质酸	深层保湿
琥珀酸	调 pH

*乙酰化后的透明质酸钠增加了分子的亲脂性，更易渗透，作用仍然是保湿

（2）某丝柔美白爽肤水（表 5-2）。该化妆水中加入了乙醇和防晒剂，用于较热的、有紫外线的天气给皮肤补水。

表 5-2　某丝柔美白爽肤水成分解析

组分	作用
水	补水
乙醇	清凉、收敛毛孔
甘油	深层保湿
聚乙二醇-8	保湿
甘油葡萄糖苷	保湿
光果甘草根提取物	美白
泛醇（维生素 B$_5$ 前体）	增强细胞活性
水解蚕丝	保湿，使皮肤顺滑
二苯酮-4	吸收紫外线
柠檬酸钠	调 pH
变性乙醇（工业乙醇）	清凉、收敛毛孔
羟苯甲酯	防腐
香精	

2. 补水保湿凝胶、补水保湿乳液

补水保湿凝胶实质上是不含或少含油性成分的化妆水增稠后的形态，由于增稠剂的添加，强化了皮肤表面的锁水能力。

补水保湿乳液实质上是含润肤油成分的化妆水乳化和增稠后的形态，强化了皮肤表面锁水和油性膜阻止水分蒸发的能力。

5.5.2 润肤化妆品

润肤化妆品主要用于补充皮脂分泌不足或被破坏的皮脂膜的重塑，以阻止皮肤中水分蒸发。根据化妆品中含油量的多少，该类化妆品可分成润肤油、润肤霜、润肤乳等。

1. 润肤油

一些动植物油涂在皮肤上有较好的保湿性和一定的透气性、不油腻、肤感好，而且有丰富的皮肤需要的营养，可直接用作润肤化妆品。常见的润肤油类化妆品有：蛇油（主要成分为甘油三酯）、马油（主要成分为甘油三酯）、貂油（主要成分为甘油三酯）、凡士林（主要成分为烃）、羊毛脂（主要成分为蜡）。凡士林肤感油腻、不透气，但保湿性好，适用于干燥、多风环境的保湿。

2. 润肤霜

润肤霜（表 5-3）是用于皮肤表面模拟皮脂膜的化妆品，往往需配入与皮脂类似的油性成分，这些成分主要是甘油三酯、烃、蜡。考虑到润肤霜的使用目的是保湿，在润肤霜中添加水及锁水成分也十分必要。在有油和水的混合体系中，乳化、增稠、防腐是必需的。另外，润肤霜中还常配入硅油类（聚硅氧烷或改性聚硅氧烷）成分来提高皮肤反光度和光滑度。

表 5-3　某保湿润肤霜成分解析

组分	作用
水	
甘油	深层保湿
丙二醇	深层保湿
十六烷基十八醇	乳化稳定
硬脂酸	乳化和调 pH
丙烯酰胺共聚物	增稠
石蜡油	烃类润肤
异链烷烃	烃类润肤
聚山梨醇酯	乳化
聚山梨酸酯-60	乳化
失水山梨醇单硬脂酸酯	乳化
棕榈酸异丙酯	非水溶剂，降低黏度
辛酸三甘油酯	甘油三酯类润肤
三乙醇胺	调 pH
霍霍巴油	蜡类润肤
鳄梨油	甘油三酯类润肤

续表

组分	作用
透明质酸	皮肤表面保湿
芦荟萃取液	营养、抑菌
羟苯甲酯	防腐
羟苯丙酯	防腐
双咪唑烷基脲	防腐

3. 润肤乳

与润肤霜相比，润肤乳配方中加入了更多的水分，而油性成分相对较少，适用于偏油性皮肤。一些在洗澡后防止皮肤干燥的护体乳也是润肤乳的一种。

知 识 测 试

一、判断

1. 甘油是化妆品中常用的一种不溶于水的油性成分（　　）
2. 化妆品中添加透明质酸可以增强真皮层的保湿能力（　　）
3. 只有把透明质酸水解成纳米级分子才能渗入皮肤深层锁水（　　）
4. 皮肤中需要的水分主要从皮肤外渗入（　　）
5. 神经酰胺通过修复脂质双分子层来阻止皮肤中水分蒸发（　　）
6. 保养皮肤，延缓皮肤衰老减缓了皮肤保湿能力的衰退（　　）
7. 可以在化妆水中添加很多润肤油做成既保湿补水又润肤的化妆水（　　）
8. 化妆品中添加金缕梅提取物的作用是收缩毛孔（　　）
9. 所有化妆水都可用于晚上涂抹营养精华前给皮肤补水（　　）
10. 化妆品中添加聚硅氧烷的目的是提高皮肤反光度和光滑度（　　）
11. 霍霍巴油和羊毛脂的主要成分都是甘油三酯（　　）
12. 皮脂腺分泌的甘油三酯易干化、酸败和滋生细菌（　　）
13. 皮脂膜是阻止皮肤水分蒸发能力最强的保护膜（　　）
14. 蜡类成分在化妆品中起着降低黏度、增加反光度的作用（　　）
15. 添加了天然油脂的化妆品应避免在高温、多风、紫外线强的环境使用（　　）

二、简答

1. 水分如何影响皮肤状态？
2. 简述皮肤的天然保湿系统。
3. 简述化妆品如何增强皮肤保湿能力。

4. 什么是天然保湿因子？化妆品中常添加的天然保湿因子有哪些？

5. 根据化妆水的成分特点，简述不同化妆水的适用场景。

参 考 文 献

[1]　彭艳红，杨志波. 皮肤天然保湿的研究概况[J]. 中国中西医结合皮肤性病学杂志，2009，8（6）：387.

[2]　邹鹏飞，刘志河，路万成，等. 皮肤自身保湿系统和保湿护肤品设计思路[J]. 日用化学品科学，2012，35（1）：18.

[3]　宋透祖，许爱娥. 皮肤屏障功能[J]. 国际皮肤性病学杂志，2007，33（2）：122.

[4]　朱海琴，朱文元，范卫新. 烟酰胺在皮肤局部外用中的进展[J]. 临床皮肤科杂志，2007，36（3）：189-190.

第6章 营养与抗衰老

衰老是自然规律，无法避免。在婴幼儿时期和青春期，皮肤正处于生长、发育阶段，没有衰老的困扰，大约25岁以后，进入成年期，皮肤开始衰老，主要是基因控制的自然衰老和诸多外源性因素引起的衰老，具体体现及化妆品应对措施如下：

（1）表皮层衰老与化妆品应对措施。基底细胞活性降低是表皮层衰老的根源。基底细胞活性降低会导致表皮更新周期延长、棘细胞层和颗粒层变薄甚至消失（表皮过度角化）、黑色素被细胞吞噬溶解能力减弱（出现色斑）、天然保湿因子和脂质双分子层的合成减少（皮肤保湿能力和柔软性降低）。

延缓表皮层衰老，除采用抗氧化、抗糖基化、防晒、保湿等通用措施外，主要是增强基底细胞的活性。基底细胞的活性受营养供给和一些关键成分影响，化妆品常通过延缓微循环系统的衰老和使用维生素A来增强基底细胞活性。

（2）真皮层衰老与化妆品应对措施。对皮肤状态具有重大影响的真皮层衰老主要是成纤维细胞活性降低和微循环系统老化。

成纤维细胞活性降低会导致透明质酸和胶原蛋白合成减少。透明质酸是真皮层基质的主要保湿成分，其含量降低直接导致真皮层储水能力降低，从而影响新陈代谢和表皮层的水分供给。胶原蛋白的多少和弹性与皮肤皱纹息息相关，其合成减少会影响胶原蛋白在皮肤中的代谢平衡，使真皮层胶原蛋白网的密度降低（弹性减小），含量减少，使皮肤形成皱纹。

化妆品增强成纤维细胞的活性，除采用抗氧化、抗糖基化、防晒等通用抗衰老措施外，常采用一些关键性活性成分，如维生素C、积雪草提取物、信号肽等来增强成纤维细胞活性。另外，化妆品也使用一些活性成分，如酰基四肽-9、植物雌性激素来减缓胶原蛋白网的老化和流失。

微循环系统的老化主要表现为毛细血管体密度降低（包括乳头层襻状血管减少甚至消失）和毛细血管阻塞。皮肤需要的营养和水分需要从微循环系统供给，代谢废物需要从微循环系统排出，它是皮肤的物质基础，对皮肤状态的方方面面都产生影响。化妆品针对微循环系统的老化，除采用通用抗衰老措施外，主要是通过扩张毛细血管和溶解纤维蛋白来消除毛细血管的阻塞。

（3）皮肤附属器官的衰老及化妆品应对措施。皮肤附属器官的衰老主要是皮脂腺分泌皮腺减少、毛孔粗大。化妆品主要是采取抗氧化、抗糖基化、防晒、保湿等通用抗衰老措施延缓其衰老。

皮肤衰老是成年期后绝大部分皮肤问题的根源，因此抗衰老是成年期及以后皮肤保养的重点，是成年期化妆品最重要的任务。化妆品抗衰老不仅有基于各种衰老学说而提出的延缓衰老的方法，更多的是基于局部衰老体征的针对性措施[1]。根据各种衰老学说和皮肤衰老的具体表现，总体来说，化妆品抗衰老采取了如下措施：保湿补水、补充营养、抗氧化、抗糖基化、胶原蛋白合成与保护、消除微循环障碍、增强细胞活性、防紫外线及光老化修复。保湿补水在第 5 章中讲解，防紫外线及光老化修复在第 8 章讲解，其余部分在本章中讲解。

6.1　衰老学说在化妆品抗衰老中的应用

众多的衰老学说可以分成三类：遗传类学说、现象描述性学说和外因诱导类学说。

遗传类学说主要是从遗传角度解释自然衰老，包括基因调控学说、DNA 损伤累积学说、端粒学说。从目前的美容科学发展程度看，从遗传物质着手的美容方法很少有报道。

现象描述性学说是指描述衰老过程中细胞、分子、内分泌等表现出来的老化现象及对人体的影响的学说，包括细胞有限增殖学说、细胞凋亡学说、体细胞突变学说、代谢失调衰老学说、非酶糖基化学说、大分子交联学说、免疫衰老学说、神经内分泌学说、羰基毒化学说、基质金属蛋白酶衰老学说、线粒体衰退学说。

大分子交联学说、羰基毒化衰老学说、非酶糖基化学说、基质金属蛋白酶衰老学说都从不同角度阐述了胶原蛋白老化以及导致皮肤产生皱纹和失去弹性的原因。羰基毒化学说和非酶糖基化学说还阐述了老年肤色加深、老年斑的成因。这些学说对恢复皮肤弹性、减少皱纹、减少老年色素沉着具有十分重要的指导意义。基于这些学说，提出了通过促进胶原蛋白的合成，防止胶原蛋白交联、降解来除去皮肤皱纹，恢复皮肤弹性；提出了通过阻止蛋白糖基化和抗氧化来解决老年皮肤颜色加深和形成色斑的问题。这些解决皮肤问题的方法已经成为化妆品对抗衰老的重要方法。

外因诱导类学说主要是光老化学说和自由基学说，它们解释除遗传因素外，人生存的自然环境和社会环境如何影响衰老。基于外因诱导类学说提出的抗衰老方法主要是：防紫外线、抗氧化、抗糖基化。

6.1.1　光老化学说及其应用

光老化学说综合了诸多衰老学说的理论基础。该学说认为日光中的紫外线是引起皮肤老化的主要外因，可通过下列机制引起皮肤老化：①损伤 DNA；②蛋白质产生进行性交联；③通过诱导抗原刺激反应的抑制途径而降低免疫应答；④产生高度反应的自由基，与各种细胞内结构相互作用而造成细胞和组织的损伤；⑤直接抑制朗格汉斯细胞的功能，引起光免疫抑制，使皮肤的免疫监督功能减弱[2]。长期日光照射可使皮肤变得粗糙、多皱，皮肤角质增厚，进入真皮层的日光辐射还可使血管壁和结缔组织中的胶原蛋白和弹性蛋白产生缓慢变化，加快皮肤衰老的进程。

防紫外线（防晒）和光损伤修复是光老化学说在化妆品中的主要应用，该部分将在第 8 章讲解。

6.1.2 自由基学说及其应用

自由基学说认为，外部因素促使人体内形成自由基，过量的自由基会引起机体损伤并导致衰老。1955 年，Harman 提出了自由基学说，1992 年，Kristal 和 Yu 提出了自由基氧化糖基化学说进一步完善了自由基学说。包括光老化学说在内的众多学说提出的衰老现象的成因都与自由基有关。自由基学说从分子水平解释了外因促进人体衰老的实质，是有理论和实验事实支撑、符合众多统计结论的学说，是得到科学界广泛认可的学说，在抗衰老保健品、化妆品中都有广泛应用。

自由基及具有自由基性质的活性氧对人体的损伤[3]分为：①直接氧化损伤脂质、核酸（DNA）和蛋白质等生物大分子，诱发慢性疾病；②氧化损伤人体下丘脑的细胞组织而引起机体组织和器官的整体性衰退。

自由基引起脂质过氧化，脂质过氧化终产物丙二醛等产生的大分子交联物不能被溶酶体分解，在细胞中形成脂褐素沉积，导致衰老皮肤颜色加深，是形成老年斑的原因之一。

抗氧化，即清除体内自由基和具有自由基性质的活性氧，是保健品、化妆品最重要的抗衰老措施。

6.2 补充营养

皮肤需要的七大营养成分主要是：氨基酸和肽、脂肪酸、糖、维生素、微量和常量元素、水、氧气。正常情况下，循环系统会给皮肤带来充足的营养，但随着人体的衰老以及衰老带来的疾病的影响，微循环功能发生障碍，影响营养成分的供给。从皮肤表面渗透一些营养成分，以补充营养供给的不足是化妆品抗衰老的方法。考虑到化妆品涂在皮肤上的量和皮肤渗透的阻碍，除水分和缩水成分外，经皮补充常量营养成分是杯水车薪，即使化妆品常添加一些常量的营养成分，其目的往往不是用作营养成分，如化妆品中添加氨基酸及其盐用于保湿，添加脂肪酸用于调节酸度和修复脂质双分子层，添加糖类成分用于保湿和增稠。氧气会使血液鲜红，解决肤色暗沉问题，但研究表明，氧气很难渗过角质层[4]，皮肤"自主呼吸"补充氧气不现实。因此，化妆品在营养补充方面主要针对微量营养成分，主要是微量元素、维生素和一些小分子肽的补充。真皮层基质疗法抗衰老，需要借助于注射法而不是用化妆品补充营养成分。

6.2.1 微量元素

不同的研究对象形成的微量元素定义略有不同，本书把人体需要量极少的元素称为微量元素。不可否认，微量元素与人体健康息息相关，但与美容相关的微量元素主要是锌和铁，以及一些抗氧化元素。

1. 锌

锌的主要作用是：维持上皮细胞正常生理功能，调节上皮细胞增生，维持上皮组织正常修复；抑制表皮有丝分裂，延缓表皮细胞角化；促进胶原蛋白形成正常的抗张力强度。锌缺乏会导致肝脏释放维生素 A 的能力降低。

2. 铁

铁是血红蛋白合成必需的元素，缺铁会导致肤色苍白。

3. 抗氧化微量元素

人体内的抗氧化酶必须以微量元素为活性中心，人体缺乏这些微量元素，会导致抗氧化酶活性降低，加速衰老。抗衰老、防止脂质过氧化的微量元素有锌、硒、铜、锰。最具代表性的是硒元素。

微量元素存在于许多天然来源的食物中，补充主要以口服为主，即使偏食挑食的成年人，一般也不会缺少微量元素。经皮补充微量元素主要是使用矿物泥类化妆品。基于以下几点原因，矿物泥只能是非主流的化妆品。①经皮补充的微量元素未经消化系统分解，存在不能被人体利用的可能性；②微量元素缺乏引起的皮肤问题在成年人中不具普遍性；③矿物泥来自于自然界，各种元素含量存在不确定性，有较大可能出现有害元素超标；④缺少经皮补充微量元素带来的正常皮肤变得更好的证据以及相关机理性研究。当然，矿物泥类化妆品除补充微量元素外，还有其他功能，如保湿功能、火山泥类的吸附清洁功能，不能一概否之。

6.2.2　维生素

维生素又称维他命，在人体内需要量很小，但起调节新陈代谢的作用，如果缺乏，会带来严重的健康问题，许多维生素的美肤机理已经被研究清楚，美肤效果已经被众多研究结论所证实。人体不能自己合成维生素，需要外源性补充。维生素存在于多种食品中，但不同食品含有的维生素种类不同，因此人类可能对某些食物偏好而造成某些维生素缺乏。化妆品中常常添加维生素成分来实现皮肤的保养。化妆品中常添加的维生素主要有：维生素 C、维生素 E、维生素 A、维生素 B_3、维生素 B_5、维生素 B_6。各种维生素的功效将在本书章节中讲解。

6.2.3　小分子肽

肽又称胜肽，是以氨基酸为单体构成的分子，常见的二肽、三肽、四肽……表示由两个氨基酸、三个氨基酸、四个氨基酸等构成的肽。很多小分子肽，即使微量，也具有明显的生理活性，而且肽与氨基酸、蛋白质一样，是人体内常见的、安全的成分，所以经皮补充一些小分子肽成为保养皮肤的重要方法，基因美容就是基于肽对皮肤的重要性提出的，一些创新性的抗衰老方法大多基于这些活性肽的使用。化妆品中常添加的肽主要是：谷胱甘肽、胶原三肽、表皮生长因子、P 肽、肌肽、铜肽、阿基瑞林（Argireline、乙酰基六肽-8）、棕榈酰三肽-5、棕榈酰五肽-3、棕榈酰六肽-6、棕榈酰六肽-12、六肽-9、三氟乙酰三肽-2、乙酰基四肽-9、四肽-30、棕榈酰三肽-1、九肽-1、乙酰四肽-5、二肽-2、水蛭素等[5-8]。各种肽的功效将分散在本书章节中讲解。

6.3 抗 氧 化

在众多衰老理论中，自由基学说、光老化学说、非酶糖基化学说、羰基毒化学说和自由基—美拉德反应学说都与自由基有关[9]。自由基又称为游离基，人体内呼入的氧气有 $1\% \sim 4\%$ 会转化成超氧负离子自由基（$O_2^{\cdot-}$）或具有自由基性质的活性氧，在体内的一系列化学反应中，还会产生羟基自由基（$OH^{\cdot}$）、氢过氧自由基（$HOO^{\cdot}$）、烷氧自由基（$RO^{\cdot}$）、烷基自由基（$R^{\cdot}$）、有机过氧自由基（$ROO^{\cdot}$）等。自由基破坏人体内分子、细胞和组织，引起一系列的疾病和衰老反应，其危害已被众多研究证实，因此应该想办法减少人体内自由基的生成和清除已经生成的自由基。减少自由基的生成属于养生范畴①，而通过清除自由基来抗衰老已经在保健品和化妆品领域广泛应用。

人体内抗氧化，主要是清除过量的自由基和自由基介导的活性氧。人体自身已经有抗氧化系统，这个系统中包含众多抗氧化酶和抗氧化活性成分。抗氧化酶主要是：超氧化物歧化酶（SOD）、过氧化氢酶（CAT）、硒谷胱甘肽过氧化物酶（SeGPx）、不含硒谷胱甘肽过氧化物酶和谷胱甘肽硫转移酶（GPx、GST）以及醛、酮还原酶（AR）；抗氧化成分主要是：维生素 C、维生素 E、辅酶 Q10、谷胱甘肽、类胡萝卜素、胆红素和一些蛋白质。

随着人体的衰老，人体抗氧化系统也会衰退，主要表现为抗氧化酶和抗氧化成分减少导致的抗氧化能力降低。抗氧化酶一般分子较大、不稳定、皮肤渗透困难，直接通过化妆品补充的不多，目前仅见个别化妆品添加 SOD 成分。少数化妆品经皮补充合成抗氧化酶的元素，如硒元素，来提升抗氧化酶的水平，但该法未得到主流化妆品的认可，其可能的原因是经皮渗透的硒元素未经消化系统分解，从化学形态上来说不一定能被利用生成抗氧化酶，而且无机形态的硒大多有毒。在化妆品抗氧化方法中应用最多的是补充抗氧化成分，主要补充维生素 C、维生素 E、辅酶 Q10、谷胱甘肽、α-硫辛酸、海藻多糖、类胡萝卜素、黄酮、多酚等。这些成分在皮肤中不仅起到抗氧化作用，而且大多还有其他护理皮肤的功能，在很多化妆品中都广泛使用。

6.3.1 维生素 C 及其衍生物

维生素 C（VC）是人体必需的一种水溶维生素，在人体内不能储藏，需要时外源性

---

① 减少体外摄入自由基：香烟烟雾中、高温烧烤食品中、炒菜的油烟中有大量因高温产生的自由基，应回避；减少体内自由基的生成：应减少氧气呼入，呼入体内的氧气 $1\% \sim 5\%$ 转化成超氧负离子自由基，体内氧化产生能量的过程产生大量自由基，所以应适量运动（特别是中老年人抗氧化能力降低后）、节食（营养物质消耗过程产生自由基），避免劳累和负面情绪；应防晒、防有害成分吸入导致人体产生自由基。

补充。维生素 C 的分子结构有 D（左旋）和 L（右旋[①]）两种构型，只有 L 型分子才称为维生素 C，才具有维生素 C 的生理活性。天然提取或人工合成维生素 C 都较麻烦，市售维生素 C 一般为左旋维生素 C[②]，由发酵法制备。维生素 C 在人体中起着抗氧化、促进胶原蛋白合成、美白等多种作用，并且与皮肤的健康密切相关。

左旋维生素C

1. 抗氧化

维生素 C 可以清除体内多种自由基，包括超氧负离子自由基、羟自由基、烷基自由基和有机过氧自由基等。与许多抗氧化成分相比，维生素 C 的抗氧化能力并不是很强大，但我们不能因此忽略它的抗氧化作用，因为很多植物源食品中都含有维生素 C，人体每天都会摄入一些维生素 C，所以在人体内维生素 C 往往可以维持一较高水平。其他抗氧化成分，尽管可能有很强的抗氧化能力，但来源较单一。摄入人体的机会不多、摄入量少，所以维生素 C 是人体的抗氧化主力军之一；另外，维生素 C 有较强的还原性，可以与很多成分协同发挥作用，如维生素 C 可把维生素 E 自由基变回维生素 E，把谷胱甘肽氧化物变回谷胱甘肽，使维生素 E、谷胱甘肽等发挥循环抗氧化效果，把胱氨酸还原为半胱氨酸，促进抗体合成等。

2. 促进胶原蛋白合成

维生素 C 是胶原蛋白合成过程中不可缺少的成分，它促进胶原蛋白的合成将在 6.5 节中详细讲述。

3. 美白作用

维生素 C 可以还原黑色素和多巴醌、抑制酪氨酸酶的活性，它的美白作用将在第 7 章美白祛斑中详细讲述。

维生素 C 的三大作用，每一作用都与皮肤状态息息相关，但是口服的维生素 C 只有大约 7% 能分布到皮肤中，对皮肤来说是远远不够的，因此需要从皮肤表面渗透来补充维生素 C 的不足。维生素 C 是所有化妆品都喜欢添加的成分，是历史证明安全、有效的成分，而且它是小分子水溶性成分，配在化妆品中很易被角质细胞吸收。但是，维生素 C 自身易被氧化而变色，易吸收紫外线而分解，直接配入化妆品中必须使用小胶囊密闭包装或者包裹成微胶囊以阻隔氧气和紫外线。

---

① 偏振光透过样品溶液，其振动方向发生改变，向左偏转称为左旋，向右偏转称为右旋。
② 维生素 C 被称为左旋维生素 C 是一个误会，它的旋光方向实际上是右旋的。

为解决维生素 C 的不稳定问题，可以把维生素 C 做成衍生物来提高它的稳定性，如维生素 C 磷酸酯类、维生素 C 脂肪酸酯、维生素 C 葡萄糖苷（VC-g）等。这些衍生物进入人体后可以缓慢水解成维生素 C。因此，习惯将维生素 C 衍生物配入化妆品。

6.3.2　维生素 E

维生素 E 是一种油溶性维生素，有多种异构体，常存在于植物油脂和多种蔬菜水果的表皮中，维生素 E 为生育酚乙酸酯，在人体内水解成生育酚，因此常把维生素 E 等同于生育酚。在 α、β、γ 和 δ 四种生育酚中，以 α-生育酚活性最高。维生素 E 用在化妆品中的主要作用有抗氧化、美白、促进激素分泌和用作抗氧剂。

α-生育酚乙酸酯

1. 抗氧化

维生素 E 被称为氧自由基清道夫，以自身被氧化为代价，捕捉生物体内的氧自由基和活性氧，抑制脂质过氧化。维生素 C 可以把维生素 E 氧化物还原成维生素 E，所以它与维生素 C 联合使用，可以实现循环抗氧化。与很多物质相比，维生素 E 的抗氧化能力并不强，但它摄入人体的途径众多[1]，和维生素 C 一样，都是人体内抗氧化的主力军。

2. 美白

维生素 E 可以抑制酪氨酸酶的活性，阻止黑色素形成。

3. 促进激素分泌

进入人体的维生素 E，可以水解成生育酚，促进男性分泌雄性激素，促进女性分泌雌性激素。因为激素不能外源性补充，维生素 E 起着内源性增加激素分泌的作用，美肤作用明显，特别是中年女性，雌性激素水平降低，适量补充维生素 E，可延缓皮肤衰老。维生素 E 的补充，大多以口服为主，化妆品中经皮渗透，难以渗到性激素分泌器官，促进激素分泌的效果可能不尽如人意。

4. 用作抗氧剂

如果化妆品中添加的某些成分易被氧气氧化，可以在化妆品中添加更易被氧化的维生素 E，以维生素 E 自身被氧化为代价，消耗氧气，保护易被氧化的成分。维生素 E 是化妆品常添加的一种抗氧剂。

---

[1] 炒菜使用的油脂以及很多食品都含有维生素 E。

维生素 E 切忌过量补充，大量摄入维生素 E，可使之不再抗氧化，而成为促氧化剂，它的抗凝血性还可能导致其他风险。

6.3.3　辅酶 Q10

辅酶 Q10 又称泛醌，对人体有很多功效，随着人体的衰老，体内辅酶 Q10 水平会大幅降低，需要外源性补充。用化妆品经皮渗透来补充辅酶 Q10，主要作用是提高皮肤抗氧化能力。超氧化物歧化酶和过氧化氢酶可以使辅酶 Q10 氢醌自由基[①]恢复成辅酶 Q10 氢醌，重新获得抗氧化能力。

辅酶Q10

辅酶 Q10 是细胞能量代谢过程中不可缺少的物质，有人提出经皮渗透进入皮肤的辅酶 Q10 还具有增强细胞活性的功效。这种说法有一定道理，但具体有多大作用，对皮肤状态有多大影响很难评估。

辅酶 Q10 是一种不溶于水、溶于油的油溶性物质，所以它一般配入乳液型化妆品中，通过角质细胞间隙吸收进入体内。

6.3.4　超氧化物歧化酶

超氧化物歧化酶（SOD）又称肝蛋白、奥谷蛋白。它是一种以金属元素为活性中心的蛋白酶，铜、锌、铁、镍、锰等都可以形成超氧化物歧化酶。它广泛存在于生物体内，通过把超氧负离子自由基转化成水和氧气来实现自由基清除，它还可以联合过氧化氢酶，实现辅酶 Q10 的循环抗氧化。

对人体来说，超氧化物歧化酶具有多种功效，人们在其稳定性和外源性补充上做了大量研究，如普通超氧化物歧化酶室温下稳定性差，不利于保存，曾有"863"项目[②]研究制备耐高温超氧化物歧化酶并获得了较好的结果；用某些植物蛋白包裹超氧化物歧化酶可以使其不被消化而吸收进入人体，实现了口服补充。到目前为止，提升人体超氧化物歧化酶水平的最佳方法还是注射法。

用经皮渗透方式给皮肤补充超氧化物歧化酶，并没有被广泛应用（市售化妆品仅见个别添加超氧化物歧化酶），可能原因是超氧化物歧化酶分子体积较大，难以吸收进入皮肤。有人提出通过微囊化来提高皮肤对超氧化物歧化酶的吸收能力，但分子量几万的分子，微

---

① 辅酶 Q10 氢醌自由基是辅酶 Q10 氢醌（辅酶 Q10 的还原态）清除自由基后的产物。
② 课题编号：2004AA214080，2007AA100604。

囊化只能改变它的相溶性,很难压缩其体积,即使相溶性适合于角质细胞间隙的脂质双分子层,也难以穿过角质层。由于毛孔和汗管中无角质层吸收阻碍,超氧化物歧化酶分子在皮肤表面通过旁路吸收具有一定可能性。但是,毛孔和汗管在皮肤表面占比表面积很小,进入其中的化妆品几乎可以忽略不计。因此,化妆品添加超氧化物歧化酶是否有用,需要更多确凿的证据来证实。

6.3.5 谷胱甘肽

谷胱甘肽的主要作用有抗氧化、美白和解毒。

谷胱甘肽

1. 抗氧化

谷胱甘肽(GSH)是由谷氨酸、半胱氨酸及甘氨酸组成的三肽,其结构中含有一个活泼的巯基—SH,易被自由基氧化脱氢,这一特异结构使其成为体内主要的自由基清除剂。当细胞内生成少量过氧化氢时,谷胱甘肽在谷胱甘肽过氧化物酶的作用下,把过氧化氢还原成水,其自身形成偶联谷胱甘肽(GSSG),GSSG 在谷胱甘肽还原酶的作用下,接受 H 还原成谷胱甘肽,从而实现循环清除体内自由基。维生素 C 也可以把 GSSG 还原成谷胱甘肽,谷胱甘肽与维生素 C 一起使用,可以起到协同效应。

2. 美白

谷胱甘肽含有巯基,能夺取酪氨酸酶的铜离子,从而抑制酪氨酸酶的活性,还可以促使多巴醌形成颜色较浅的褐色素。谷胱甘肽的美白作用在第 7 章美白祛斑中详述。

3. 解毒

谷胱甘肽还是一种广谱解毒剂,易与一些破坏巯基的有毒成分(如铅、汞等重金属)结合从而解毒。

谷胱甘肽有多种生理活性,对皮肤来说主要作用是上述三点。谷胱甘肽是水溶性小分子三肽,添加在化妆品中极易被皮肤吸收,是一种常用的功效成分。但是,谷胱甘肽在人体内的作用效果也有质疑,主要原因是谷胱甘肽进入人体后易分解,无论是口服、外用、注射,仅能短时间提高细胞中谷胱甘肽的浓度,实际意义不大[10]。

6.3.6 α-硫辛酸

α-硫辛酸分子上含有特有的二硫键,通过二硫键的开(还原)、合(氧化)实现氧化还原，自由基氧化使 α-硫辛酸二硫键形成，从而清除自由基。

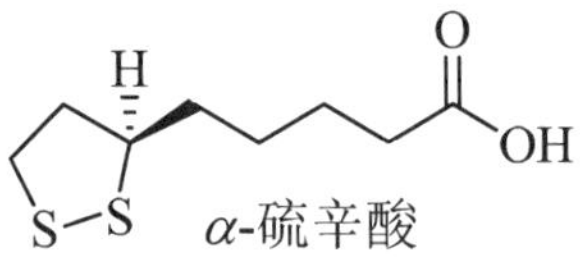

α-硫辛酸

α-硫辛酸有很强的抗氧化能力，其抗氧化能力是葡萄籽的 5～10 倍，是维生素 C 的 100～200 倍，是维生素 E 的 300～600 倍。它既能溶于水又能溶于油，对皮肤来说，既能通过角质细胞吸收，又能通过角质细胞间隙吸收，配入化妆品中，极易渗入皮肤实现抗氧化功效。皮肤科临床研究表明，它外用在皮肤上，预防皮肤老化效果明显，具有减少皮肤细纹形成及保护皮肤细胞不受紫外线侵害的作用。

6.3.7　海藻多糖

海藻多糖的抗氧化能力体现在如下方面：①具有清除自由基及活性氧、减少脂质过氧化产物形成的作用；②具有提高过氧化氢酶和超氧化物歧化酶活性的作用；③具有促进谷胱甘肽等抗氧化物质生物合成的作用。而且，海藻提取物中的活性物质能与皮肤蛋白结合形成保湿性的凝胶，它还可以通过水合作用在皮肤的表面形成保护膜，防止水分蒸发。

高分子海藻多糖很难穿过角质层，只有小分子海藻多糖才有机会渗入皮肤，实现其抗氧化效果，因此高分子海藻多糖添加到化妆品中，只能通过其保湿功效使皮肤肤质得到很好改善。化妆品中应添加小分子、能渗入皮肤的海藻多糖。

6.3.8　类胡萝卜素

类胡萝卜素是一些体内能转化成维生素 A 的天然色素总称，它们一般具有很强的抗氧化能力，主要成分是维生素 A 及其衍生物、天然虾青素、番茄红素。

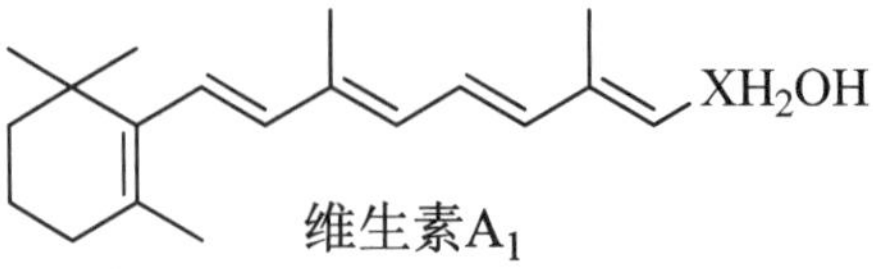

维生素A$_1$

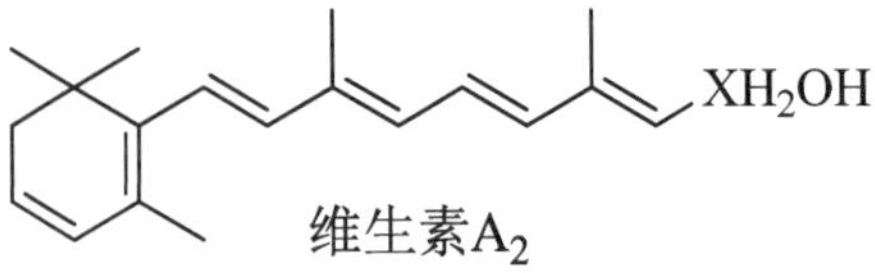

维生素A$_2$

1. 维生素 A 及其衍生物

维生素 A 及其衍生物主要是维生素 A、β-胡萝卜素、维甲酸。β-胡萝卜素在人体内可转化成维生素 A，是维生素 A 前体。维生素 A 有维生素 A_1 和维生素 A_2 两种异构体，维生素 A_2 活性较小，维生素 A 通常是指维生素 A_1。它在人体内代谢的中间体是维甲酸。维生素 A 及其衍生物通过清除体内活性氧、抑制类脂质过氧化来实现其抗氧化功能。

对皮肤来说，维生素 A 及其衍生物能维持上皮组织正常生长和分化，调节基底细胞活性，修复光老化引起的皮肤衰老，这些功能将在 6.7.2 节讲述。

维生素 A 及其衍生物一般不溶于水，溶于油，主要配入乳液或精油型化妆品中。

2. 天然虾青素

天然虾青素是目前发现的具有最强抗氧化能力的物质，它的抗氧化能力是维生素 C 功效的 6000 倍，是维生素 E 功效的 1000 倍，是辅酶 Q10 功效的 800 倍，是一氧化氮功效的 1800 倍，是纳豆功效的 3100 倍，是花青素功效的 700 倍，是 β-胡萝卜素功效的 100 倍，是番茄红素功效的 10 倍，是叶黄素功效的 200 倍，是茶多酚功效的 320 倍[11]。因为它的超强抗氧化能力和众多其他生理活性，成为保健品中的圣品。它是一种红色色素，所以含虾青素的红色海产品、河产品、蛋类（蛋黄）等都受到人们的追捧。

虾青素是一种油溶性物质，添加到化妆品乳液或精油中用于皮肤抗衰老，口红等彩妆类化妆品也有添加虾青素，但口红的固体状态导致虾青素很难被吸收，起不到抗氧化作用。天然虾青素价格昂贵、呈红色，限制了它在化妆品中的应用。

虾青素

3. 番茄红素

番茄红素和虾青素相比，都是不溶于水、溶于油的红色有机色素，但番茄红素抗氧化能力只有虾青素的十分之一。目前很少见番茄红素应用于化妆品中。

6.3.9 黄酮

在化妆品中，经常添加的有代表性的黄酮类化合物主要是银杏提取物和大豆提取物。

1. 银杏提取物

银杏提取物的主要活性成分是银杏内酯和银杏黄酮。银杏内酯对皮肤的主要作用是改善血液循环。银杏黄酮是强氧自由基清除剂，有助于皮肤抗衰老。银杏提取物还是高效抗菌剂，对常见的皮肤致病菌均有明显的抑制作用。

2. 大豆提取物

大豆提取物中的主要活性物质是大豆异黄酮，是具有弱雌性激素功效的代表性成分。对皮肤来说，大豆异黄酮不仅有抗氧化作用，还有刺激成纤维细胞合成胶原蛋白、透明质酸，防止胶原蛋白降解的作用，抑制皮脂腺分泌（黄酮类植物雌性激素常用于治粉刺类化妆品）的作用，抑制毛发生长的作用。

6.3.10 多酚

多酚类物质易被自由基、氧气等氧化，因此绝大多数多酚类物质在人体内都具有清除自由基、活性氧的抗氧化功效。水果、蔬菜削皮后变色就是部分多酚被氧化成醌造成的。酪氨酸酶具有多酚结构，多酚物质有竞争性取代酪氨酸酶多酚结构的趋势，因此几乎所有多酚都是酪氨酸酶抑制剂。

化妆品中经常添加的多酚物质主要是：茶多酚、鞣花酸、白藜芦醇、绿原酸、根皮素。

1. 茶多酚

茶多酚一般占茶叶重量的20%～35%，所以茶叶水提取物的主要成分就是茶多酚，茶多酚是茶叶中多酚类物质的总称，主要成分是儿茶素。对皮肤来说，茶多酚的主要功效是：①具有极强的抗氧化能力；②通过阻止纤维蛋白形成的方式来降低血栓形成的风险，从而疏通微循环；③具有抑菌作用。

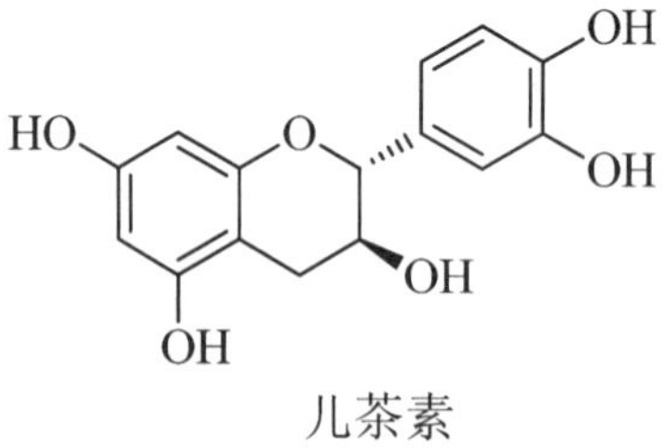

儿茶素

茶多酚由于安全、有效、易渗透、易提取、无杂色、无异味等特点，得到了化妆品厂商的青睐，成为许多化妆品常添加的物质。

2. 鞣花酸

鞣花酸是石榴多酚的最主要成分，市售的鞣花酸一般都是从石榴皮中提取出来的。鞣花酸具有很强的抗氧化能力和抑制酪氨酸酶活性的能力。尽管鞣花酸在水中溶解度不大，但其溶解量足够实现它的功效，偏好添加纯净成分的化妆品厂商可直接用鞣花酸水溶液的方式配入化妆品，偏好添加天然提取成分的化妆品厂商常使用石榴水配入化妆品。无论使用鞣花酸或石榴水，都会造成化妆品体系酸度增加，需要调节酸度以适应皮肤 pH。

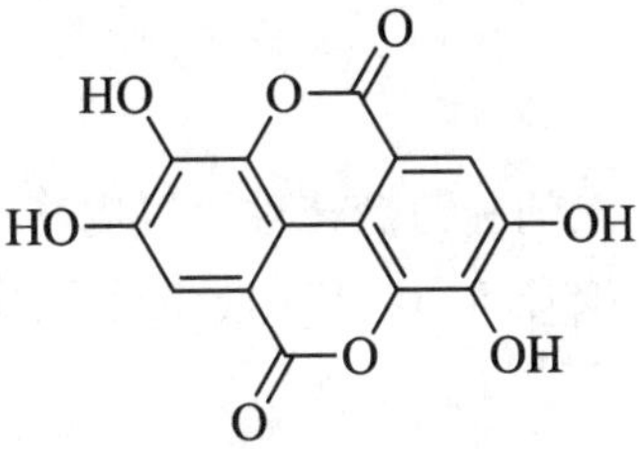

鞣花酸

3. 白藜芦醇

白藜芦醇是红酒多酚的主要功效成分，也是葡萄系列产物抗氧化的主要功效成分。研究表明，白藜芦醇对皮肤有多种功效：①在人体内诱导一氧化氮合成来清除超氧负离子自由基，并抑制脂质过氧化、提升细胞内抗氧化酶的水平；②维持血管张力，减少微循环阻塞风险；③抑制酪氨酸酶活性和具有雌性激素作用。

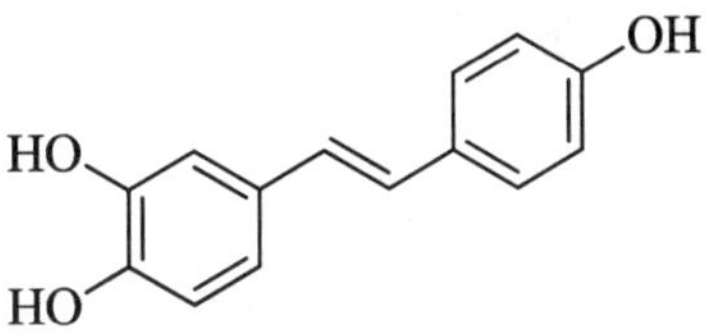

白藜芦醇

白藜芦醇对人体安全、无副作用，在《国际化妆品原料标准目录》中，没有用量的限制。化妆品中添加纯白藜芦醇的并不多见，但红酒、葡萄系列提取物用于化妆品很常见。

白藜芦醇既不溶于水也不溶于油，可溶于乙醇，一般化妆品不可能添加太多乙醇助溶，因此白藜芦醇如果要配入化妆品，最大问题就是其难溶性，难以溶解成为它在化妆品中应用的最大障碍。

4. 绿原酸

绿原酸主要来源于金银花或绿咖啡豆水提物，有很强的抗氧化能力，能清除超氧负离子自由基和羟基自由基。绿原酸还具有超强的抑菌能力，是天然植物源防腐剂。由于绿原酸有一定的致敏性，化妆品中大多添加低含量的天然提取物。

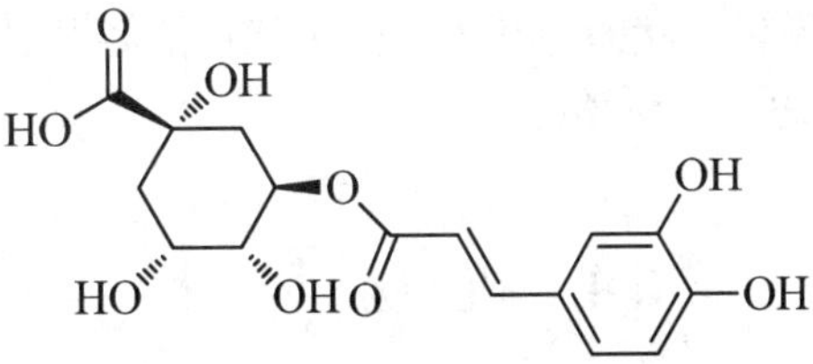

绿原酸

5. 根皮素

根皮素是典型的多酚结构，它的葡萄糖苷称为根皮苷，它们主要从苹果皮发酵液中提取，对人体皮肤有多种作用，主要是抗氧化作用、抗糖基化作用、抑制酪氨酸酶活性的作用、抑制皮脂分泌的作用和保湿作用。

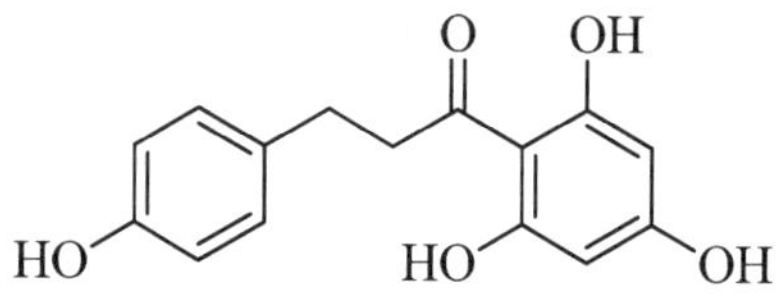

根皮素

根皮素来源于可食用的苹果皮，可用作食品添加剂，安全无毒，分子很小，易吸收，可配入面膜、精华液、乳液等多种化妆品，目前根皮素还未在化妆品中受到广泛重视，其功效还有待宣传，其应用还有待开发。

6.3.11 抗氧化元素——硒

谷胱甘肽过氧化物酶是人体内一种重要的抗氧化酶，能把人体内的有机过氧化物还原成无毒的羟基化合物，同时促进过氧化氢的分解，从而保护细胞膜的结构及功能不受过氧化物的干扰及损害。硒是谷胱甘肽过氧化酶的活性中心，细胞中硒水平的高低反映该酶活性的高低。因此，硒成为一种经典的抗氧化元素。在保健上富硒食品被大量炒作，在化妆品上也常见富硒化妆品的宣传。

无论是保健还是护肤，滥用"硒"概念都不可取。

硒元素并不是食品中的稀缺元素，很多食品都含有硒，魔芋粉中硒含量就远超许多商家炒作的富硒食品。在正常情况下，人体可能并不缺硒。人体内的硒并不是越多越好，盲目补硒可能带来严重后果。人体长期处在高硒状态下会表现为皮肤痛觉迟钝、四肢麻木、头昏眼花、食欲不振、头发脱落、指甲变厚、皮疹、皮痒、面色苍白、胃肠功能紊乱、消化不良等症状。

即使补硒，应以口服和补充可食用的有机硒为主，因为自然界无机硒大多有毒，是不能随便补充。而且，抗氧化元素（包括硒）自身不抗氧化，只有形成了抗氧化酶，才有抗氧化作用，所以只有经过消化系统分解的硒，才可能被人体利用形成抗氧化酶具有抗氧化能力。经皮吸收的硒，如果化学状态不适合，就不能形成谷胱甘肽过氧化物酶。因此，炒作硒元素的化妆品是不合适、不科学的。

6.4 抗糖基化

非酶糖基化学说、羰基毒化学说和自由基—美拉德反应学说都提出了一种分子水平的衰老现象,即蛋白质分子上的氨基与糖分子上的羰基反应并最终形成晚期糖基化终末产物(AGEs)。AGEs 的生成改变了人体内许多重要蛋白质分子的功能特性,如蛋白质交联、皮肤失去弹性等。它带来的组织结构的老化难于修复,不可逆转,AGEs 与脂质过氧化引起的大分子交联产物,不能被细胞内的溶酶体分解,形成脂褐素并逐渐聚集,皮肤颜色逐渐暗沉,老年斑因此产生。

　　一些研究试图逆转 AGEs 中的交联物生成,但因诸多原因,未见化妆品中应用。人体抗糖基化较为成熟的方法是使用 AGEs 的形成抑制剂。诱发形成 AGEs 的因素主要分为自由基或自由基介导的活性氧诱发的糖基化和传统的非酶促进的糖基化,化妆品中抗氧化可以有效阻止皮肤中自由基或自由基介导的活性氧诱发的糖基化,化妆品常添加的一些抗氧化成分,如黄酮、多酚、α-硫辛酸、海藻提取物、绿原酸等都被发现具有抑制糖基化的活性。传统的氨基对羰基直接亲核加成的糖基化反应,即非酶促进的糖基化反应,可以通过降低血糖浓度或者减少活性羰基来阻止。糖尿病患者血糖浓度高,活性羰基浓度高,易形成脂褐素斑,衰老更快。化妆品中添加维生素 B_6、肌肽、二肽-4、根皮素和根皮苷等的主要目的就是通过捕获活性羰基来抗糖基化。氨基胍不仅通过抗氧化阻断 AGEs 交联产物生成,还通过分子上的氨基捕获活性羰基来阻断 AGEs 的最终形成,因其对人体有不良反应,不适合用在化妆品中。

1. 维生素 B_6

　　维生素 B_6 又称吡哆素,有吡哆醇、吡哆醛、吡哆胺三种,是水溶性维生素,遇高温、光照、碱性环境均不稳定。医学上,维生素 B_6 有多种生理活性,可用于治疗多种疾病,即使在高剂量情况下也对人体无毒,所以可应用于化妆品中。吡哆胺的氨基可以捕获活性羰基,因此维生素 B_6 具有抗糖基化的功效。

吡哆醇　　　　　　　吡哆醛　　　　　　　吡哆胺

2. 肌肽、二肽-4

　　肌肽是一种由 β-丙氨酸和 L-组氨酸组成的二肽,具有很强的清除自由基和体内活性氧的抗氧化能力,以及清除活性羰基的能力,因为它的超强抗衰老能力,曾经有人为此专门写了一本书[12]。肌肽对人体很重要,但人体内不能合成肌肽,主要从动物食品中摄取,素食者体内可能缺乏肌肽。肌肽用在化妆品中,既能通过抗氧化来抗糖基化,又能通过清除活性羰基来抗糖基化,而且分子小、易吸收。二肽-4 也被报道具有抗糖基化作用。

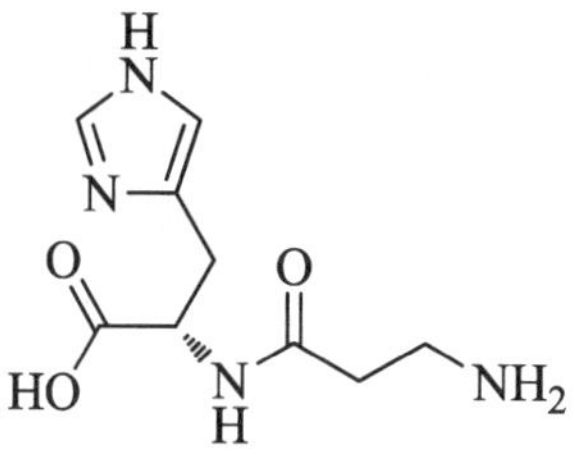

肌肽

6.5 胶原蛋白的合成与保护

真皮层中游离的胶原肽可以与透明质酸一起起保湿作用，形成的网状结构的胶原蛋白起细胞、神经、血管的支架作用，同时赋予皮肤弹性，使皮肤饱满。25 岁后，成纤维细胞产生胶原蛋白的速度越来越慢，交联、降解流失的胶原蛋白越来越多，导致皮肤中胶原蛋白减少，密度降低，胶原网状结构形态发生变化，最终形成皱纹，皮肤松弛。皱纹和皮肤松弛是皮肤老化的最重要体征，人们想尽办法增加体内胶原蛋白含量和密度，以减缓衰老体征的出现。总体上来说，应用的方法主要有：直接补充胶原蛋白或胶原肽、增加成纤维细胞数量来产生更多胶原蛋白、增加成纤维细胞活性来产生更多胶原蛋白、防止胶原蛋白交联和降解流失。

6.5.1 胶原蛋白合成与保护的相关方法

1. 直接补充胶原蛋白或胶原肽

构成胶原蛋白的主要氨基酸是甘氨酸、脯氨酸和羟脯氨酸。一般来说，人体不缺少这些氨基酸，所以无论是口服胶原蛋白还是通过化妆品经皮渗透胶原肽来促使胶原蛋白生成的效果都广受质疑，但有实验证明，经皮渗透分子更小、渗透性更好的胶原三肽或鱼鳞寡肽的确能促进皮肤内胶原蛋白的合成[13, 14]。

2. 增加成纤维细胞数量来产生更多胶原蛋白

真皮层中成纤维细胞密度达到一定水平，就不能再增殖，有人通过体外培养成纤维细胞再回输真皮层的方法来增加成纤维细胞数量，以便在皮肤内产生更多胶原蛋白（自体细胞美容术）。

3. 增加成纤维细胞活性来产生更多胶原蛋白

成纤维细胞产生胶原蛋白，不仅需要合成胶原蛋白的原料，还需要一些活性成分的参与和促进，维生素 C、积雪草提取物、肽（棕榈酰三肽-5、棕榈酰五肽-3、棕榈酰三肽-1、乙酰基四肽-9）、植物雌性激素、褐藻萃取物是化妆品经常添加的用于增强成纤维细胞活性、促进胶原蛋白合成的成分①。此外，白头翁皂苷酶解产物、杜仲水提物也被报道用于

---

① 因为成纤维细胞活性增强，这些成分也促进了弹性蛋白、透明质酸、纤维连接蛋白等的合成。

促进胶原蛋白的合成。通过化妆品来促进胶原蛋白合成的主要方法就是在化妆品中添加一些关键性的活性成分。

一些物理方法也能起到增强成纤维细胞活性、促进胶原蛋白合成的作用，如超声波按摩皮肤。果酸、激光等可以剥脱角质层，启动皮损修复机制，从而促进胶原蛋白的合成，该方法会导致皮肤敏感、变红、干燥等副作用，不要轻易尝试。

4. 防止胶原蛋白交联和降解流失

紫外线、自由基、糖基化是促使胶原蛋白交联反应的主要因素，前述防紫外线、抗氧化、抗糖基化是减缓真皮层胶原蛋白交联的主要措施。胶原蛋白在基质金属蛋白酶催化下分解流失，植物雌性激素抑制基质金属蛋白酶的活性，可以有效减缓胶原蛋白流失。

6.5.2　胶原蛋白合成与保护的相关成分

化妆品中常添加的增强成纤维细胞活性、促进胶原蛋白合成、防止胶原蛋白老化的成分有维生素 C、积雪草提取物、肽、植物雌性激素、褐藻萃取物。

1. 维生素 C

维生素 C 又称抗坏血酸①，参与成纤维细胞合成胶原蛋白的过程，缺乏维生素 C，胶原蛋白不能在成纤维细胞中合成，人体内维生素 C 的水平直接决定着胶原蛋白合成的多少。胶原蛋白是粘连蛋白，占人体蛋白质约三分之一。人体内结缔组织、血管、韧带、创伤愈合等都需要胶原蛋白的黏结，胶原蛋白不能合成或合成量少，不仅体现在皮肤形成皱纹和缺少弹性，而且身体各方面都会出现问题。统计学的结论也表明，摄入维生素 C 多的中年女性，皮肤皱纹更少、弹性更好、肤色更浅、看起来更年轻。维生素 C 还有其他生理活性，请参看 6.3.1 节。

2. 积雪草提取物

积雪草提取物的主要成分是积雪草酸、积雪草苷、羟基积雪草苷。它最初的应用是产后妈妈解决皮肤松弛问题，因它安全无毒，所以应用于化妆品中。它对皮肤的主要作用是[15]：

（1）刺激成纤维细胞增殖和胶原蛋白、透明质酸的合成，抑制增生性瘢痕。积雪草提取物可以紧致表皮与真皮的连接部分，使受损组织愈合，从而紧致皮肤。它的作用机制还不太清楚，但体内、体外实验均表明，它能明显促进成纤维细胞增殖，促进 I 型和III型胶原蛋白的合成，也能促进细胞外透明质酸的合成，并通过减少 TGF-β1 来抑制增生性瘢痕。

---

① 在航海时代（明代），海员长期在海上航行，会得一种名叫坏血病的病，症状表现为皮下出血，很多海员为此付出了生命的代价。坏血病的实质是海员长期在海上没有吃到新鲜的蔬菜瓜果，没有维生素 C 的补充，体内不能合成胶原蛋白，血管失去弹性，易破裂。所以维生素 C 又称抗坏血酸。

（2）伤口部位抗氧化。皮肤伤口部位的抗氧化机能降低，产生很多氧自由基，导致局部组织细胞被自由基损伤。积雪草提取物可以诱导伤口部位产生超氧化物歧化酶、谷胱甘肽、过氧化氢酶、维生素 C、维生素 E 等抗氧化物质，减少伤口部位脂质过氧化，提升伤口部位的抗氧化水平。

3. 肽

减轻皮肤皱纹来抗衰老，是小分子肽类成分的主要应用。它们的抗皱原理主要是：①提供更多合成原料来促进胶原蛋白的合成，如胶原三肽；②作为细胞活性因子，增强成纤维细胞的活性，如表皮生长因子；③影响成纤维细胞活性因子来促进胶原蛋白的合成，如信号肽；④修复胶原纤维精细结构来提高胶原蛋白弹性，如乙酰基四肽-9；⑤活化基因来促进胶原蛋白的合成和修复胶原受损结构，如棕榈酰六肽-6、乙酰基四肽-9。

1）胶原蛋白合成原料——胶原肽

胶原肽（主要是胶原三肽）的体外实验表明，当在细胞基质中的浓度达到 100ppm 级以上时，它才能显著增强成纤维细胞合成胶原蛋白活性和成纤维细胞增殖活性。体内成纤维细胞受密度所限，很难实现大幅增殖。促进成纤维细胞合成更多胶原蛋白，需要真皮层细胞基质中胶原肽浓度大幅度提升，加之皮肤吸收障碍，要求化妆品中必须有较高浓度的胶原肽才可能实现胶原肽促进胶原蛋白合成的功效。

2）细胞活性因子——表皮生长因子

表皮生长因子的作用将在 6.7 节中讲解。

3）细胞活性因子调控剂——信号肽

信号肽可以通过影响细胞基质中的生长因子来增强成纤维细胞的活性，从而促进胶原蛋白、透明质酸、弹性蛋白等的合成。据报道，信号肽在抗皱上的临床效果明显优于传统成分维生素 C。信号肽使用安全、分子小、易吸收，即使在极低浓度下，也能实现其功效。目前，化妆品中已经广泛应用信号肽来抗皱抗衰老。化妆品中常添加的信号肽主要有：棕榈酰三肽-5、棕榈酰五肽-3、棕榈酰六肽-12、六肽-9、棕榈酰三肽-1。

4）胶原精细结构修复剂

真皮层胶原束需要有基膜聚糖固定起来才能形成高密度网状结构并富有弹性，但随着皮肤老化，这些蛋白多糖越来越少，胶原蛋白纤维越来越疏松，弹性越来越小，皮肤越来越松弛。酰基四肽-9 对人基膜聚糖和胶原蛋白的合成有促进作用，并在活体试验中确认了其作用。酰基四肽-9 还对真皮细胞外基质和真皮表皮结合处的构造蛋白质的几个基因有促进作用，特别是对真皮胶原蛋白纤维主要构成要素的Ⅰ型胶原蛋白的 COL1A1 基因有增加作用。酰基四肽-9 通过活化基因或直接促进人基膜聚糖和胶原蛋白的合成来保护和改善皮肤的构造，恢复皮肤弹性[16]。

5）基因活化剂

涉及遗传物质的美容方法很少，上述酰基四肽-9 能影响胶原蛋白的合成基因来美容。棕榈酰六肽-6 也是以遗传性免疫肽为模板研制的一种肽，能有效刺激成纤维细胞增殖、胶原蛋白合成和细胞迁移。

6）蛋白保护剂

三氟三肽-2 又称氟化肽，通过保护皮肤构造蛋白并促进构造蛋白的产生来保护皮肤正常结构，而且对皮肤无不良影响。

4. 植物雌性激素

雌性激素为甾体类激素，不能外用，化妆品中使用雌性激素会诱发癌症、心血管疾病、影响新陈代谢、产生依赖性等。但植物雌性激素非甾体类结构，没有雌性激素的副作用，同时又具有弱的雌性激素作用。植物雌性激素通过与人体雌性激素受体结合来实现与雌性激素相同的功能，对皮肤来说，能刺激成纤维细胞来合成胶原蛋白、透明质酸。另外植物雌性激素能抑制基质金属蛋白酶的活性，可以有效减缓胶原蛋白流失，防止胶原蛋白降解。由于植物雌性激素与雌性激素和雌性激素受体结合是竞争关系，体内雌性激素水平高时，植物雌性激素发挥抑制雌性激素功能的作用，所以可以抑制因雌性激素水平过高引起的皮脂过度分泌，防止长痘。对皮肤来说，植物雌性激素还具有抗氧化和抑制毛发生长的功能[17]。

很多成分都具有植物雌性激素功能，最具代表性的是大豆提取物中的大豆异黄酮。

5. 褐藻萃取物

褐藻萃取物的主要成分是海藻多糖和褐藻多酚，它能逆转人体成纤维细胞中衰老基因表达，使衰老的成纤维细胞中的基因表达恢复到年轻细胞的水平，从而促进胶原蛋白等合成，改善皮肤的皱纹和弹性。皮肤科的临床实验表明，使用褐藻萃取物 60 天，皮肤的光滑性、紧致性、皱纹和外观都得到显著改善[18]。

褐藻萃取物还能提高皮肤水合作用，增强皮肤屏障功能；提升过氧化氢酶和谷胱甘肽还原酶的水平，实现抗氧化。

6.6　消除微循环障碍

以毛细血管为主体构成的微循环系统为皮肤带来营养成分，带走代谢废物，带走并分解色素，但是随着皮肤的衰老，微循环系统会出现毛细血管体密度降低和阻塞的问题。体密度降低主要表现为乳头层襻状血管消失，弯曲血管拉直；毛细血管阻塞主要是衰老引起的疾病（如高血脂、糖尿病等）造成的，包括血液黏稠度升高、血管内径变窄引起的阻塞和流速减缓。无论哪一种微循环障碍，都会导致营养供给不足，色素代谢受阻，最终影响皮肤细胞的活性，皮肤表面形成色素沉积。

针对毛细血管体密度降低的问题，目前尚未见有效解决办法，虽然运动可以在衰老早期减缓毛细血管体密度降低，如减缓襻状血管消失，最新研究也报道了激活血管内皮细胞活性的方法，并成功地使老鼠的毛细血管数量和密度修复到与年轻时相当的水平[19]，但该逆转血管衰老的方法真正用于人体还有很长的路要走。

针对血液黏稠度升高的问题，化妆品可以渗透一些溶解纤维蛋白的成分，主要有小分子肝素、水蛭素、红花提取物、人参提取物、银杏提取物、大蒜提取物、丹参提取物、三七提取物等。

针对毛细血管内径变窄的问题，化妆品可以渗透一些扩张血管的成分，主要有 P 肽及其他肽、维生素 B₃、乙醇（体内氧化成乙醛）、黄瓜酶、娑罗子提取物、橘皮提取物等。

6.6.1　抗凝血或溶解纤维蛋白的成分

1. 小分子肝素

肝素（钠）是一种广泛应用的抗凝血剂，作为药物主要用于预防和治疗静脉血栓，在化妆品中，普通肝素分子量较大，经皮吸收效果不好，小分子的肝素能渗入真皮层毛细血管，起到溶解血栓、疏通微循环的功效。但是，肝素作为药物在临床上有很多副作用，如出血、血小板减少、过敏等，化妆品应使用更安全的成分替代。

2. 水蛭素

水蛭含有丰富的水蛭素，水蛭素是水蛭及其唾液腺中已提取出的多种活性成分中活性最显著并且研究得最多的一种成分，是由 65～66 个氨基酸组成的多肽。水蛭素对凝血酶有极强的抑制作用，是迄今所发现最强的凝血酶天然特异抑制剂[20]。与肝素相比，水蛭素用量更少，不会引起出血，更适合应用于化妆品中。水蛭素分子量偏大，经皮吸收可能不理想。

3. 红花提取物

红花是传统活血化瘀的中药，它的水或乙醇提取物主要是红花黄酮，可抑制血小板聚集，抑制血液凝固，防止血栓形成。红花提取物有在皮肤上长期安全使用的历史，是历史证明有效的物质，添加到化妆品中，能很好地疏通皮肤的微循环。

4. 人参提取物

人参是名贵中药材，主要成分人参皂苷，具有抗凝血和抗氧化（主要是抗光老化）两个功能，是传统的、安全有效的化妆品添加剂。长白山一带出产人参，那儿的人参化妆品也相当有名。

5. 银杏提取物

银杏提取物的主要成分是银杏黄酮和银杏内酯，具有抗凝血和抗氧化功能，而且还是高效广谱的杀菌剂[21]，与人参提取物相比，银杏提取物安全性稍差，其中的烷基酚和烷基酚酸具有致过敏、致畸变作用。

6. 三七提取物

三七是传统中药材，三七提取物的主要成分是人参皂苷和三七皂苷，与人参提取物一样，具有抗凝血和抗氧化（主要抗光化）作用[22]。云南文山出产三七，三七比人参便宜，但三七在化妆品中的应用远不及人参。

7. 大蒜提取物

大蒜中有蒜素和蒜氨酸，相遇则生成大蒜素，蒜素和大蒜素都有超强的杀菌能力，用于抗菌消炎，是抑菌抗菌的佳品。大蒜还有促进血管中纤维蛋白溶解、促进皮肤血液循环的功效[23]。大蒜可食用，用于化妆品中安全性有保障，但大蒜的异味限制了它在化妆品中的应用。

8. 丹参提取物

丹参提取物的主要成分是丹参酮、丹参素和丹酚酸，具有抗血小板凝聚，改善微循环的作用[24]。丹参提取物在化妆品中的应用并不多见。

6.6.2　扩张毛细血管

通过扩张毛细血管来疏通微循环，是化妆品经常使用的方法。这种方法的弊端十分明显，因为毛细血管经常扩张，会导致血管壁胶原蛋白老化、失去弹性，毛细血管变粗，在皮肤表面看见红血丝，如果成片的毛细血管变粗，则形成高原红。常见扩张毛细血管的物质主要有：维生素 B_3、P 肽及其他肽、乙醇、黄瓜酶、橘皮提取物。

1. 维生素 B_3

维生素 B_3 又称烟酸或维生素 PP，在人体内的代谢中间体为烟酰胺。它能扩张毛细血管，同时还能减少色素沉着、改善老化皮肤的暗黄、增强皮肤屏障功能、防止光损伤和光致癌，这些功能主要在第 7 章及后面章节讲解。

2. P 肽及其他肽

P 肽是由八种氨基酸组成的十一肽，易溶于水，分子量为 1340，是广泛分布于细神经纤维内的一种神经肽，通过血管壁平滑肌松弛来舒张血管，使微循环中血流量增加。P 肽具有卓越的改善微循环的功效，不仅在化妆品中用于加速新陈代谢，还应用于治疗脱发、冻疮、蚊虫叮咬引起的红肿瘙痒等。另外，中医经络的现代研究表明：P 肽可能是经脉信息传递的重要物质。

乙酰四肽-5 和二肽-2 称为去眼袋活性肽，是有效的血管紧张素转换酶（ACE）抑制剂，通过改善微循环，加强血液循环来去眼袋、黑眼圈等。

3. 乙醇

乙醇是小分子水溶性物质，在人体内不需消化即可被吸收进入血液，部分被吸收的乙醇会被血液带到全身各处，并从皮肤挥发出来，这就是喝酒的人的酒气。部分乙醇进入肝脏，在肝脏中发生如图 6-1 所示的氧化反应。

$$乙醇 \xrightarrow[\text{O}_2]{\text{乙醇脱氢酶}} 乙醛 \xrightarrow[\text{O}_2]{\text{乙醛脱氢酶}} 乙酸$$

图 6-1　乙醇在肝脏内的氧化过程

　　乙醛对人体有害，会引起心跳加速、血管扩张，抑制某些大脑中枢活动，出现醉酒状态，喝酒上脸实质上是乙醛引起毛细血管扩张。乙醛会在乙醛脱氢酶催化下氧化为乙酸，如果人体内缺少乙醛脱氢酶，由乙醇氧化成的乙醛不能很快氧化成乙酸，乙醛在身体内的作用显现出来，即醉酒状态。

　　从化妆品经皮渗透进入体内的乙醇不会很多，氧化成乙醛后可以起到疏通微循环的作用。乙醇沸点较低，易蒸发吸收热量，化妆品中使用乙醇可以清凉皮肤、收缩毛孔等。但乙醇会把皮肤中的物质溶解带到皮肤表面，如会造成角质细胞间脂质双分子层损失，使皮肤粗糙。

4. 黄瓜酶

　　黄瓜是传统的美容蔬菜，含有多种对皮肤有益的营养成分，其中的黄瓜酶具有扩张毛细血管，疏通微循环的功效。

5. 橘皮提取物

　　橘皮的脂溶性提取物的成分有橙皮苷和黄酮，橙皮苷能调节血管的舒缩功能[25]，黄酮成分有抗氧化功能[26]。

6.7　增强细胞活性

　　皮肤中的细胞活性宏观表现为皮肤的年轻态及修复、恢复的能力。在细胞水平，主要表现为细胞合成一些物质的活性和细胞生长、增殖的活性。随着皮肤老化，细胞中物质合成和增殖能力减弱，修复、恢复能力也随之减弱。从皮肤具体细胞来说，能对皮肤外在形态构成重大影响的细胞是表皮层的基底细胞、真皮层的成纤维细胞和噬黑素细胞。

　　基底细胞分裂产生角质形成细胞的活性不足时，表皮更新时间延长，皮肤表现出过度角化的衰老体征，表皮层损伤修复能力减弱；成纤维细胞活性不足时，胶原蛋白和透明质酸合成不足，导致真皮层储水能力下降、皮肤干燥、胶原蛋白减少、皮肤失去弹性、形成皱纹。成纤维细胞活性及相关成分在 6.5 节中讲述；噬黑素细胞吞食并分解黑色素，其活性不足，会影响色素代谢，在皮肤表面形成色斑。

　　影响细胞活性的因素除自然衰老因素外，营养成分、参与细胞生理活动的一些活性成分都会给细胞活性带来较大影响。营养成分是细胞活性的物质基础，通畅高效的微循环系统是细胞活性的保障。一些参与细胞生理活动的活性物质在细胞成分合成和增殖环节必不可少并起关键作用，皮肤的衰老导致这些关键物质减少，细胞活性降低。化妆品增强细胞活性，主要是通过经皮渗透一些影响细胞活性的关键性物质，这些物质主要包括：表皮生长因子、维生素 A 及其衍生物、维生素 B_5、尿囊素、铜肽及其他肽等。

6.7.1　表皮生长因子

表皮生长因子（EGF）又称寡肽-1，是一种由 53 个氨基酸残基组成的多肽，既能促进细胞生长和增殖，又能促进细胞中物质的合成，是一种全面增强细胞活性的成分，Cohen 和 Sakmann 两位科学家发现了表皮生长因子而获得 1986 年度诺贝尔生理学或医学奖。皮肤中真皮层和基底层表皮生长因子含量较高。表皮生长因子在化妆品中已有应用，但其分子较大，经皮渗透困难，即使经皮渗透进入皮肤，也会使皮肤中表皮生长因子浓度倒置，可能导致角质形成细胞异常增殖分化[27]，所以其功效和副作用还有待进一步评估。2019 年初，国家药品监督管理局宣布表皮生长因子不再作为化妆品原料使用。

6.7.2　维生素 A

维生素 A 不溶于水，是一种油溶性维生素，它的代谢产物视黄醇和视黄醛是上皮组织生长、分化、再生及其维持自身完整性、防止上皮组织变异所必需的物质[28]。维生素 A 缺乏时，上皮组织结构改变，呈现角质化，引起代谢失调[29]，所以维生素 A 又称上皮细胞调节剂。

皮肤是一种上皮组织，基底细胞的活性对皮肤外观状态及老化体征有十分重大的影响。维生素 A 用于增强基底细胞的活性，其作用效果的研究较为充分[30,31]，目前已经广泛应用于化妆品。

有人认为，受细胞寿命和分裂次数限制，加速细胞分裂增殖，在短期内可改善皮肤的外观，但实质上会使细胞寿命变短，反而加速衰老[32]，但从目前的研究来看，调节基底细胞活性没有触及细胞分裂次数限制①。

维生素 A 除了上述增强基底细胞活性外，6.3 节讲述了其抗氧化功效，第 8 章讲述其修复光老化引起的皮肤衰老的功效。

6.7.3　维生素 B₅

维生素 B₅ 又称泛酸，是一种水溶性维生素，几乎存在于所有的活细胞中，以辅酶 A 的形式参与蛋白质、糖和脂肪的新陈代谢，起转移酰基的作用，并促进磷脂合成，修复受损细胞。在皮肤损伤时，辅酶 A 的合成加快，从而对泛酸的需求量增大，因此泛酸可加速表皮形成，使损伤皮肤再生和伤口愈合。

---

① 根据细胞有限增殖学说，基底细胞分裂次数极限为 50~60 次。基底细胞分裂正常周期大约 2.4 年，老化和营养不足可能导致分裂周期延长，表皮更新周期延长，在一个表皮更新周期内，3%~4%的基底细胞参与分裂，基底细胞分裂次数要达到极限，需要 120~180 年（即人体的理论寿限），调节基底细胞活性，使表皮更新周期接近正常的 28 天，是在寿限范围内的正常调节，不会加速基底细胞的衰老。

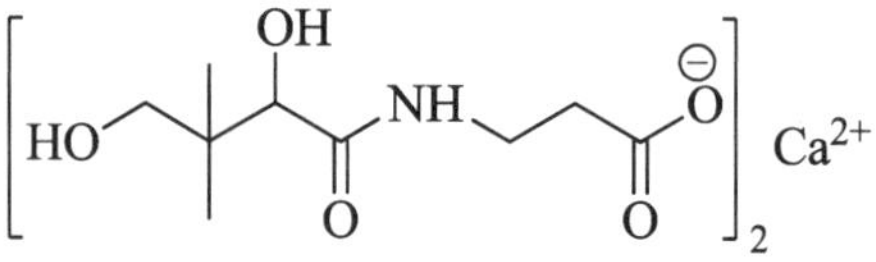

维生素B$_5$

维生素 B$_5$ 分子上有多个羟基、氨基，是一种优良的保湿剂，但作为增强细胞活性的成分，化妆品中添加量一般很少，而化妆品中的保湿剂实现保湿功效需要量一般较大，所以维生素 B$_5$ 添加在化妆品中的保湿功效可以忽略不计。

维生素原 B$_5$ 又称泛醇，是维生素 B$_5$ 氢化的产物，在人体内与维生素 B$_5$ 有相同功效。

6.7.4　尿囊素

尿囊素是一种水溶性物质，能促进上皮细胞生长修复、加速细胞生成，并促进伤口愈合，是修复、恢复类化妆品常用的活性成分，特别是用于冬天易开裂的皮肤来预防开裂或促进开裂伤口愈合。

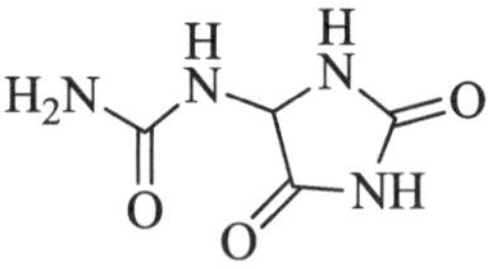

尿囊素

除此之外，尿囊素用于化妆品中还有很多生理功能。

1. 保湿并促进角质松解

尿囊素分子上有很多氨基，水分子可与之形成氢键，所以它本身是一种很好的保湿成分。角质层的吸水能力主要靠一些非角蛋白的结合基质，尿囊素分子小，易渗入致密的角质细胞内，提高结合基质的水合能力，同时还能直接与角蛋白结合，增强其亲水能力。尿囊素还能促使细胞释放出更多的水溶性非角蛋白、游离氨基酸和酸性黏多糖酸，起到松解角质层（减少皮屑作用）和增强角质层保湿能力的作用。要实现增强皮肤保湿性能和松解角质层，需要在化妆品中添加常量浓度的尿囊素。

2. 抗过敏、舒缓、镇静作用

尿囊素能缓解化学刺激、紫外线刺激、物理刺激引起的红肿等现象，起到抗过敏作用。

3. 尿囊素可与许多物质生成金属盐或络合物

这些金属盐及加成物，不仅保持了尿囊素本身的性能，而且没有失去被加成物质的固有性质[33]，例如[34, 35]：

（1）尿囊素氢氧化铝络合物具有明显的柔肤、清洁、愈合和紧肤作用，还具有止汗除臭作用。另外，尿囊素氢氧化铝络合物还能将铝络合物的刺激性降到最低，非常适用于防痤疮、止汗产品中。

（2）鲸蜡醇尿囊素增加了油溶性，具有了润肤剂的性质，适合非水体系，如口红。

（3）尿囊素聚半乳糖醛酸促进角质细胞更新的能力更强，能有效地去除皮肤的毒素，刺激皮肤的微循环，适合作为防衰老产品和晒后护理产品。

（4）尿囊素对氨基苯甲酸既具有尿囊素的作用和对氨基苯甲酸的防晒作用，还克服了对氨基苯甲酸对皮肤过敏等副作用。

尿囊素对皮肤的安全性令人十分满意，迄今未发生因使用尿囊素而引起的皮肤刺激性、变态性以及光敏性反应的事件，因此被广泛应用于化妆品。

6.7.5　铜肽及其他肽

血浆中的一种三肽，能自发络合铜离子形成铜肽，可促使神经细胞、免疫相关细胞的生长、分裂和分化，能有效促进伤口愈合和生发。铜肽是较早应用于化妆品中的美容肽。

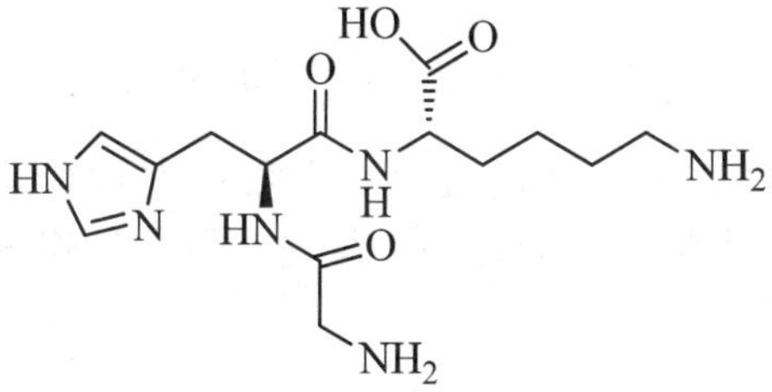

铜肽

三肽-1 又称真皮促生因子，用于刺激皮肤组织修复，重塑皮肤生理功能，从而提高皮肤紧致度。

6.8　皮肤营养与抗衰老及相关化妆品

6.8.1　正确认识皮肤保养和化妆品选择

好的、健康的皮肤应光滑、有弹性、无皱纹、无色斑。衰老是成年人皮肤问题的根源，是皮肤粗糙、失去弹性、产生皱纹和色斑的根源。解决皮肤问题，必须从抗衰老抓起，保养皮肤实质上是在抗衰老的原理基础上减缓衰老体征的出现，是本章详述的主要内容。

普通人对保养皮肤的认识往往是肤浅、表面化的，甚至是错误的。

1. 不同皮肤类型有不同的保养方式

根据皮肤皮脂腺分泌物的多少，皮肤分为中性、干性、油性、混合性皮肤，认为油性皮肤需要特别做好控油、清洁等措施来保养皮肤。事实上，这种皮肤的分类主要针对青春期，青春期皮肤表皮层和真皮层均处于一生中最佳状态，不需要保养，控油、清洁、防晒等仅仅是防护措施。到成年期及以后，无论哪种类型的皮肤，都会由于皮脂腺衰老，慢慢向干性皮肤转变，除女性怀孕期间皮肤偏油性外，油性皮肤只是青春期的特点。按此分类来谈皮肤保养，是非常片面的。

2. 不同年龄时期的皮肤有不同的保养方式（即所谓的分龄护肤）

人一生的皮肤可分成婴幼儿时期、青春期、成年期、衰老期、老年期，不同时期有不同的皮肤特点，因此有人认为应根据不同年龄阶段来保养皮肤。

婴幼儿时期皮肤各方面都很好，只是皮肤免疫力差、敏感、皮脂分泌少，因此婴幼儿时期皮肤不需要保养，只需要使用润肤产品弥补皮脂分泌不足，以防皮肤干燥，并尽量不要向婴幼儿皮肤中渗透成分。青春期已经在前述阐明。成年期及以后，皮肤免疫力好，无论哪个年龄阶段，保养皮肤的原理、方法和使用的成分都是相同的。所以成年期及以后没必要再仔细分类。婴幼儿时期、青春期仅仅是防护，不需要保养，只有成年期及以后的皮肤，才需要从原理的各方面护理，所以分龄护肤，未看清皮肤保养的本质。

3. 从化妆品的使用时间、顺序、涂抹手法等谈皮肤保养

化妆品使用的时间、顺序、涂抹手法等，往往会对化妆品的吸收、效果等产生影响，但这种影响往往是较小的、表面化的。从这些方面谈保养皮肤，未涉及皮肤保养的实质。

4. 从生活习惯上谈保养皮肤的注意事项

不同的人生活习惯不同，有些生活习惯会影响皮肤的状态，如睡眠习惯、防紫外线习惯、饮食习惯等，这些习惯对皮肤的影响基本都可以用本章原理解释，所以仅从习惯谈保养皮肤是表面的、片面的。

5. 购买价格贵的护肤品用于皮肤保养

皮肤的衰老是多层次、多方面的，因此化妆品抗衰老也应多途径进行，但任何一种化妆品都有自身的特色，不可能面面俱到，贵的化妆品实质上是贵在该化妆品的信誉度，化妆品添加的成分都差不多，所以使用贵的化妆品不一定会适合你的皮肤。只有理解皮肤保养原理，明白自身皮肤的短板，才能根据各成分的功效特点，有针对性选择适于自己皮肤的化妆品。

综上所述，皮肤保养的主要措施是给皮肤保湿补水、补充营养、抗氧化、抗糖基化、促进胶合蛋白的合成和防止胶原蛋白老化、增强细胞活性、消除微循环障碍、防晒和抗光老化等，这些是衰老造成的皮肤各方面衰退的针对性措施，是从皮肤的本质上阻止衰老发生的措施。上述普通人对皮肤保养的各种认知是表面的、片面的、肤浅的，只有认识保养皮肤、对抗衰老的本质，认识各种成分对皮肤的功效，认识自己皮肤的不足，才能科学选择化妆品、科学护理皮肤。

6.8.2 正确认识皮肤保养效果与有害方法的效果

改善皮肤的衰老体征是一个缓慢的、效果累积的过程，需要长期向皮肤中渗透某些功效成分来实现，世界上没有迅速逆转衰老的神药。

防紫外线、补充营养、抗氧化、抗糖基化，这些措施对衰老的影响可能需要以年为单位才有明显的效果。抗皱、消除微循环障碍、增强细胞活性、美白祛斑，这些措施可能需要以月为单位才有明显的效果。因此，按正常途径对皮肤的保养不可能一蹴而就，皮肤的改善是长期保养皮肤累积的结果。

化妆品使用的一些允许的、快速见效的方法产生的效果大多是暂时性的，不是皮肤状态真正的改善，如补水带来的肤色改善；类肉毒素成分带来的皱纹改善；聚硅氧烷（硅油）等带来的皮肤反光度和光滑度增加；去角质或去死皮带来的皮肤红润白嫩；金缕梅提取物等带来的皮肤紧致和毛孔收缩；彩妆类化妆品的遮瑕和调色作用；荧光增白剂、过氧化氢带来的肤色变白。

一些有害方法也可以带来皮肤的快速改善，但可能有严重的反弹甚至危害皮肤健康，这些有害方法主要是使用铅、汞、激素、对苯二酚等有害成分。皮肤保养和美白类化妆品是有害成分超标和违法添加的重灾区。

6.8.3 营养与抗衰老化妆品

本章详述的所有抗衰老措施，都需要渗透针对性成分到皮肤中才能实现，所以营养与抗衰老化妆品是以渗透针对性营养成分到皮肤中为目的的化妆品，为实现该目的，这类化妆品剂型上应以面膜、凝胶、乳液、精油、化妆水为主，需要根据渗透成分的性质来确定使用化妆品的剂型。例如，精油是油溶性成分向皮肤中渗透的最佳剂型；面膜、凝胶、化妆水是水溶性成分渗透的剂型；如果化妆品中既添加了油溶性成分、又添加了水溶性成分，只能制成乳液型化妆品向皮肤中渗透成分，油、水相互隔离将会导致乳液化妆品的成分吸收效果变差。

知 识 测 试

一、判断

1. 皮肤衰老是成年期后绝大部分皮肤问题的根源（ ）
2. 光老化学说和自由基学说从遗传角度解释了皮肤衰老的原因（ ）
3. 脂质过氧化和蛋白糖基化是引起老年斑的根源（ ）
4. 可以通过经皮渗透补充营养的方式来解决所有营养供给不足的问题（ ）
5. 化妆品补充的主要是微量营养成分（ ）
6. 用经皮渗透的方式给真皮层血液补充氧气的方法可行（ ）
7. 维生素是人体经常缺乏的微量活性成分（ ）

8. 很多成年人都会缺乏微量元素（　　　）

9. 人体内呼入的氧气有 1%～5%会转化成超氧负离子自由基或具有自由基性质的活性氧（　　　）

10. 抗氧化酶分子大、不稳定，不适合在化妆品中应用（　　　）

11. 维生素 C 和维生素 E 抗氧化能力不强，不是人体内抗氧化的主力军（　　　）

12. 化妆品中添加辅酶 Q10 的主要作用是抗糖基化（　　　）

13. 皮肤微循环衰老体征都可以通过化妆品来解决（　　　）

14. 青春期的皮肤也需要抗糖基化（　　　）

15. 婴幼儿时期、青春期的皮肤都需要增强细胞活性（　　　）

16. 表皮生长因子是一种肽，在化妆品中应用安全、无风险（　　　）

17. 化妆品中添加维生素 B_5 既能促进细胞生长，又有很好的保湿效果（　　　）

18. 化妆品中添加鞣花酸的主要作用是调节化妆品的酸度（　　　）

19. 微循环系统问题不会影响皮肤细胞的活性（　　　）

20. 通过扩张毛细血管的方式来疏通微循环没有副作用（　　　）

21. 人的生活习惯与皮肤状态无关（　　　）

22. 快速美肤并不是皮肤状态的真正改变（　　　）

23. 可以通过化妆品来迅速逆转皮肤衰老（　　　）

24. 有些好的品牌化妆品可以针对皮肤的方方面面进行护理（　　　）

25. 抗氧化元素是一些在人体内具有抗氧化功效的元素（　　　）

26. 维生素 A 和锌元素都具有维持上皮组织正常生长和分化的功效（　　　）

27. 多酚类物质一般都具有抗氧化和抑制酪氨酸酶的功效（　　　）

28. 白藜芦醇既难溶于水，又难溶于油，限制了它广泛应用于化妆品（　　　）

29. 天然提取的维生素 C 配入化妆品比左旋维生素 C 效果好（　　　）

30. 通过化妆品"补硒"不可取（　　　）

31. 鞣花酸是一种石榴多酚（　　　）

32. 普洱茶提取物用于化妆品比绿茶提取物好（　　　）

33. 信号肽的主要作用是扩张毛细血管（　　　）

34. 皮肤中胶原蛋白的密度高低与皮肤皱纹无关（　　　）

35. 多吃胶原蛋白有助于减少皮肤皱纹（　　　）

36. 无论什么年龄阶段，运动都可以减缓毛细血管体密度降低，有助于抗衰老（　　　）

37. 成年以后，皮肤问题的根源主要是基底细胞、成纤维细胞、微循环系统的衰老（　　　）

38. 成年期、衰老期、老年期的皮肤不需要分龄护理（　　　）

39. 抗氧化、抗糖基化可以迅速让人变年轻（　　　）

40. 表皮各层的细胞都需要增强细胞活性（　　　）

二、简答

1. 化妆品中经常添加的抗氧化成分有哪些？

2. 简述化妆品中维生素 C 的功效和应用情况。

3. 根据原理谈谈如何抗糖基化?

4. 简述维生素 C 在人体内与其他成分的协同作用。

5. 化妆品中常添加的消除微循环障碍的成分有哪些?

6. 简述化妆品中尿囊素的作用。

7. 谈谈微循环系统对皮肤的重要性。

8. 根据保养皮肤原理论述如何保养皮肤?

9. 化妆品用于减少皮肤皱纹的方法有哪些?

10.谈谈多酚在化妆品中的应用。

参 考 文 献

[1] 李全. 化妆品抗衰老的原理与应用[J]. 中国美容医学, 2017, 26 (11): 135-138.

[2] 向芳, 张国豪. 皮肤衰老的研究进展[J]. 贵州医药, 2011, 35 (12):1138-1140.

[3] 王新民. 人体抗氧化防御系统浅谈[J]. 卫生职业教育, 2011, 29 (14): 156-157.

[4] 陈伟, 陆夕云, 庄礼贤, 等. 皮肤表层微循环氧输运的数值研究[J]. 中国生物医学工程学报, 2002, 21 (6): 481-492.

[5] 施跃英, 秦德志, 孟凡玲. 美容肽在化妆品中的功效[J]. 中国化妆品, 2016, 8: 80-82.

[6] 杜登学, 王姗姗, 周磊. 肽类在化妆品中的应用[J]. 山东轻工业学院学报, 2012, 26 (1): 35-39.

[7] 单承莺, 马世宏, 张卫明. 新型天然肽类原料在化妆品中的应用和研究进展[J]. 中国野生植物资源, 2015, 34 (4): 30-32, 68.

[8] 钟星, 郭建维, 成秋桂. 胜肽在化妆品中的应用和最新进展[J]. 日用化学品科学, 2012, 35 (11): 35-38.

[9] 来吉祥, 何聪芬. 皮肤衰老机理及延缓衰老化妆品的研究进展[J].中国美容医学, 2009, 18 (8): 1208-1212.

[10] 林小霖. 美白抗衰老的神奇胶囊?谷胱甘肽: 这个我真不行[EB/OL]. http://www.360doc.com/content/18/0224/21/31706212_732179950. shtml. 2019-03-12.

[11] 百度百科. 虾青素[EB/OL]. https://baike.baidu.com/item/虾青素. 2019-05-06.

[12] 凯拉扎伊. 肌肤: 健康长寿的新奥秘[M]. 龚邦建, 译. 北京: 中国金融出版社, 2005.

[13] 缪进康. 胶原水解物的皮肤渗透性及生物功能性[J]. 明胶科学与技术, 2006, 26 (1): 33-39.

[14] Chai H J, Li J H, Huang H N,et al. Effects of sizes and conformations of fish-scale collagen peptides on facial skin qualities and transdermal penetration efficiency[J]. Journal of Biomedicine and Biotechnology, 2010, 1: 1-9.

[15] 吕洛, 胡国胜,魏少敏, 等. 积雪草有效成分与皮肤损伤修复[C]. 中国化妆品学术研讨会, 2004..

[16] 单承莺, 马世宏, 张卫明. 新型天然肽类原料在化妆品中的应用和研究进展[J]. 中国野生植物资源, 2015, 34 (4):30-32, 68.

[17] 赵亚, 魏少敏. 植物性雌激素在美容护肤方面的研究进展[J]. 日用化学工业, 2006, 36 (2): 116-119.

[18] 刘晓英. 褐藻萃取物的皮肤抗衰老效果[J]. 日用化学品科学, 2012, 35 (8): 33-37.

[19] Das A, Huang G X, Bonkowski M S, et al. Impairment of an endothelial NAD^+-H_2S signaling network is a reversible cause of vascular aging[J]. Cell, 2018, 173 (1): 74-89.

[20] 百度百科. 水蛭素[EB/OL]. https://baike.baidu.com/item/水蛭素. 2019-05-06.

[21] 刘秀萍, 臧恒昌, 于洪利. 银杏叶提取物的研究进展与应用前景[J]. 药学研究, 2014, 33 (12): 721-723.

[22] 王鑫丽, 农祥. 三七总皂苷的药理作用及其抗皮肤光老化的作用机制[J]. 皮肤病与性病, 2015, 37 (3): 151-153.

[23] 周本宏. 蒜对皮肤微循环的作用[J]. 国外医药·植物药分册, 1992, 7 (5): 218.

[24] 赵春娟, 马玉清, 郭杨志, 等. 丹参提取物药理作用研究进展[J]. 光明中医, 2014, 29 (9): 2013-2015.

[25] 岳学状, 朱文元, 马慧军, 等. 橙皮苷、β-七叶皂苷、丹参酮等局部外用对甲皱皮肤微循环的影响[J]. 临床皮肤科杂志, 2005, 34 (7): 427-429.

[26] 田勤娟. 橘皮提取物的抗氧化能力与有效成分分析[J]. 首都医药, 2014, 20: 90.

[27] 王忠永, 邱会芬, 王万卷, 等. 银屑病患者皮损表皮生长因子及其受体的检测和意义[J]. 滨州医学院学报, 1998, 21 (2): 111-112.

[28] 方桂红，程莉. 维生素 A 的生理功能及毒性研究进展[J]. 轻工科技，2012，8：10-15.

[29] 郭庆祥，任坦，刘有成. 维生素 A 的生物有机化学研究进展[J]. 有机化学，1993，13：460-469.

[30] 张良芬. 外用维生素 A 在皮肤科的重新应用[J]. 国外医学·皮肤性病学分册，2001，27（5）：301-302.

[31] 庄乾文. 维生素 A 的临床应用进展[J]. 临床荟萃，1994，9（14）：643-645.

[32] 张余光，王炜，张涤生. 皮肤衰老与延缓皮肤衰老方法的研究进展[J]. 实用美容整形外科杂志，1995，6（2）：75-80

[33] 刘新民. 新颖的化妆品组成成分——尿囊素[J]. 日用化学工业，1985，1：33-38.

[34] 马宗魁，郑伟. 尿囊素在日化产品中的应用[J]. 牙膏工业，2009，2：29-30.

[35] 顾文珍，秦万章. 尿囊素的作用及其临床应用[J]. 新药与临床，1990，9（4）：232-234.

第7章 美白祛斑

亚洲人以白为美，特别是中国人，信奉"一白遮百丑"，白皙无瑕的皮肤一直是中国女性的追求。因此，美白皮肤的方法层出不穷，美白皮肤的化妆品占据着化妆品市场的半壁江山。

7.1 皮肤颜色的形成与化妆品的美白方法

影响皮肤颜色的色素主要是：黑色素（黑色和黄红色）、胡萝卜素（黄色）、血红素（红色）、脂褐素（棕褐色）、胆红素（橙黄色），皮肤的颜色是这些色素综合作用的结果。皮肤表面的死皮和污垢也可能影响肤色，但可以通过简单的皮肤清洁除去，不属于本章讨论的内容。胆红素升高导致的皮肤偏黄是某些疾病引起的，也不属于本书讨论的内容。

7.1.1 年轻的皮肤

年轻的皮肤，没有脂褐素沉积，皮肤中的黑色素、胡萝卜素和血红素（血液的颜色）是皮肤颜色的主要影响因素。

1. 偏黄色的皮肤

黄色皮肤的肤色主要由胡萝卜素颜色影响造成。胡萝卜素在角质层中含量较高，其他各层含量很少，如果角质层厚，不透明，光线主要从角质层反射，就会造成肤色偏黄（图7-1）。角质层中胡萝卜素含量高低主要由个体遗传决定，胡萝卜素在人体消化系统中不分解，能直接吸收进入血液，所以饮食摄入也可能带来角质层胡萝卜素的含量暂时性升高，造成肤色暂时性偏黄[①]。目前，化妆品使用的美白方法，主要是针对黑色素的系列

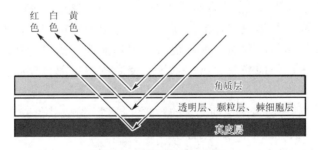

图 7-1 肤色形成示意图

---

① 一些色素进入人体消化系统，会被分解，或者不会聚积在皮肤表层，不会影响肤色，如酱油的焦糖色素。

措施，胡萝卜素带来的肤色偏黄，尚无十分有效的手段改变，只能通过彩妆在皮肤表面调色掩蔽。一些有风险的方法可以快速改变皮肤偏黄，主要是使用荧光增白剂、强氧化剂（过氧化氢）和剥脱部分角质层。

1）荧光增白剂

荧光增白剂可以吸收紫外线并散射出蓝光，补充黄色皮肤反射光中缺乏的蓝光，使肤色变得白亮。尽管众多研究表明荧光增白剂对人体无毒无害，相关部门对荧光增白剂也无禁用规定，但是化妆品大量添加非皮肤自有的荧光增白成分，渗入皮肤会给皮肤带来负担，公众对其危害仍然有忧虑，所以使用荧光增白剂对黄色皮肤美白，有一定安全风险。关于荧光增白剂的详述见第 2 章。

2）强氧化剂

过氧化氢易分解成氧气和水，化妆品中添加的强氧化剂主要是过氧化氢。过氧化氢可以通过氧化破坏胡萝卜素、黑色素等有机色素分子中的共轭双键，从而漂白皮肤。但它会氧化抗氧化成分和构成皮肤分子的还原性基团，破坏皮肤组织结构，加速皮肤衰老。2015版《化妆品安全技术规范》中明确规定皮肤类化妆品中过氧化氢浓度不能超过 4%。长期使用该类强氧化剂漂白皮肤，是以加速皮肤衰老为代价。关于强氧化剂的详述见第 2 章。

3）剥脱部分角质层

角质层胡萝卜素含量高，不透明，我们看到的皮肤颜色是角质层反射的，所以皮肤看起来偏黄。用磨削术、激光、果酸等都可以剥脱部分角质层，使角质层薄而透明，肤色显示为更白嫩的里层。剥脱角质层的方法会使皮肤屏障功能削弱，外界物质更易穿过角质层从而使皮肤敏感；紫外线更易伤害皮肤深层，导致毛细血管、胶原蛋白失去弹性；皮肤中水分更易蒸发而丢失，导致毛细血管扩张、粗大，皮肤变红且干燥。

剥脱角质层的方法虽然可暂时使皮肤白嫩、红润，并且在皮肤损伤修复机制启动后几个月内，角质层一般会得到修复，但不能轻易使用，因为在角质层被修复前，可能引起皮肤变红、干燥等严重副作用，这些副作用一旦呈现，表明皮肤深层已经受到伤害，红色皮肤状态将长期存在，难以恢复。

2. 偏红的皮肤

皮肤的红色主要由真皮层中血液颜色的影响造成。表皮层薄，有一点透明，或者真皮层毛细血管扩张，都可以从皮肤外看到真皮层血液的颜色（图 7-1），所以皮肤偏红色。正常的皮肤红润，是健康肤色的体现，符合中国人的审美观，无须采取措施。但肤色红润的人表皮层偏薄，角质层薄，皮肤屏障功能弱，需要特别注意保湿、保温和防紫外线。激光手术、果酸换肤、磨削术等会使表皮层更薄，皮肤更红、更敏感，不适合该类皮肤。

激动、运动、饮酒等会带来毛细血管的暂时性扩张，造成肤色变红，在一段时间后肤色自动恢复正常，这类偏红不需要特别关注。

过敏皮肤形成的红色丘疹也是暂时毛细血管性扩张形成的红色，消除过敏原后自动恢复，也不属于化妆品的解决范畴。

一些病态的红色皮肤问题，如红血丝、高原红、痘印等，用化妆品方法预防有较好的效果，如果要治疗则需要皮肤科医生的帮助。长痘痊愈后留下的红色痘印将在第 9 章分析讨论。

1）高原红

在高原环境，强烈的紫外线造成面部角质层的损伤，使角质层较薄、毛细血管失去弹性；空气干燥、风大、温差大、时冷时热，造成毛细血管扩张；低温造成冻伤性毛细血管淤血；氧气稀薄造成血色素高，血液更红。上述条件综合在一起，极易形成高原红皮肤（图 7-2）。高原红皮肤角质层薄、毛细血管扩张并失去弹性、血液偏红。消除皮肤的高原红，应远离形成高原红的气候环境。生活于高原环境的人，注重皮肤保温、保湿和防紫外线，可减轻、减少皮肤高原红的形成。同时，化妆品的抗氧化、促进胶原蛋白合成、消除微循环障碍等保养皮肤的措施增强皮肤的抵御能力，也会间接缓解高原红。

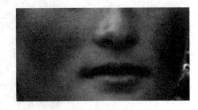

图 7-2　高原红皮肤

2）红血丝

长期使用一些具有扩张毛细血管功效的物质，会使毛细血管长期扩张，失去弹性，形成红血丝。化妆品解决红血丝问题应是促使胶原蛋白合成，恢复血管弹性，同时还应抗氧化、防紫外线等减缓血管老化，还可以使用一些收缩血管的成分缓解红血丝。

3. 偏白的皮肤

肤色偏白表明表皮中黑色素含量少；表皮层厚看不到血液颜色；角质层薄，看到颗粒层和棘细胞层的颜色（图 7-1），因此肤色看起来白。该类皮肤与偏红皮肤一样，大多有角质层薄的特点，需慎使用去角质的美肤方法。

4. 偏黑的皮肤

肤色偏黑表明皮肤浅层黑色素含量高，黑色素是影响肤色最重要的色素，目前美白的方法主要是针对黑色素，是本章的重点内容。

7.1.2　老化的皮肤

皮肤自然的肤色，主要是遗传因素和外界自然因素共同影响造成的。随着年龄的增长，皮肤将发生下述变化：①黑色素细胞减少，黑色素细胞活性降低，产生的黑色素减少；②黑色素代谢能力降低，黑色素易积存，色素不均匀性增加；③脂褐素增加。皮肤颜色由黑色素控制向脂褐素控制转变，皮肤更易长斑。

脂褐素是细胞中溶酶体吞噬分解大分子物质后留下的残基，脂质过氧化、糖基化引起的交联分子在溶酶体中不能完全分解，留下的残留物是形成脂褐素沉积（图 7-3）的主要因素。脂褐素是细胞水平老化的一个重要体征，是中老年皮肤颜色加深和老年斑形成的主要原因。要减少脂褐素沉积，目前的方法主要是通过抗氧化减少脂质过氧化产物生成，通过抗糖基化减少糖基化终末产物（AGEs）形成。

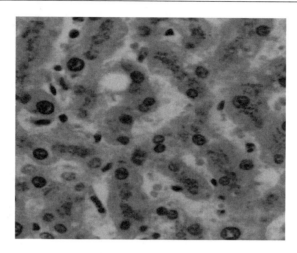

图 7-3　脂褐素沉积

保养皮肤的各种抗衰老措施并不是孤立存在的,它们与皮肤的色素体征息息相关,皮肤衰老的延缓事实上也会间接地减缓皮肤衰老的色素体征出现。

7.2　黑色素的生成、去除与化妆品的美白方法

在基底层黑色素细胞内,有囊泡状黑色素小体,黑色素在黑色素小体内合成。成熟的黑色素小体内充满黑色素,会通过黑色素细胞的树突状结构把黑色素小体运输到表皮各层(图 7-4),大部分黑色素小体会进入角质形成细胞中,并自动移至细胞靠近角质层一侧,以保护细胞核不被紫外线伤害。如果黑色素移到皮肤浅层,就能被眼睛看见并影响皮肤颜色。

对肤色影响最大的是皮肤中的黑色素,因此针对皮肤的美白方法主要是阻止黑色素的生成、去除已经生成的黑色素、预防形成黑色素的诱因、降低黑色素对肤色的影响。

7.2.1　阻止黑色素的生成

阻止黑色素的生成,可以在黑色素小体中,从图 7-4 所示黑色素合成反应链中阻止,也可以防止黑色素细胞异常激活来减少黑色素合成。

1. 从黑色素合成过程阻断黑色素生成

黑色素在黑色素小体中通过如图 7-4 反应合成。

在黑色素小体中,酪氨酸最终可以形成深褐色的优黑素或颜色更浅的黄红色的褐色素。不同人种的肤色不同的主要原因就是黑色素细胞内形成的黑色素颜色不同,白种人形成的黑色素以褐色素为主,所以肤色偏白;黑种人形成的黑色素以优黑素为主,所以肤色偏黑;黄种人形成的是二者均有的混合色素,所以肤色介于黑种人与白种人之间。

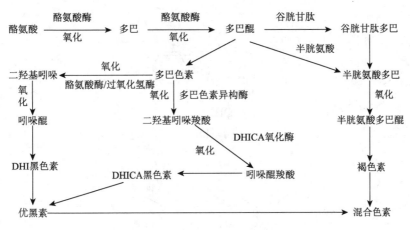

图 7-4　黑色素的合成过程[1]

合成黑色素的原料酪氨酸是人体必需的氨基酸，在多种食物中均有酪氨酸，因此不能通过减少酪氨酸的摄入量来减少黑色素生成。形成黑色素过程中，有众多氧化反应发生，氧化剂就是我们呼入的氧气，因此，也不能通过减少氧化剂来阻断黑色素生成。

从黑色素生成过程看，有许多可以采取的措施来阻止黑色素的生成，主要是：抑制酪氨酸酶的活性、抑制多巴色素异构酶和 5, 6-二羟基吲哚羧酸（DHICA）氧化酶的活性、促使多巴醌转化成颜色更浅的褐色素、还原多巴醌和黑色素。

1）抑制酪氨酸酶的活性

酪氨酸酶是多酚铜离子酶，是黑色素细胞中合成黑色素的限速酶、关键酶，催化酪氨酸氧化成多巴、多巴氧化成多巴醌、5, 6-二羟基吲哚（DHI）氧化成 DHI 黑色素。抑制酪氨酸酶活性即可有效阻断黑色素在黑色素小体中形成，在美白化妆品中使用酪氨酸酶活性抑制剂是化妆品经常采用的美白方法。酪氨酸酶活性抑制剂来源很多、种类繁多，一般抑制机理主要分为竞争抑制剂、非竞争抑制剂、混合型抑制剂、缓慢结合型抑制剂[2, 3]。一些活性很高但毒副作用很大的抑制剂禁止在化妆品中使用，因此化妆品中真正应用的酪氨酸酶抑制剂不多，概括起来，化妆品中常添加的酪氨酸酶抑制剂主要有：熊果苷、曲酸及其衍生物、鞣花酸、甘草黄酮、白藜芦醇、阿魏酸（桂皮酸）、维生素 C 及其衍生物、根皮素、谷胱甘肽等。

（1）熊果苷。熊果苷又称熊果素，易溶于水，是化妆品中常用的美白成分之一。它有 α 和 β 两种异构体，其中 α-熊果苷美白效果是 β-熊果苷的 10 倍，并且 α-熊果苷即使浓度较高也不会抑制细胞生长，无毒副作用，还对紫外线灼伤导致的瘢痕有较好的治疗作用。较高浓度的 β-熊果苷会损伤细胞膜，抑制细胞生长[4]。

熊果苷最初是从植物中发现的，很多植物都含有这种成分，所以它的一种重要来源就是植物提取。如果从分子结构角度看，熊果苷是对苯二酚结构改造、降低毒性后的产物。对苯二酚通过作用于酪氨酸酶结构中的氨基酸来降低其活性，是一种十分快速有效的美白剂，但是对苯二酚长期与皮肤接触，皮肤会发红，易产生皮肤癌，急性中毒会引起白细胞减少，因此对苯二酚被禁止添加在皮肤类化妆品中[5]。为了降低毒性，用对苯二酚的一个酚羟基与一分子葡萄糖成苷即形成熊果苷，所以它也可以通过人工合成获得。

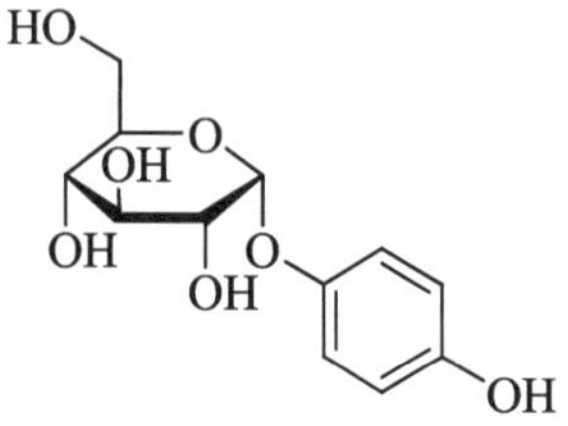

α-熊果苷

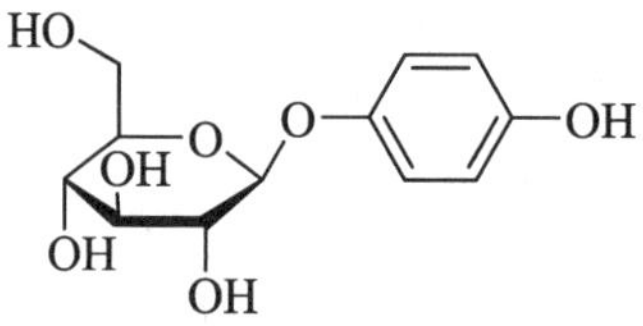

β-熊果苷

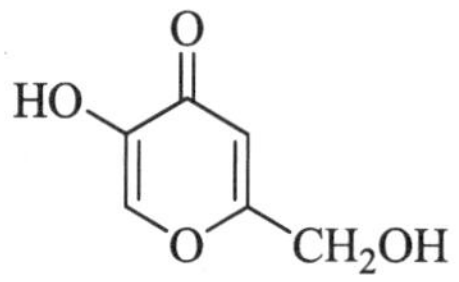

曲酸

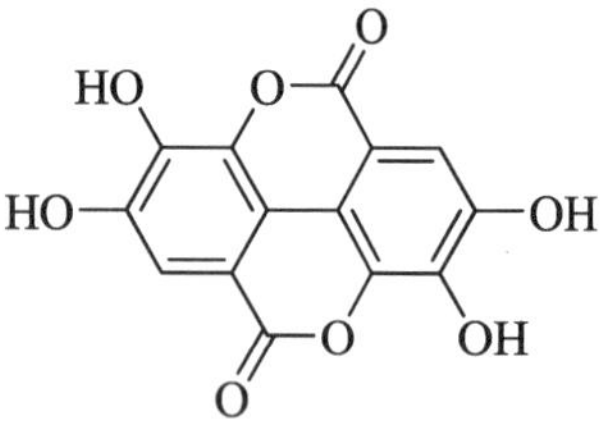

鞣花酸

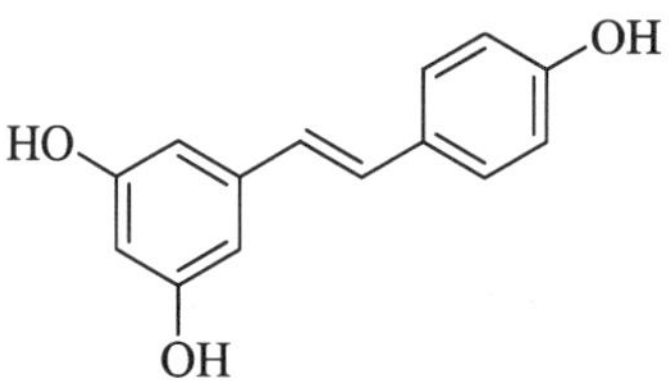

白藜芦醇

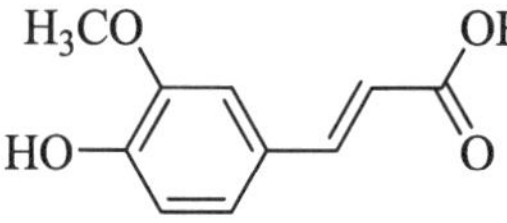

阿魏酸

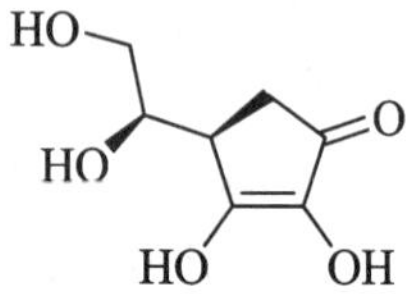

维生素C

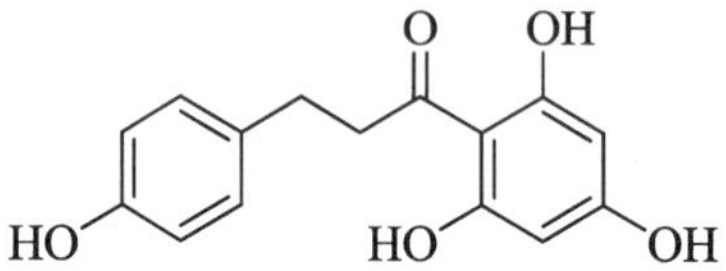

根皮素

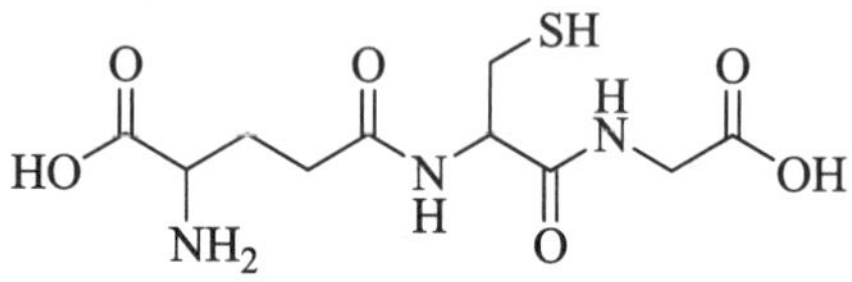

谷胱甘肽

根据熊果苷结构改造原理，一些非葡萄糖分子与对苯二酚结合的熊果苷类似物也可用于抑制酪氨酸酶的活性，最具代表性的是脱氧熊果苷，据报道脱氧熊果苷的美白效果是对苯二酚的 10 倍以上，但这类高效美白剂要应用于化妆品，还需更多的毒性研究来确定它的安全性。

无论植物提取还是人工合成获得的熊果苷都主要是 β-熊果苷，α-熊果苷需要微生物转化法和酶转化法定向合成。

α-熊果苷的美白活性远高于 β-熊果苷，而且无细胞毒性、稳定性高，是使用熊果苷作美白剂的化妆品的最佳选择。但是，一些追求天然的化妆品仍可能使用植物提取的 β-熊果苷或者含 β-熊果苷的植物提取物。β-熊果苷的美白作用受浓度影响很大，一般添加浓度为 3%，浓度 3% 及以下的 β-熊果苷细胞毒性很小，而且美白效果接近对苯二酚[6]。有报道熊果苷浓度为 1g/L 时，酪氨酸酶抑制率超过 50%。估计实验采用的是 α-熊果苷，因为低浓度的 β-熊果苷美白效果差强人意，所以添加于化妆品中的熊果苷美白效果可能因皮肤渗透阻碍有较大不确定性。如果熊果苷与其他美白成分如根皮素复配，可降低熊果苷作用浓度，提高美白效率和安全性。

有人担心熊果苷可能分解成对苯二酚影响人体健康，系列实验表明：酸、碱或紫外线环境都会促使熊果苷分解产生对苯二酚，因此使用熊果苷美白剂应避免出汗和阳光直射[7]，尽量在晚上使用。熊果苷通过皮肤渗入体内后，没有分解形成对苯二酚的条件，一般经尿液直接排出体外，少量代谢为苯二酚葡萄糖苷酸排出[8]。总体来说，化妆品中添加熊果苷作美白剂是安全可靠的。

另外，熊果苷与熊果酸名字相似，容易混淆，实质上二者是分子结构、性质完全不同的化合物，熊果酸用于化妆品的主要作用是抗氧化、抗炎症。

（2）曲酸及其衍生物。曲酸是曲霉真菌参与的发酵过程中产生的一种弱酸性有机化合物，溶于水，是传统的美白添加剂、防晒剂和防腐剂。从美白机理上看，曲酸不仅是酪氨酸酶抑制剂，还能还原多巴醌。在 1g/L 的浓度下，曲酸与 α-熊果苷对酪氨酸酶的抑制率大约都为 50%，因此曲酸的美白效果可以看成与 α-熊果苷相当。但是从毒性上看，一些研究表明，曲酸的细胞毒性要强于熊果苷，高浓度的曲酸会导致大鼠白细胞和淋巴细胞明显减少[9]，有致癌风险。所以，曲酸在化妆品中经历了从应用到少用，再到基本不用的过程，日本于 2003 年禁止化妆品中添加曲酸，它的安全问题一直是人们争议的焦点。

曲霉真菌广泛参与到传统酿造食品（酒、酱、醋等）的酿制中，曲酸也一直存在于这些食品中并已经有几千年的安全食用历史。很多研究也表明，低浓度的曲酸对人体无害，甚至有的研究还发现，曲酸可以减少亚硝酸盐形成，抑制亚硝酸盐转化成亚硝胺，从而有防癌效果，因此，我们不必要谈曲酸而色变。事实上，我国没有在化妆品中禁用曲酸，即使一些高档化妆品，也经常检出有曲酸存在[10]。考虑到高浓度的曲酸可能的毒性，化妆品中曲酸浓度应低于 1%。

曲酸分子结构中有烯醇式存在，易被氧化而变色，应用时常用其衍生物替代。

（3）鞣花酸。鞣花酸微溶于水，易溶于乙醇，在石榴、蓝莓等水果中含有。目前，市售鞣花酸主要从石榴皮中提取。鞣花酸用作保健品有抗癌作用，作为化妆品中的添加剂，鞣花酸①主要用于抑制酪氨酸酶活性和抗氧化。到目前为止还没有关于鞣花酸副作用的报道。鞣花酸详述见第 6 章。

（4）甘草黄酮（甘草素、光甘草定等）。光果甘草的茎提取物的主要活性成分是甘草黄酮，由甘草素、光甘草定等多种黄酮成分组成。甘草黄酮是一种快速、高效、绿色的美白添加剂，它的特点是既能抑制酪氨酸酶的活性，又能抑制多巴色素互变酶和 DHICA 氧化酶的活性，还具有抗氧化、抗菌消炎活性，而且未见它有毒性的报道，是化妆品中应用广泛的一种美白剂。

（5）白藜芦醇。白藜芦醇不溶于水，也不溶于油，易溶于乙醇，作为保健品，白藜芦醇有抗肿瘤等多种保健功能，作为化妆品添加剂，主要有抑制酪氨酸酶活性、抗氧化、舒张血管和雌性激素作用。它存在于多种植物中，市售白藜芦醇既可植物提取，也可人工合成或微生物发酵制备。白藜芦醇详述见第 6 章。

（6）阿魏酸（桂皮酸）。阿魏酸溶于水，用在化妆品中有抑制酪氨酸酶活性、抗氧化和抗血小板凝聚（消除微循环障碍）的作用。它是阿魏、当归、川芎、升麻等多种中药的主要有效成分之一，市售阿魏酸主要是从米糠中提取的。未见有毒副作用的报道，在化妆品中有较多的应用。

（7）维生素 C 及其衍生物。维生素 C 及其衍生物具有抑制酪氨酸酶活性的作用，与熊果苷、曲酸等传统美白剂相比其抑制活性要稍差一些，但使用它无安全忧虑，对皮肤有

---

① 多酚结构的分子易被氧化，与酪氨酸酶的多酚结构有竞争关系，所以一般具有抗氧化活性和抑制酪氨酸酶活性。

很好的渗透性，而且还有促进胶原蛋白合成、抗氧化、还原多巴醌和黑色素等多种功效，所以被广泛应用于化妆品中。维生素 C 及其衍生物详述见第 6 章。

（8）根皮素。根皮素有很强的抑制酪氨酸酶活性的功效，特别是与熊果苷或曲酸等复配时，大幅降低了熊果苷、曲酸的使用浓度①，有报道称其复配抑制率可以达到100%[11]。另外，根皮素还有抗氧化、抑制皮脂分泌、保湿等作用。根皮素对皮肤有多种作用，可以从苹果皮发酵液中提取，十分安全，但是根皮素在化妆品中的应用还有待开发。

（9）谷胱甘肽。谷胱甘肽分子中含有巯基（—SH），可以夺取酪氨酸酶分子中的铜离子，从而抑制酪氨酸酶的活性。谷胱甘肽和半胱氨酸分子上都有巯基，都具有抑制酪氨酸酶活性的作用。另外，谷胱甘肽和半胱氨酸还具有促使褐色素合成的作用、抗氧化作用、解除重金属毒性的作用。半胱氨酸是构成谷胱甘肽的三个氨基酸之一，作为美白剂，谷胱甘肽用得更多，美白针注射成分之一就是谷胱甘肽。谷胱甘肽在人体内易分解，化妆品中谷胱甘肽只能微量渗入皮肤，起不到提高细胞中谷胱甘肽含量的作用，所以化妆品中使用谷胱甘肽效果存疑。谷胱甘肽详述见第 6 章。

化妆品中常用于抑制酪氨酸酶活性的天然提取物主要有：茶叶提取物（茶多酚）、当归提取物（阿魏酸）、印度蛇婆子提取物（阿魏酸）、甘草提取物（甘草黄酮—甘草素和光甘草定等）、酵母提取物（维生素、肽、微量元素）、姜黄提取物（多酚）、红景天提取物（红景天苷和黄酮）、荔枝壳提取物（黄酮、原花青素、根皮素等）、芦荟提取物（微量元素、氨基酸、维生素、多酚）、石榴提取物（鞣花酸）、桑白皮水提取物。

2）抑制多巴色素异构酶和 DHICA 氧化酶的活性

在黑色素生成过程中，多巴色素异构酶催化多巴色素氧化成二羟基吲哚羧酸，DHICA 氧化酶催化二羟基吲哚羧酸氧化成吲哚醌羧酸，是优黑素形成的重要途径，抑制这两种酶的活性，可以大幅减少颜色深黑的优黑素的形成。目前，光果甘草提取物（甘草黄酮）是仅见的抑制二者活性的成分。

3）促使多巴醌转化成颜色更浅的褐色素

从黑色素的合成过程可以看出，提升细胞内谷胱甘肽和半胱氨酸的水平，可以促使褐色素的合成，从而改善肤色，起到美白作用。

4）还原多巴醌和黑色素

黑色素形成过程中发生了多次氧化反应，如果把氧化生成的中间体或黑色素还原，可以阻断黑色素生成链，减少黑色素的生成。维生素 C 及其衍生物具有还原合成黑色素的关键中间体多巴醌的作用；具有还原黑色素分子并使其褪色的作用。维生素 C 及其衍生物详述见第 6 章。

2. 防止黑色素细胞异常激活

黑色素细胞的活性包括它的生长、增殖活性和产生黑色素的活性。有多种途径可以防

---

① 浓度高的曲酸、熊果苷有细胞毒性，低浓度的更安全。

止黑色素细胞的异常激活,主要是:直接抑制黑色素细胞活性增强因子、阻止黑色素细胞活性增强因子与黑色素细胞受体结合、破坏异常激活的黑色素细胞线粒体。

皮肤上斑的形成往往与黑色素细胞异常激活有关,因此防止黑色素细胞异常激活的相关物质常常用于皮肤祛斑。

1)直接抑制黑色素细胞活性增强因子——传明酸

人体内产生的很多激素或活性因子都可以增强黑色素细胞的活性,主要有:碱性成纤维细胞生长因子、神经细胞生长因子、内皮素、促黑素细胞激素(MSH)、促肾上腺皮质激素(ACTH)、孕激素、雌性激素等。

传明酸又称凝血酸、氨甲环酸、止血环酸,易溶于水,是一种小分子的蛋白酶抑制剂,能抑制许多黑色素细胞活性增强因子,阻断紫外线诱发的黑色素细胞活性异常。在美白疗程中,传明酸常与维生素 C 磷酸酯镁盐搭配,是化妆品中一种很常用的美白添加剂,也是美白针中的主要美白成分之一。传明酸还具有抑制酪氨酸酶活性、加速凝血的作用。

2)阻止黑色素细胞活性增强因子与黑色素细胞受体结合——洋甘菊提取物、九肽-1

紫外线照射到表皮层角质细胞时,角质细胞会释放出内皮素,内皮素被黑色素细胞受体接受后,会刺激黑色素细胞增殖并激活酪氨酸酶,从而使黑色素的合成量急剧增加。洋甘菊提取物中含有一种阻止内皮素与黑色素细胞受体结合的成分[12],在洋甘菊提取物存在时,内皮素不能激活黑色素细胞,因此起到了阻止黑色素在紫外线下异常合成的作用。

因为内皮素拮抗剂与黑色素细胞受体结合点在黑色素细胞膜外,而抑制酪氨酸酶活性的功效成分需要穿过黑色素细胞膜和黑色素小体囊泡,从皮肤表面渗入的酪氨酸酶活性抑制剂和内皮素拮抗剂,内皮素拮抗剂需要渗透的距离更短,更易发挥作用,所以使用洋甘菊提取物去除紫外线引起的色素沉着,比抑制酪氨酸酶活性的方法快速很多。

洋甘菊提取物成分较为复杂,对皮肤有多种功效,作为化妆品添加剂,主要用于美白、舒缓肌肤、抗过敏。

九肽-1 是一种仿生肽,它和黑色素细胞上的 MC1 受体有非常好的匹配性,因此可以作为促黑色素细胞激素的拮抗剂,竞争性地与 MC1 受体结合,阻止黑色素细胞被异常激活。

3)破坏异常激活的黑色素细胞线粒体——壬二酸

壬二酸又称杜鹃花酸,不溶于冷水和油脂,易溶于热水,常用尿素增溶。壬二酸只抑制亢进的黑色素细胞活性,不影响正常的黑色素细胞,也就是说,对正常的皮肤无美白作用,但对激素、紫外线等外因带来的黑色素细胞异常而产生的色斑等有效。研究表明,壬二酸是通过破坏异常黑色素细胞线粒体呼吸来抑制其生长和增殖的。

此外,壬二酸还具有抑菌作用,特别是痤疮丙酸杆菌,抑制皮脂过度分泌作用,抗炎,抑制皮肤过度角化,常用于长痘的皮肤。

7.2.2 去除黑色素

1. 皮肤中黑色素的代谢与化妆品去除黑色素的方法

皮肤中已经生成的黑色素可以通过如下途径代谢除去:随角质细胞的正常代谢而脱

落、细胞吞噬降解、血液循环中分解并从肾脏排出、被还原剂还原。皮肤内的色素代谢可能由于多种原因受阻，化妆品去除皮肤中黑色素的方法主要是在体内黑色素自然代谢途径的基础上加强代谢或解决代谢过程中出现的问题，具体措施有：剥脱部分角质层除去浅层黑色素、促进细胞对黑色素的吞噬和分解、消除微循环障碍加速色素代谢、提升皮肤内还原剂水平还原黑色素。

1）剥脱部分角质层除去浅层黑色素

黑色素细胞产生的黑色素小体会被黑色素细胞上的树突结构运输到表皮各层，大部分黑色素小体会进入角质形成细胞中并在外推过程中逐渐降解。处于表皮深层的黑色素被表皮外层遮挡，一般对肤色影响较小，而且进入角质形成细胞并被分解的机会更大。角质层中的黑色素不能被死亡的角质细胞吞噬降解，而且处于外层，能被看见，对肤色影响极大。因此，角质层中黑色素会比其他层多一些，人为剥脱部分角质层，就露出里层更白嫩的皮肤。激光、磨削等物理方法都可以剥脱角质层，化妆品剥脱角质层的方法是利用酸腐蚀皮肤的原理，常用的成分是果酸或与果酸酸度相当的酸。

果酸即水果中的有机酸，从化学结构上看有 α-羟基酸（AHA）和 β-羟基酸（BHA）[①]，常见的果酸有：葡萄酸、苹果酸、柑橘酸、柠檬酸、杏仁酸、甘醇酸等，与果酸酸度相似并用于护肤的酸有酒石酸、水杨酸、乙酸、乳酸等。果酸用于护理皮肤的浓度一般分为小于 3% 的低浓度果酸、3%～20% 的中浓度果酸、大于 20% 的高浓度果酸三个档次，每一档对皮肤的护理作用不同。

低浓度果酸（小于 3%）主要用于降低表皮细胞间的粘连性和凝聚力，使皮肤柔软并加速角质细胞形成；去除老化死皮，使皮肤光滑。洗脸水中加入白醋、柠檬等，实质上是低浓度果酸的应用。辛酰水杨酸（LHA）是化妆品中常用的温和去角质成分（即去死皮）。

中浓度果酸（3%～20%）腐蚀能力较强，主要用于皮肤去除正常角质，长痘、黑头的皮肤用于去除毛孔角质栓。中浓度的果酸酸度大，痤疮丙酸杆菌受到抑制，因此中浓度的果酸还用于治疗长痘。

高浓度的果酸（大于 20%）酸度很大，可剥脱正常角质层，留下里层白嫩皮肤，用于治疗皮肤浅层色斑和光老化皮肤。用高浓度果酸剥脱角质层后，皮肤皮损修复机制激活，可增厚表皮，增加真皮乳头层乳头数目，促使胶原和透明质酸合成。

2015 年版《化妆品安全技术规范》规定，普通化妆品中果酸最高浓度不能超过 6%。用高浓度的果酸换肤，皮肤有被过度腐蚀而留下疤痕的风险，需要在相关专业人士指导下完成，对剥脱角质层后的皮肤需要特别护理，直至角质层完全修复。高浓度果酸剥脱角质后，角质层变薄，皮肤干燥、敏感、易失水变红，如果护理不当，或者外部环境不利于皮肤护理，皮肤血管扩张造成的红色将长期存在。

2）促进细胞对黑色素的吞噬和分解

表皮层中产生的黑色素小体可以直接被黑色素细胞的树突结构输入角质形成细胞或被角质形成细胞直接吞入，角质形成细胞中的黑色素小体在角质形成细胞外推角化过程中被酸性的水解酶逐渐分解。真皮层的黑色素可以被噬黑素细胞吞噬并降解。促进细胞对黑

---

① α-羟基酸英文缩写为 AHA，β-羟基酸英文缩写为 BHA。

色素小体吞噬并降解的成分报道不多[13]，仅有个别化妆品应用了该原理。

3）消除微循环障碍加速色素代谢

皮肤的微循环系统是皮肤新陈代谢不可或缺的结构，微循环系统的障碍对皮肤的状态会产生重大影响，在本书第 3 章和第 6 章中都有详述。真皮层中的黑色素主要靠微循环系统带走并分解、靠噬黑素细胞吞噬并分解，任何一种色素代谢方式出现问题都可能影响整个皮肤的色素体征。另外，微循环系统带来的营养成分还是表皮层修复恢复能力的物质基础，基底细胞活性不足，表皮层修复恢复能力不足，皮肤易形成色斑体征。因此，如果皮肤微循环系统出现障碍，会直接或间接地对皮肤的色素减少、色斑形成产生重大影响，只有消除微循环障碍，才能实现皮肤的白净无瑕。化妆品消除皮肤微循环障碍的方法和成分已经在 6.6 节中详述，在此不再重复。

4）提升皮肤内还原剂水平还原黑色素

在黑色素形成过程中，经历了多次氧化反应，如果有更强的还原剂存在，这些还原剂会代替氧化或把已经被氧化的原料还原。黑色素本身也可以被较强的还原剂还原。维生素 C 是最具代表性的还原剂，它不仅还原黑色素，还还原黑色素合成过程中形成的氧化物，细胞内维生素 C 水平的高低，与皮肤内黑色素的水平成反比，一些统计学数据也证实了摄入维生素 C 更多的中年女性肤色更浅。维生素 C 还有促使胶原合成、抗氧化、抑制酪氨酸酶活性的作用。

7.2.3 预防黑色素形成的诱因

正常情况下，皮肤内黑色素细胞产生和代谢的黑色素会达到一个平衡，从而形成皮肤正常稳定的肤色，这种肤色的深浅是由个体遗传和生活环境决定的。一些外部因素会通过影响体内激素或黑色素细胞活性增强因子来增强皮肤内黑色素细胞活性，使黑色素细胞合成更多黑色素，或者使黑色素细胞生长、增殖。这些外部因素主要是紫外线、维生素、一些元素、情绪、内分泌等。

1. 紫外线

太阳光中的紫外线（UV）可以分成 A、B、C、D 四段。UVC 和 UVD 被大气层外的臭氧层全部吸收，不能到达地面，UVB 仅约 2%到达地面，UVA 有 98%到达地面。影响黑色素生成的紫外线主要是 UVA 和少量的 UVB，当紫外线照射到皮肤角质形成细胞上时，角质形成细胞会产生内皮素，内皮素与黑色素细胞外的受体结合即可激活黑色素细胞，使黑色素异常合成，从而晒黑皮肤。洋甘菊提取物是一种内皮素拮抗剂，可有效降低紫外线对皮肤色素体征的影响。洋甘菊提取物用于化妆品还有舒缓、抗过敏功效。另外，紫外线还会促使自由基的形成，自由基导致巯基氧化，从而激活酪氨酸酶，促进黑色素合成。

紫外线是黑色素细胞活性异常的最主要诱因，防晒即防止紫外线直射皮肤可以有效降低紫外线对皮肤的影响，相关化妆品原理与应用将在第 8 章中详述。

2. 维生素

维生素起着调节新陈代谢的作用，许多维生素都有直接或间接影响皮肤肤色的功效，如维生素 C 还原多巴醌和黑色素的功效、维生素 E 抑制酪氨酸酶活性的功效、维生素 B_3 阻断黑色素向角质形成细胞运输和降低皮肤光敏性的功效、维生素 B_6 抗糖基化的功效，这些功效会直接影响皮肤肤色。还有一些维生素有抗氧化、增强细胞活性、消除微循环障碍等功效，这些功效会间接影响皮肤肤色。饮食习惯不同的人摄入维生素的多少和种类不同，会直接反映到肤色上。

人体维生素来源的主要食物是蔬菜瓜果，多吃蔬菜瓜果的人肤色会更浅，对光老化防御能力更强，皮肤色素问题会更少。

3. 一些元素

酪氨酸酶是铜离子多酚酶，细胞内铜离子增多会激活酪氨酸酶，所以饮食上减少铜离子摄入，可以减少皮肤内黑色素生成。铅、汞使酪氨酸酶失活，从而阻止黑色素的生成，但铅、汞也能与有机物中的巯基结合，使巯基减少，从而导致酪氨酸酶激活，因此，使用铅、汞等成分美白，不仅可能导致重金属中毒，还会反弹，使皮肤色素体征加重。砷、铋、银等元素不具美白效果，但会结合皮肤中的巯基，从而激活酪氨酸酶，使皮肤中产生更多黑色素。

从饮食习惯上减少摄入这些诱发黑色素细胞产生黑色素的元素，可有效减轻皮肤色素体征。

4. 情绪

促黑素细胞激素（MSH）主要是由脑垂体分泌的多肽类激素，角质形成细胞也可以产生。它是调节黑色素细胞活性的主要激素，许多外部因素都可以影响到促黑素细胞激素的分泌，从而影响黑色素的生成。紧张、焦虑、激动、运动等会促使人体交感神经兴奋，引起血管收缩、心搏加强和加速、新陈代谢亢进等，会抑制促黑素细胞激素分泌，降低黑色素细胞活性；人处于舒缓状态、睡眠状态、休息状态、情绪低落时，会促使副交感神经兴奋，身体表现为血管舒张、血压下降、心跳减缓、代谢水平减缓、能量保存和器官修复，会促进促黑素细胞激素分泌，增强黑色素细胞活性。

人的舒缓状态、睡眠状态、休息状态并非主要影响因素，不会带来黑色素细胞活性的异常增强。为了身体健康，每天需要有休息时间（副交感神经兴奋），不必在意它可能带来的黑色素合成增加。而与紧张、焦虑、激动情绪相反，抑郁、绝望、情绪低落等负面情绪会使副交感神经兴奋，会导致皮肤颜色加深，色斑形成。

5. 内分泌

在人体内，除了脑垂体分泌促黑素细胞激素会影响黑色素细胞活性从而影响肤色外，还有许多其他激素也会影响皮肤肤色。例如，少量肾上腺皮质激素可抑制促黑素细胞激素分泌；雌性激素可解除谷胱甘肽对酪氨酸酶活性的抑制；孕激素可促使黑色素小体转运扩散。孕妇体内雌性激素和孕激素水平都很高，它们联合作用使孕妇色斑更明显。更年期妇女雌性激素减少会使黄褐斑逐渐变淡。

维持体内的激素平衡，有助于防止黑色素细胞活性异常。

7.2.4 降低黑色素对肤色的影响

黑色素处于皮肤深层，不能被眼睛看见，对肤色影响较小，所以阻止黑色素运输到表皮浅层（角质层），可以减轻黑色素对皮肤肤色的影响。即使黑色素运送到表皮浅层，如果能有效遮蔽这些黑色素，也可以减轻黑色素对皮肤肤色的影响。

1. 阻断黑色素向表皮浅层运输来减少黑色素对肤色的影响

黑色素细胞有许多树状突起伸入到表皮浅层（图 7-5），这些树状突起是运输黑色素小体到表皮各层的管道，阻断黑色素运输后，黑色素小体在黑色素细胞中的累积会减少黑色素小体的形成，从而降低黑色素细胞活性；阻断黑色素运输后，黑色素细胞释放的黑色素小体主要集中在基底层附近，表皮深层的黑色素小体对肤色影响小，进入角质形成细胞并被分解的机会大，表皮更新过程中被外推到表皮浅层的机会很小。最具代表性的黑色素运输阻断剂是维生素 B$_3$。

维生素 B$_3$ 又称烟酸，易溶于水，在人体内代谢成烟酰胺，因为烟酸可能导致皮肤发红、过敏，化妆品中多采用烟酰胺为添加剂。烟酰胺易渗入皮肤，皮肤外用烟酸或烟酰胺有很多功效[14, 15]。

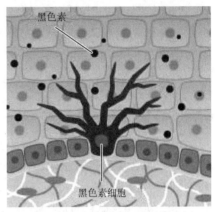

图 7-5 黑色素细胞及其树状突起

维生素B$_3$ 烟酰胺

（1）阻断黑色素向表皮浅层转运。烟酰胺可以抑制 35%～68% 的黑色素小体向角质形成细胞转运，对治疗各种色斑都有较好效果，但它抑制黑色素运输的效果对浓度依赖性很大，停药后，黑色素小体运输不再被抑制。因此，烟酰胺添加于化妆品中用于美白，添加浓度较高（大于 5%），而且停用烟酰胺后，皮肤色素体征会很快恢复以前水平。

（2）修复皮肤屏障功能。角质细胞之间脂质是由水分水解某些特定蛋白形成的，老年人的皮肤、干燥的皮肤角质细胞间脂质形成减少，角质层屏障功能减弱。烟酰胺可以促进角质细胞间脂质（神经酰胺、脂肪酸、胆固醇）的形成，从而起到修复皮肤屏障功能的作用，减少皮肤水分丢失。

（3）防止光损伤和光致癌。烟酰胺通过调节聚腺苷二磷酸核糖聚合酶（PARP）①来修复受损 DNA，增加氧化型辅酶烟酰胺腺嘌呤二核苷酸（NAD）和还原型辅酶烟酰胺腺嘌呤二核苷酸磷酸（NADPH）水平，从而发挥抗光损伤和抗光致癌的作用，实验也证明局部使用烟酰胺可以阻止紫外线引起的免疫抑制，减少光损伤和光致癌。

（4）治疗痤疮。烟酰胺能抑制 PARP 等一系列促炎因子，减轻痤疮的炎症反应；烟酰胺能明显抑制皮脂分泌，因此常用于痤疮的治疗。烟酰胺在治疗痤疮效果上优于克林霉素，而且没有抗药性，副作用小。

（5）促进角质细胞脱落。烟酰胺能增加角质层的黏结性和厚度，增加角质层的成熟度[16]；烟酰胺通过提升氧化型辅酶烟酰胺腺嘌呤二核苷酸（辅酶Ⅰ）和还原型辅酶烟酰胺腺嘌呤二核苷酸磷酸的水平，来提升细胞的能量供给，从而增强基底细胞活性，加速表皮更新。

（6）抗衰老。烟酰胺通过提升还原型辅酶烟酰胺腺嘌呤二核苷酸磷酸的水平，实现抗糖基化，改善肤色暗黄；烟酰胺提升细胞的能量供给，增强成纤维细胞活性，减少皱纹生成。

（7）烟酰胺还具有扩张血管、消除微循环障碍的作用。

2. 遮蔽表皮浅层黑色素

角质层在皮肤的最外层，处于其中的黑色素小体能被看见，对皮肤色素体征影响很大，如果能遮蔽这些黑色素小体，就能有效淡化皮肤的颜色，同时不会降低皮肤对紫外线的防御。

四肽-30 是皮肤自有的一种亮肤肽，是一种能使肌肤色调均匀的物质，能使炎症后的高色素性褐斑显著减少，其作用原理是阻止黑色素在角化细胞中被发现，并可减少酪氨酸酶的数量和抑制黑色素细胞激活。体内实验表明，四肽-30 水溶液中含量为 1600mg/kg 即可发挥活性作用。

7.3　色斑的形成与祛除

皮肤的色斑一般可以分为红色斑、老年斑和普通色斑。

红色斑一般是长斑部位毛细血管扩张、阻塞、失去弹性形成的，最典型的红色斑就是长痘留下的痘印。解决红色斑的问题将在第 9 章讨论。

细胞中溶酶体分解大分子物质后留下的残留物称为脂褐素，它沉积于细胞中形成棕褐色色素颗粒，称为老年斑。脂褐素不溶于水，细胞中不能分解，所以很难通过新陈代谢去除，但皮肤表面的老年斑可以用激光等物理手段有效去除。目前，老年斑问题化妆品解决

---

① 多功能蛋白修饰酶。

方法主要是在形成过程中阻断。自由基引起的脂质过氧化产物、糖基化终末产物均会诱发不能被细胞中溶酶体分解的交联大分子物质生成，因此抗氧化、抗糖基化是有效预防老年斑的直接措施。化妆品抗衰老的所有措施并不是孤立存在的，而是相互影响的，除抗氧化、抗糖基化外的抗衰老措施也会间接减少老年斑的形成。

普通色斑主要是黑色素斑，可分成皮肤浅层表皮色斑和深层真皮色斑。

7.3.1　浅层表皮色斑

皮肤浅层色斑是黑色素在表皮层不均匀分布形成的。在婴幼儿时期和青春期，因为皮肤各方面良好，色素代谢功能畅通，修复恢复功能强大，外部因素导致的局部黑色素细胞活性异常产生的过量色素可以很快代谢，局部皮损可以很快修复，所以不易形成不均匀的黑色素沉积。成年期后，皮肤开始衰老，色素代谢功能退化，基底细胞活性减弱，表皮层修复能力减弱，外部因素导致的局部黑色素细胞活性增强和皮损不能及时修复，从而导致局部的色素沉积，形成了浅层色斑。有的浅层色斑由遗传因素控制，即使婴幼儿时期和青春期也会出现遗传性色斑，外部因素会加重遗传性色斑。

黑色素细胞活性局部异常增强是形成色斑的直接原因，传明酸、洋甘菊提取物、壬二酸、九肽-1 等许多物质都可以抑制黑色素细胞异常活性（详见 7.2.1 节），常用于祛斑化妆品。除抑制黑色素细胞异常活性外，化妆品消除浅层色斑采用的方法与前述普通美白方法差不多，主要有：预防诱因、阻断黑色素生成链、去除沉积黑色素、消除黑色素影响，前述美白成分同样适用于祛斑化妆品。表皮层的衰老的直接原因是表皮层色素代谢障碍，因此增强基底细胞活性也可以有效减少表皮层色斑。

1. 治疗浅层色斑的一般方法

1）预防诱因

在诱发色斑形成的因素中，内分泌、负面情绪、疾病等因素不是化妆品可以预防的。而紫外线、自由基诱发因素，化妆品有防晒、抗氧化等措施预防。使用劣质化妆品带来的皮损也可能在皮肤浅层形成色斑，化妆品消费者购买化妆品时应坚持从正规渠道购买、购买高信誉度化妆品，以避免铅、汞等有害成分伤害皮肤，应慎用含果酸等可能腐蚀皮肤的成分的化妆品。

局部黑色素细胞活性异常增强，常与诱因有关，在预防诱因的同时，应使用抑制黑色素细胞活性异常增强的物质来减少色斑形成。

2）阻断黑色素生成链

黑色素细胞少产生或不产生黑色素，皮肤表面的色斑自然就淡化了。在黑色素细胞外，拮抗黑色素细胞活性异常增强，在黑色素细胞内，阻断黑色素生成反应，是前述主要的美白方法，也是淡化色斑的有效方法之一。

3）去除沉积黑色素

微循环是黑色素代谢途径之一，微循环又是营养供给途径，对基底细胞活性有重要影响，间接影响着皮肤的修复能力，所以微循环好的人，面部少有色斑。消除微循环障碍是化妆品祛除色斑的有效措施之一。

表皮层角质形成细胞会吞噬并分解大部分黑色素，基底细胞活性不足时，棘细胞层和颗粒层变薄，角质细胞吞噬黑色素的能力降低，因此调节基底细胞活性能有效淡化表皮色斑。化妆品调节基底细胞活性的主要措施是使用维生素 A 等关键成分和消除微循环障碍。一些成分通过强化细胞吞噬并分解黑色素的能力来清除更多黑色素，该方法仅见个别化妆品应用。

表皮层的黑色素主要在角质层，颗粒层和棘细胞层有角质形成细胞吞噬分解，黑色素相对含量较少，因此剥脱法可有效淡化浅层色斑，化妆品用果酸去角质就是剥脱法之一。使用果酸去角质应考虑果酸带来的安全风险，如果使用不当，有较大概率带来化妆品皮损性色斑。

维生素 C 可以还原黑色素，可以使用维生素 C 淡化一些非顽固性色斑。

4）消除黑色素影响

阻断黑色素细胞运输黑色素小体的管道、遮挡角质层浅层黑色素是前述化妆品消除黑色素影响的主要方法，这些方法同样可以有效淡化色斑。

5）抗衰老

通过保湿补水、补充营养、抗氧化、抗糖基化、促进胶原蛋白合成和减缓胶原蛋白老化、消除微循环障碍、增强细胞活性、防晒和抗光老化等措施来延缓皮肤衰老，可以间接或直接影响皮肤的色素代谢，从而达到减少色斑形成的目的。

6）实例中祛斑成分功效解析

（1）某纯白淡斑夜霜（图7-6）。

规格：50g　　　质地：膏霜

保质期限：在限期使用日期内使用，具体日期以实物为准。

主要有效成分：澳洲坚果籽油、水解欧洲李、抗坏血酸四异棕榈酸酯、小麦胚芽油、白藜芦醇、红没药醇、姜根提取物、海枣籽、纤细老鹳草提取物等。

主要功效：利用晚间休息时间，吸收淡斑精粹，享受肌肤匀净焕亮的灵动之美。

适用肤质：适用于需改善黯沉、斑点等肌肤问题的人群

图 7-6　某纯白淡斑夜霜广告截图

①抗坏血酸四异棕榈酸酯：油溶性维生素 C 衍生物，通过还原黑色素淡斑，还有抗氧化、促进胶原蛋白合成的作用。

②白藜芦醇：通过抑制酪氨酸酶活性、疏通微循环淡斑，还有抗氧化、雌性激素作用。

③纤细老鹳草提取物：主要成分黄酮、儿茶素等，通过疏通微循环淡斑，还有抗氧化作用。

④水解欧洲李：通过阻断黑色素运输淡斑并有很好保湿作用。

（2）某美白祛斑霜（图 7-7）。

祛斑
美白

美白祛斑霜30g

美白祛斑 保湿修护

产品功效 四效合一：针对色斑以及易长斑肌肤研制的
集祛斑、美白、修护为一体的多效营养霜

净白肌肤：质地丰润柔滑，滋养肌肤的同时
有效淡化色斑，净白肌肤

核心成分 抗坏血酸葡糖苷、凝血酸、欧洲酸樱桃、印
度楝叶提取物、透明质酸钠、甘油

图 7-7 某美白祛斑霜广告截图

①抗坏血酸葡糖苷：维生素 C 衍生物，通过还原黑色素淡斑，还有抗氧化、促进胶
原蛋白合成的作用。

②凝血酸：抑制黑色素细胞增强因子，阻断紫外线诱发的黑色素细胞活性异常，黑色
素合成异常。

（3）有些美白祛斑主要使用烟酰胺；有些美白祛斑主要使用鞣花酸；还有些美白祛斑
使用烟酰胺、乙酰壳糖胺、姜黄根提取物。

①烟酰胺：通过阻断黑色素向表皮浅层角质形成细胞运输、疏通微循环、减少紫外线、
抗糖基化损伤来祛斑。

②鞣花酸：通过抑制酪氨酸酶活性祛斑，还有抗氧化作用。

③乙酰壳糖胺：N-乙酰-D-氨基葡萄糖，抑制酪氨酸酶活性，能与烟酰胺协同祛斑，还
有抗氧化作用、保湿作用和缩小角质层脱落的鳞片的作用。

④姜黄根提取物：疏通微循环作用。

2. 常见表皮浅层色斑

常见表皮浅层色斑主要是黄褐斑和雀斑。

1）黄褐斑

黄褐斑又称妊娠斑、肝斑，是一种常见的、
后天获得的皮肤色素体征，多发在中青年女性的
面部等阳光容易照射到的部位，表现为对称的、
不规则形状的淡黄褐色或者深褐色斑（图 7-8）。
诱发黄褐斑的外部因素主要是：紫外线、自由基、
内分泌（主要是雌性激素、孕激素）、化妆品引
发的皮损、某些疾病、皮肤微生态失衡、血液流
变及血管、负面情绪等。

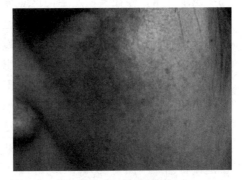

图 7-8 面部黄褐斑

　　黄褐斑发病机理尚不清楚，化妆品可以预防和治疗黄褐斑，主要是基于上述治疗浅层色斑的一般方法，随着年龄增加，中老年女性体内雌性激素水平下降，黄褐斑会逐渐变淡。皮肤科医生治疗黄褐斑使用的药物与化妆品采用的成分一般大同小异，治疗原理基本相同，只是化妆品给药方法只有经皮渗透，而皮肤科医生给药方式包括口服、注射、经皮渗透（外用）。

　　一些皮肤科医生治疗黄褐斑方法浅析[17-19]：

　　（1）口服维生素 C 和维生素 E，治疗 3～6 个月。维生素 C 还原黑色素、抗氧化，维生素 E 抑制酪氨酸酶的活性、抗氧化。

　　（2）静脉注射谷胱甘肽和维生素 C，治疗 5～10 周，有效率 96%。谷胱甘肽抑制酪氨酸酶的活性、促使褐色素生成、抗氧化，维生素 C 还原黑色素、抗氧化。

　　（3）口服传明酸、维生素 E 和维生素 C，治疗 2 个月，有效率 64%。传明酸抑制促黑色素细胞活性增强因子和酪氨酸酶的活性，维生素 C 还原黑色素、抗氧化，维生素 E 抑制酪氨酸酶的活性、抗氧化。

　　（4）口服和外用儿茶素（绿茶提取物），有效率 60%。绿茶提取物抑制酪氨酸酶的活性、抗氧化、阻断黑色素运输。

　　（5）黄酮醇类（银杏叶提取物）。银杏叶提取物消除微循环障碍、抗氧化。

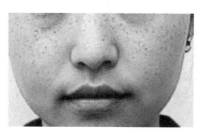

图 7-9　面部雀斑

　　（6）β-胡萝卜素。β-胡萝卜素增强基底细胞活性、抗氧化。

　　2）雀斑

　　雀斑是遗传导致的面部皮肤表面产生的黄褐色点状的色素沉着（图 7-9），即使婴幼儿时期或青春期也可能发病，紫外线、负面情绪等外部因素会使雀斑加重。

　　化妆品浅层色斑的一般治疗方法，可以淡化雀斑，但其遗传因素不能消除，无法根治。

7.3.2　深层真皮色斑

　　一般情况下，黑色素和黑色素细胞都处于表皮层中，但是胚胎神经嵴细胞迁移过程中如果出现异常，停在真皮层中，这些细胞在后天某些刺激因素作用下可能分化成黑色素细胞，并向痣细胞分化，从而导致真皮层局部出现黑色素。另外，表皮层的黑色素小体一般不能渗过基底膜出现在真皮层，但基底膜出现损坏也可能使表皮层黑色素通过损坏部位进入真皮层。真皮层的黑色素处于皮肤深层，不会对肤色形成影响，但它们如果没有及时代谢，堆积至表皮浅层，就会形成真皮色斑。常见的真皮色斑主要是褐青色斑（图 7-10）。

　　真皮色斑不能通过简单的角质层剥脱来去除，物

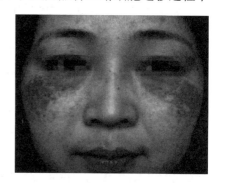

图 7-10　面部褐青色斑

理治疗法主要是使用激光,化妆品方法主要通过预防紫外线等诱发因素和强化黑色素代谢来淡化色斑。

知 识 测 试

一、判断

1. 饮食习惯不会影响皮肤颜色（   ）
2. 年轻皮肤的颜色主要受脂褐素、黑色素、胡萝卜素和血红素影响（   ）
3. 荧光增白剂可以快速改善皮肤黄色（   ）
4. 皮肤的红色主要是血液的颜色（   ）
5. 皮肤高原红的形成与紫外线无关（   ）
6. 红血丝是由毛细血管扩张并失去弹性造成的（   ）
7. 偏红的皮肤表皮层一般较薄（   ）
8. 偏黄的皮肤角质层一般较厚（   ）
9. 老年人皮肤颜色变深是黑色素细胞活性增强造成的（   ）
10. 化妆品主要通过抗氧化、抗糖基化来减少脂褐素的沉积（   ）
11. 人体可以通过减少酪氨酸摄入来减少黑色素生成（   ）
12. 不同人种肤色不同是因为黑色素细胞数量不同（   ）
13. 酪氨酸酶是黑色素合成过程中的关键酶、限速酶（   ）
14. 用熊果苷美白皮肤最好是在晚上进行（   ）
15. 用曲酸美白皮肤有安全性争议（   ）
16. 鞣花酸用在化妆品中的主要作用是抑制酪氨酸酶活性和抗氧化（   ）
17. 光果甘草提取物既能抑制酪氨酸酶活性，又能抑制多巴色素异构酶和 DHICA 氧化酶活性（   ）
18. 维生素 C 最好是微囊化后或者以衍生物方式配入化妆品（   ）
19. 偏红的皮肤去角质可以减轻皮肤红色（   ）
20. 偏黄的皮肤去角质可以减轻皮肤黄色（   ）
21. 熊果苷、曲酸与根皮素复配可以大幅降低其使用浓度，提升使用安全性（   ）
22. 谷胱甘肽中巯基可以夺取酪氨酸酶分子中的铜离子，从而抑制酪氨酸酶的活性（   ）
23. 传明酸用作美白剂的主要作用是抑制黑色素细胞活性增强因子和酪氨酸酶的活性（   ）
24. 洋甘菊提取物可以防止皮肤晒黑（   ）
25. 低浓度的果酸主要用于降低表皮细胞间的粘连性和凝聚力（   ）
26. 烟酰胺通过促进角质细胞间隙脂质（神经酰胺、脂肪酸、胆固醇）的形成来修复角质层屏障（   ）
27. 黄褐斑是一种皮肤深层色斑（   ）

28. 雀斑多为遗传（　　　）
29. 吃酱油会使肤色加深（　　　）

二、简答

1. 紫外线使皮肤变黑的原因是什么？
2. 使用高浓度果酸换肤有哪些安全风险？
3. 治疗浅层色斑的一般方法有哪些？
4. 婴幼儿时期和青春期为什么不易形成皮肤浅层色斑？
5. 简述褐青色斑的形成原因。
6. 简述高原红的形成原因和皮肤特点。
7. 根据皮肤色素形成原理论述如何美白皮肤。
8. 谈谈维生素在化妆品中的应用。
9. 谈谈小分子肽在化妆品中的应用。

参 考 文 献

[1] 鄢又玉，赵春芳，李三杰，等. 美白护肤品作用机理及配方研发设计[J]. 日用化学工业，2009，39（6）：423-427.

[2] 叶丽，刘亚青，巨修练. 酪氨酸酶抑制剂的研究进展[J]. 化学与生物工程，2013，30（8）：14-20.

[3] 王春丽，柳伟. 酪氨酸酶的研究进展[J]. 生物加工过程，2014，12（4）：94-100.

[4] 唐婕好，彭菲. 熊果苷的药理作用与资源获取途径研究进展[J]. 今日药学，2015，25（9）：673-677.

[5] 国家食品药品监督管理局. 化妆品安全技术规范[Z]. 2015-12-23.

[6] 王白强，曾晓军. 酪氨酸酶活性的抑制研究及皮肤美白化妆品的研制[J]. 福建轻纺，2002，158（7）：1-6.

[7] 刘彩云，吴培诚，梁高卫，等. 3 种熊果苷的研究进展[J]. 日用化学工业，2015，45（9）：529-532.

[8] 房军，杜顺晶. 熊果苷在化妆品中应用的研究进展[J]. 卫生研究，2009，38（1）：111-113.

[9] 顾娟红，杨天宇. 曲酸的安全性及检测方法研究进展[J]. 理化检验-化学分册，2012，48（2）：247-252.

[10] 魏芳，杨明，郭德华，等，进口化妆品曲酸添加情况的调查. 中国国境卫生检疫杂志，2007，30（2），106-108.

[11] 王建新，周忠，王建国. 根皮素抑酪氨酸酶活性研究[J]. 香料香精化妆品，2002，2：4-5.

[12] 百度百科. 内皮素拮抗剂[EB/OL]. https://baike.baidu.com/item/内皮素拮抗剂/4395530. 2019-05-09.

[13] 谢秋玲，戴云，林剑，等. 一种海洋生物提取物的美白机理探讨[J]. 日用化学工业，2002，32（2）：85-86.

[14] 朱海琴，朱文元，范卫新. 烟酰胺在皮肤局部外用中的进展[J]. 临床皮肤科杂志，2007，36（3）：189-190.

[15] 余辉，申国庆. 烟酰胺在皮肤科的应用进展[J]. 药学与临床研究，2014，22（3）：262-265.

[16] Kimball A B，Kaczvinsky J R，Li J，et al. Reduction in the appearance of facial hyperpigmentation after use of moisturizers with a combination of topical niacinamide and *N*-acetyl glucosamine: results of a randomized，double-blind，vehicle-controlled trial[J]. British Journal of Dermatology，2010，162（2）：435-441.

[17] 施伟伟，许惠娟，贾虹. 黄褐斑研究进展[J]. 中国麻风皮肤病杂志，2010，26（1）：46.

[18] 张大维，李利. 黄褐斑治疗研究进展[J]. 现代临床医学，2008，34（5）：391.

[19] 王建青. 黄褐斑的治疗进展[J]. 中国美容医学，2012，21（2）：346-349.

第 8 章　防晒与抗光老化

紫外线（ultraviolet，UV）是指波长为 100～400nm 的电磁波。构成人体的有机分子中，原子之间以共价键相连接，这些共价键主要是 σ 键和 π 键，它们会吸收光子的能量而被破坏或切断，但吸收的必要条件是能量匹配，而紫外光子的能量正好匹配于共价键的破坏或切断[①]的能量，也就是说，紫外线具有破坏有机分子结构的作用[②]。

人的皮肤受到过量紫外线的照射，可引起多种皮肤损害，如晒伤、光老化、光致癌等。人体暴露在紫外光下，会有包括防御反应在内的一系列应激反应，例如：①产生黑色素，黑色素在表皮层吸收紫外线，可以防止紫外线进入并损伤表皮层下的真皮层；②产生维生素 D，促进钙离子的吸收；③加速血液循环、促进胶原蛋白合成等。总体来说，在人体防御系统的保护下，适量的紫外线照射有益于身体健康，但过量的紫外线或者长期的紫外线照射会带来损伤，甚至影响健康。

光老化学说指出，除基因控制的自然衰老外，紫外线是引起皮肤衰老的诸多外源性因素中最主要的因素。

8.1　不同波长紫外线的作用和防护

根据不同波长紫外线的不同作用，可以把紫外线分为 A、B、C、D 四段。

8.1.1　UVD 和 UVC

UVD 为波长 100～200nm 的紫外线，又称真空紫外线，即只能在真空中传播的紫外线（非真空状态易被吸收）。UVC 为波长 200～280nm 的紫外线，又称短波灭菌紫外线，紫外线杀菌就是使用的该段波长的紫外线。UVD 和 UVC 的波长短，光子能量高，对有机分子的破坏力很大，σ 键或孤立的 π 键都可能被它们切断。正因为它们的光子能量高，所以穿透力不强，太阳光照射到地球大气层外面，其中的高能紫外线会被臭氧层完全吸收，因此，地面上不必担心 UVD 和 UVC 的辐射。但是，在地球南极上空有臭氧空洞，处于南极地区的人需要防护 UVD 和 UVC。

---

① 共价键破坏或切断实质上是原子之间的两个成键电子之一或全部跃迁离开原子之间的成键轨道，成键电子跃迁的必要条件是跃迁需要的能量与被吸收的某个光子能量相同，这些相同能量的光子可以在紫外光找到，即共价键能吸收能量相匹配的紫外光子，导致其两个成键电子之一或全部跃迁，从而破坏或切断共价键。

② 红外线（800nm～100μm）的热作用是由于红外线光子能量与分子运动能级相匹配，分子运动吸收红外线，动能增加，温度升高；可见光（400～800nm）导致颜色产生是由于其光子能量与大共轭 π 键能级相匹配，大共轭 π 键吸收可见光形成互补色；低波长的电磁波能量很低，没有微观世界的能级与之匹配，所以只反射，不吸收；比紫外线波长更短的 X 射线和 γ 射线，也没有能级与之匹配，不吸收，但可以从分子间缝隙穿过，这就是 X 射线透视功能的原因。

8.1.2　UVB

UVB 是指波长 280～320nm 的紫外线，又称中波红斑效应紫外线，太阳光中的 UVB 仅有 2%能穿透臭氧层到达地面（到达地面的 UVB 占地面总紫外线的 5%），就是这 2%的 UVB 能在半小时到几小时内使皮肤产生红斑、水疱、褪皮，晒伤皮肤。防晒化妆品中防止该段紫外线能力大小的指数，称为防晒伤指数，用 SPF 表示。UVB 也会引起皮肤中黑色素增加，但与 UVA 相比，UVB 的量少，晒黑效应可以忽略不计。少量的 UVB 短时间照射，会促使人体矿物质代谢和产生维生素 D，促进钙的吸收。

UVB 进入皮肤，主要引起表皮和真皮浅层病变。①引起乳头层非特异的急性炎症反应，表现为毛细血管扩张，通透性增加，甚至内皮损伤，白细胞和液体渗出，血管周围出现淋巴细胞和白细胞浸润的炎症反应，毛细血管扩张是皮肤红斑形成的原因；②引起基底层液化，棘细胞层出现晒斑细胞，这些细胞周围可能出现海绵样水肿，形成空泡，即皮肤表面形成水疱；③上述症状消退后，基底层增生活跃和黑色素细胞分泌黑色素增加，原来病变的细胞层迅速褪皮脱落，皮肤变黑。

8.1.3　UVA

UVA 是指波长 320～400nm 的紫外线，又称长波黑斑效应紫外线，太阳光中的 UVA 有 98%能穿透臭氧层和大气层到达地面，该段紫外线数量多、穿透力强，是引起角质形成细胞产生内皮素，激活黑色素细胞并晒黑皮肤的主要原因。防晒化妆品中防止该段紫外线能力大小的指数，称为防晒黑指数，一般用 PA 表示，欧美防晒化妆品用 PPD 表示防晒黑指数，但欧美人以皮肤古铜色为美，不注重皮肤防晒黑，PPD 并没有广泛应用，即使在东亚销售的欧美化妆品，大多也采用 PA 表示防晒黑指数。

UVA 波长长、光子能量较低、被吸收概率较小、穿透力强，如果没有防护，能深入到达真皮深层，诱发自由基生成，抑制胶原蛋白和透明质酸形成，引起胶原纤维缓慢交联，损伤 DNA，损伤血管壁并使之失去弹性。与 UVB 引起的急性病变不同，UVA 在表皮层一般仅激活黑色素细胞，使皮肤变黑，在真皮层引起的变化也十分缓慢，这种缓慢变化就是光老化。

8.1.4　UVA 和 UVB 的防护及在防晒化妆品中的应用

1. UVA 和 UVB 的防护原理

UVA 和 UVB 进入皮肤都会引起皮肤的病变和防御性反应，必须把它们阻隔于皮肤外。日常生活中，皮肤暴露在阳光下，有衣物遮挡部分的皮肤不会晒黑，这说明物理遮挡紫外线，如撑一把防紫外线的伞，不让太阳光中的紫外线直射皮肤，是最有效的紫外线防护方式。

但炎热的夏天不可能穿太多衣物，撑伞也很麻烦，在皮肤表面涂抹阻隔紫外线的涂层十分必要。

涂抹在皮肤表面的化妆品涂层的厚度一般小于 $100\mu m$，对可见光和紫外线都是透明的，要使这薄薄的涂层阻隔紫外线，可以有两种方式，即在涂层中添加紫外线吸收剂，在紫外线穿透涂层时吸收紫外线，或者在涂层中添加 $0.5\sim5\mu m$ 无机粒子，使涂层不透明，并反射紫外线。后者一般称为物理防晒，实质就是彩妆化妆品无机粒子遮瑕，常见的无机粒子有二氧化钛、氧化锌、碳酸钙等。

物理防晒需要添加无机粒子，但在化妆品中无机粒子的添加量不能无限增加，在如此薄的涂层内，不可能实现紫外线完全反射，宣称物理防晒的化妆品总是要添加紫外线吸收剂；物理防晒化妆品涂在皮肤上，等同于给皮肤化妆，我们的皮肤需要防晒的部分不仅有面部，还有其他部分，不可能都化上厚厚的妆。基于上述两点，商家宣传的物理防晒化妆品，仅为宣传广告的噱头，物理反射紫外线防晒仅是紫外线吸收防晒的辅助和补充。

2. 化妆品用紫外线吸收剂

防晒化妆品中使用的紫外线吸收剂又称防晒剂，在 2015 年版《化妆品安全技术规范》中，准用防晒剂共 27 种，见表 8-1。

表 8-1　我国化妆品准用防晒剂、最大允许浓度和类别

序号	防晒剂名称	最大允许浓度	类别
1	3-亚苄基樟脑	2%	樟脑类
2	4-甲基苄亚基樟脑	4%	
3	聚丙烯酰胺甲基亚苄基樟脑	6%	
4	亚苄基樟脑磺酸及其盐类	总量6%（以酸计）	
5	对苯二亚甲基二樟脑磺酸及其盐类	总量10%（以酸计）	
6	樟脑苯扎铵甲基硫酸盐	6%	
7	二苯酮-3	10%	二苯酮类
8	二苯酮-4、二苯酮-5	总量5%（以酸计）	
9	水杨酸乙基己酯	5%	水杨酸类
10	胡莫柳酯	10%	
11	二乙氨基羟苯甲酰基苯甲酸己酯	10%	苯甲酸类
12	二甲基 PABA 乙基己酯	8%	
13	PEG-25 对氨基苯甲酸	10%	
14	二乙基己基丁酰胺基三嗪酮	10%	三嗪类
15	乙基己基三嗪酮	5%	
16	双-乙基己氧苯酚甲氧苯基三嗪	10%	
17	亚甲基双-苯并三唑基四甲基丁基酚	10%	苯唑类
18	苯基苯并咪唑磺酸及其钾、钠和三乙醇胺盐	总量8%（以酸计）	
19	苯基二苯并咪唑四磺酸酯二钠	10%（以酸计）	

序号	防晒剂名称	最大允许浓度	类别
20	聚硅氧烷-15	10%	硅氧烷类
21	甲酚曲唑三硅氧烷	15%	
22	甲氧基肉桂酸乙基己酯	10%	肉桂酸酯类
23	对甲氧基肉桂酸异戊酯	10%	
24	奥克立林	10%（以酸计）	
25	丁基甲氧基二苯甲酰基甲烷	5%	
26	二氧化钛	25%	无机类
27	氧化锌	25%	

表 8-1 中各类防晒剂，最大允许浓度越高，其安全边际越大，各类有机防晒剂都有自身特点[1-3]。

1）樟脑类防晒剂

樟脑类防晒剂一般为 UVB 吸收剂，光热稳定性好，皮肤几乎不吸收，因此刺激性小，中国批准了六种，但由于有潜在安全风险，如 3-亚苄基樟脑，会干扰人体内分泌，特别是影响生育问题，美国食品和药品监督管理局未批准任何一种。

2）二苯酮类防晒剂

二苯酮类防晒剂为广谱紫外线吸收剂，UVA 和 UVB 均能吸收，光热稳定性好，但该类防晒剂是潜在的雌性激素干扰物，易诱发光敏反应，而且易被皮肤吸收，有大量接触性过敏的报道，欧盟在 2017 年 2 月，把二苯酮-3 作为 UV 防晒剂在化妆品中允许的最大使用浓度，从 10% 降至 6%，中国仍为 10%。

3）水杨酸类防晒剂

水杨酸类防晒剂为 UVB 吸收剂，紫外线吸收率不高，吸收波长范围窄，但较稳定，不易被皮肤吸收，能提高一些防晒剂的溶解度，常用于复配。

4）苯甲酸类防晒剂

苯甲酸类防晒剂部分为 UVA 吸收剂，部分为 UVB 吸收剂，对皮肤刺激性很大，高浓度时对大脑和神经系统有影响。

5）三嗪类防晒剂

三嗪类防晒剂中，乙基己基三嗪酮为 UVA 吸收剂，日本、中国、澳大利亚、欧盟均批准使用，因可能对水环境造成影响，美国未批准；双-乙基己氧苯酚甲氧苯基三嗪是一种新型的广谱防晒剂，能同时吸收 UVA 和 UVB，属于油溶性化学防晒剂，已经证实其具有光稳定性，不具备雌性激素活性，其他各项研究尚不充分，中国和欧盟均批准了这种防晒剂；二乙基己基丁酰胺基三嗪酮是 UVA 防晒剂，目前的研究证明该防晒剂对人体无毒、不会致癌，尚不能完全确定其安全性，中国、欧盟、澳大利亚和日本都允许使用。

6）苯唑类防晒剂

苯唑类防晒剂中，苯基苯丙咪唑磺酸盐类属 UVB 吸收剂，水溶性防晒剂，在阳光下会产生自由基，损伤皮肤 DNA 甚至致癌；苯基二苯并咪唑四磺酸酯二钠是 UVA 吸收剂。

7）硅氧烷类防晒剂

硅氧烷类防晒剂是 UVB 和 UVA 吸收剂，对皮肤较安全，可能对水环境有影响。中国、澳大利亚、日本批准使用，但美国禁用。

8）肉桂酸酯类防晒剂

肉桂酸酯类防晒剂是 UVB 吸收剂，油溶性防晒剂，对皮肤的刺激性小，动物试验中观察到其对雌性激素有影响。

9）奥克立林

奥克立林又称欧托奎雷，是较为新型的防晒成分，油溶性防晒剂，UVA 和 UVB 吸收剂，在防晒霜中经常搭配其他防晒剂一起使用，能达到较高的 SPF，但阳光下会释放出氧自由基。

10）丁基甲氧基二苯甲酰基甲烷

丁基甲氧基二苯甲酰基甲烷属甲烷衍生物，又称 Parsol 1789，是高效的 UVA 吸收剂，易导致皮肤过敏，光稳定性不高，阳光下防晒能力下降较快。

11）无机防晒剂

无机防晒剂二氧化钛和氧化锌可分成纳米和微米级。

（1）微米级二氧化钛和氧化锌。微米级二氧化钛和氧化锌添加在化妆品中，通过物理散射和反射紫外线防晒，对波长较长的 UVA 更有效，当这些无机粒子达到 5% 的浓度时，几乎可以完全阻隔 UVA，但添加这些无机粒子的化妆品涂在皮肤上，相当于化妆，其高吸油和吸水性会导致皮肤干燥脱皮，阻塞毛孔，使皮肤发白，有不适感。皮肤需要防晒的部分不一定都适合化妆，而且受限于化妆品剂型，不可能无限提高无机粒子浓度，物理防晒只能作为化学防晒补充。

（2）纳米级二氧化钛和氧化锌。纳米级二氧化钛和氧化锌一般是指粒子直径为 10～100nm 的二氧化钛和氧化锌。因粒子表面有众多未成键原子轨道，电子在未成键原子轨道中跃迁可以吸收紫外线，纳米级的粒子比微米级的粒子比表面积增加上千倍，粒子表面对紫外线的吸收率也相应上千倍增加，所以纳米级二氧化钛和氧化锌实际是很好的广谱紫外线吸收剂，对 UVA 和 UVB 都有极好的防护作用。

在防晒化妆品中添加纳米二氧化钛或氧化锌，化妆品涂层透明①，皮肤保持本色，稳定性非常高，不再有微米无机粒子的缺点。但纳米无机粒子粒径可能小于角质细胞间隙的宽度，有穿过角质层进入人体内的可能性，给人体带来潜在的安全风险[4,5]，特别是纳米二氧化钛在紫外线下可能产生大量自由基，损伤表皮细胞[6]；纳米氧化锌在人体内可能引起细胞 DNA 损伤，肺、肝脏组织损伤，出现贫血和胰腺炎[7]。

一些具有吸收紫外线功能而且安全无毒的成分，如维生素 C、维生素 A、虾青素、曲酸等未出现在国家准用防晒剂名单中，是因为这些物质总是存在各种不适用于防晒剂的缺陷，如紫外线吸收度低、易分解、紫外线吸收波段太窄等。但是，它们无安全

---

① 在液态分散体系中，分散在其中的粒子直径越大，粒子散射光线越多，透过的光线越少；分散在其中的粒子直径越小，粒子散射光线越少，透过光线越多。当粒子直径在 100nm 左右时，为胶体颗粒，光线部分散射，部分穿透，所以可以看到胶体的丁铎尔现象；当粒子直径小于 100nm 时，分散体系变成溶液，光线只穿透而不散射；当粒子直径大于 100nm 时，分散体系变得越来越不透明；500nm 以上，几乎完全不透明，彩妆遮瑕和物理防晒就是基于这个原理。

忧虑，聊胜于无，用于短时间防晒、低紫外线指数下的防晒是可以的，事实上，日常生活中需要防晒的情景大多属于这种情况，真正需要高防晒伤指数的防晒化妆品防晒的情况不多。

儿童的皮肤娇嫩，使用普通防晒剂引起皮肤过敏概率较大，一些化妆品商家推出儿童防晒霜，使用的仍是成人用的防晒剂，所以儿童防晒霜的安全性并不会比成人的高，国家相关部门没有推出专用于儿童的防晒剂或者给出相关意见。建议儿童防晒以衣物、太阳伞等物理遮蔽防晒为主。儿童的皮肤修复恢复能力强大，黑色素代谢畅通，除 UVB 引起的急性晒伤外，缓慢的光老化损伤能及时修复，不会累积，不会有色斑沉着，而且适量紫外线照射有助于身体长高，紫外线不强烈或者太阳直晒时间不长，儿童皮肤不需要防晒，即使必须使用防晒化妆品，应做好隔离，尽量使用低防晒伤指数的化妆品。

为减少防晒剂对皮肤可能的伤害，开发新型安全的防晒剂，科技工作者们一直在努力，在天然防晒剂、高分子防晒剂、物理防晒剂、生物源防晒剂等方向取得了很多新进展[8-11]。每年报道的新型防晒剂层出不穷，各个国家食品和药品监督部门也根据防晒剂研究的最新成果，经常更新准用防晒剂目录，调整准用上限。

人体有自身的防晒系统，皮肤中的黑色素是最安全、最天然的防晒剂，应尽量减少人为对体内黑色素合成及代谢的干预。

3. 防晒化妆品

以防护紫外线为目的的化妆品称为防晒化妆品。研究表明长期使用防晒化妆品防晒，可有效延缓皮肤光老化的发生[12]，可有效防止急性光损伤。

无论是紫外线吸收防晒化妆品还是物理防晒化妆品，都是在皮肤表面起作用，所以所有防晒化妆品都属于彩妆范畴，具有彩妆的特点。

1）防晒化妆品的剂型和组成

由于防晒剂可能的危害，防晒化妆品剂型设计应减小防晒剂的可渗透性。防晒化妆品处于皮肤表面，以水为主的剂型会迅速变干，加之，绝大多数防晒剂都是油溶性的，所以防晒化妆品剂型上大多偏油、偏黏，水型、清爽型的防晒化妆品不多见。

构成防晒化妆品的成分一般为水、保湿剂、紫外线吸收剂、油或油性溶剂、乳化剂、增稠剂、防腐剂等。表 8-2 为防晒化妆品实例。

表 8-2　某品牌补水防晒凝露（SPF 25，PA++）

成分	作用
水	
甲氧基肉桂酸乙基己酯	UVB 吸收剂
甘油	保湿
$C_{12\sim15}$ 醇苯甲酸酯	油性溶剂
水杨酸乙基己酯	UVB 吸收剂
二苯酮-3	UVA 和 UVB 吸收剂

续表

成分	作用
鲸蜡硬脂醇	稳定乳化体系
鲸蜡硬脂醇聚醚-6	乳化剂
鲸蜡硬脂醇聚醚-25	乳化剂
环聚二甲基硅氧烷	润肤剂，提高反光度和光滑度
钛/二氧化钛	吸收、反射紫外线
生育酚乙酸酯	抗氧剂
黄胶原	增稠剂
羟苯甲酯	防腐剂
红没药醇	抗过敏
香精	
咪唑烷基脲	防腐剂
EDTA 二钠	pH 调节剂
羟苯丙酯	防腐剂

2）防晒化妆品的使用

（1）防晒伤指数的应用。防晒化妆品必须标明反映 UVB 防护能力大小的防晒伤指数 SPF 和反映 UVA 防护能力大小的防晒黑指数 PA。防晒伤指数越高，防晒剂添加的浓度就越高，防晒剂渗入皮肤或者皮肤受到伤害的风险就越大。美国食品药品监督管理局（FDA）的研究表明，按照推荐的最大使用剂量，涂抹防晒产品一天内，受试者血液中的所有防晒成分就都超过了 FDA 建议的 0.5ng/mL 这一血浆浓度阈值。而且随着防晒产品的重复使用，随后几天中，这些防晒成分在人体血液内的浓度持续增加，有明显的积聚效应[13]。所以，应选择适合当天情境的防晒化妆品防晒，应尽量减少防晒成分进入皮肤的概率。

$$SPF = \frac{测试产品保护下皮肤受紫外线照射产生红斑需要的时间}{未保护的皮肤受同等强度紫外线照射产生红斑需要的时间}$$

在无任何保护的情况下，一般黄种人的皮肤在太阳光照射下，紫外线强度与晒红皮肤时间关系见表 8-3。

表 8-3　紫外线强度对皮肤影响

级别	地面紫外线（280～400nm）辐射量 $E/(W/m^2)$	紫外线强度	皮肤晒红时间 T/min
1 级	$E<5$	最弱	$100<T\leq180$
2 级	$5\leq E<10$	弱	$60<T\leq100$
3 级	$10\leq E<15$	中等	$30<T\leq60$
4 级	$15\leq E<30$	强	$20<T\leq30$
5 级	$E\geq30$	很强	$T\leq20$

根据表 8-3，在最强的紫外线等级下，未被保护的黄种人皮肤晒红时间小于 20min，一般取 15min 计算防晒时间。

测试产品保护下的皮肤受紫外线照射产生红斑需要的时间就是防晒化妆品能保护皮肤的时间。根据防晒化妆品标注的 SPF 值，就可以计算出该款防晒化妆品能保护皮肤的时间。

$$防晒化妆品能保护皮肤的时间(min) = SPF 值×15$$

SPF 值为 30 的防晒化妆品能保护皮肤的时间为 7.5h，一般情况下，人一天接受太阳光直射时间不会超过 7.5h，所以 SPF 值为 30 的防晒化妆品足以保护皮肤一整天。

表 8-4 给出了不同情境下应选择多大 SPF 值的防晒化妆品。

表 8-4　SPF 值及其使用条件

SPF 值	使用条件
2～8	冬日阳光，春秋早晚阳光和阴雨天
9～20	夏日早晚和中等强度阳光
21～30	户外工作、旅游、夏日强烈阳光
>30	特定的强紫外线环境

我国的防晒化妆品中防晒黑指数一般采用日本指数 PA 表示，它与欧美指数 PPD 和防护 UVA 时间的关系见表 8-5。

表 8-5　PA、PPD、防护 UVA 时间之间的关系

日本指数 PA	欧美指数 PPD	防护 UVA 时间/h
+	2～4	2～4
++	4～8	4～8
+++	>8	>8

选择合理防晒伤指数的防晒化妆品防晒对消费者来说非常重要，但是由于化妆品生产商家的误导、消费者相关知识的缺乏、消费者选用高防晒伤指数化妆品防晒的心理，我国防晒化妆品防晒伤指数越来越高，SPF 值高达 50 的防晒化妆品比比皆是，相反，低防晒伤指数的化妆品难觅踪影。事实上，在计算防晒时间时，黄种人皮肤抵挡太阳照射时间（即未保护的皮肤受紫外线照射时产生红斑需要的时间）是选用最强紫外线条件下的抵御时间（15min），而消费者防晒时的紫外线指数一般没这么高，因此实际防护时间常比按 SPF 值计算时间长得多，所以日常防晒没必要选择高防晒伤指数的化妆品。我国 2016 年把 SPF 值高限从 30 修改到 50，一定程度上误导了消费者对防晒化妆品的选择。科学选择防晒化妆品，还需要更多的科普宣传。

（2）防晒化妆品使用注意事项。

①隔离。无论采用何种防晒剂，包括上述国家准用防晒剂都对皮肤有害，只是危害程度不同而已。为实现广谱防晒和增强防晒效果，防晒化妆品中往往要添加多种高浓度的防

晒剂，所以，使用高 SPF 值的防晒化妆品前，应先在皮肤上涂隔离霜、乳液、面霜、润肤霜等含油性物质较多的化妆品，把防晒化妆品与皮肤隔离开，防止防晒剂渗入皮肤。一些化妆品商家为了营销、使用方便等需要，推出补水保湿、营养、防晒界限模糊的产品，如防晒化妆水、防晒面霜、添加营养成分的防晒霜等，必然会增加防晒剂渗入皮肤的风险，消费者应慎用该类产品。

②涂抹量。防晒化妆品涂抹在皮肤上，需要厚度大于 20μm 才能完全阻隔紫外线，也就是说，取用 1cm³ 的化妆品涂抹面积应该小于 500cm²（或者 2mg/cm²），化妆品使用时正常地涂抹，涂抹厚度一般都大于 20μm。

③补涂。有些人爱出汗或者在阳光下游泳，应避免使用清爽、水溶性防晒化妆品，此时的防晒时间不能简单根据 SPF 值来计算，因为水分会洗去部分防晒化妆品，所以应及时补涂。

8.2 抗 光 老 化

紫外线是皮肤老化的主要外源性因素，从光老化机制上看（图 8-1），紫外线产生自由基或直接引发细胞内外的一系列损伤，这些细胞水平的变化不断积累，造成了可见的皮肤光老化特征。这些特征如下：

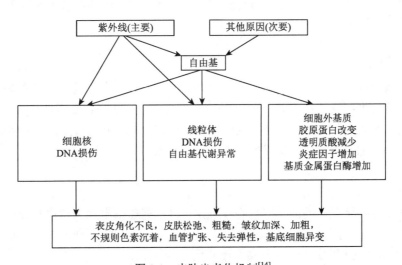

图 8-1 皮肤光老化机制[14]

（1）在真皮层中，光老化导致基膜聚糖分解，可溶性增加，从而形成大量低密度、功能退化的胶原蛋白，使真皮层明显增厚，皮肤松弛，基质金属蛋白酶加速胶原蛋白分解流失，产生皱纹。

（2）炎症因子导致毛细血管扩张、弹性降低、白细胞和液体透出，产生炎症反应。

（3）透明质酸减少导致真皮层储水能力下降，皮肤干燥，光老化使表皮层小幅度修复性增厚，严重时表皮萎缩、基底层细胞发生异质性改变，皮肤革化、变脆、变硬，甚至出现水疱。

（4）色素过度沉着，表现为肤色不均及出现斑、黑色素过少症等。

（5）朗格汉斯细胞明显减少，导致皮肤过敏反应的能力下降。

抗光老化除防止紫外线深入皮肤外，还需要增强体内抗氧化能力、激活体内自我修复能力和渗透修复皮肤损伤的针对性成分[15-18]。

8.2.1　增强抗氧化能力

在人体内，紫外线会导致产生大量自由基及具有自由基性质的活性氧，如超氧负离子自由基、羟自由基、过氧化氢等，它们大量消耗人体抗氧化系统中的抗氧化酶和抗氧化成分，使人体抗氧化能力大幅降低，过量的自由基累积造成了如图 8-1 中细胞内外的损伤。外源性补充抗氧化成分（第 6 章论述），如辅酶 Q10、维生素 E、维生素 C、硫辛酸、谷胱甘肽、石榴提取物（鞣花酸）、茶叶提取物（茶多酚）、杜仲等，可以有效降低紫外线损伤。动物和人体试验都证实了补充抗氧化成分对皮肤抗光老化的有效性[19, 20]，但见效较慢。

8.2.2　激活体内自我修复能力

通过果酸褪皮、微晶换肤或光、电刺激可以激活皮肤自我修复能力，从而修复光老化皮肤。但如果修复过程中要褪皮，而且没有注意防紫外线，紫外线会更易深入皮肤，加重皮肤光损伤。

1. 果酸褪皮

利用果酸可控的酸腐蚀性，可以剥脱表皮光老化皮肤（第 7 章），同时皮肤启动自我修复机制，成纤维细胞活性增强，分泌更多的胶原蛋白。基底细胞活性增加，表皮增厚，新产生的皮肤取代老化皮肤，可减少皮肤皱纹和色斑。果酸渗入真皮层，直接刺激也可以增加真皮乳头层的乳头数目，促使胶原和透明质酸合成。

2. 微晶换肤

微晶换肤术是将微小的晶体喷射在皮肤上，通过高速撞击除去角质和死皮。该技术可激活真皮创面修复进而增加细胞因子、Ⅰ型胶原前体 mRNA 等的表达，增加真皮乳头层厚度，改善弹性纤维和胶原纤维组成，缓解黑色素异常沉着。

3. 光、电等刺激

点阵激光、传统激光、强脉冲光、射频、超声波等均可刺激成纤维细胞合成更多的胶原蛋白，逆转表皮和真皮光老化改变，消除皮肤皱纹，使皮肤更光滑。

8.2.3　光老化皮肤的针对性修复

1. 抗炎症药物

UVB 引起皮肤红斑、水疱、褪皮等表皮和真皮浅层的急性病变，主要由炎症反应引起，皮肤科治疗也主要是以抗炎症药物如维 A 酸、糖皮质激素、阿司匹林等为主，大多药物是化妆品禁用成分，所以抗急性光损伤以皮肤科治疗为主，化妆品作用有限。

2. 人参提取物

光老化的成纤维细胞中，基质金属蛋白酶Ⅰ和Ⅲ作用明显增强，人参提取物（人参皂苷）被证实有能抑制基质金属蛋白酶Ⅰ、Ⅱ和Ⅲ的作用，从而减少了胶原蛋白被基质金属蛋白酶催化分解；人参提取物（人参皂苷）还被证实具有清除紫外线诱发的自由基的抗氧化活性、调控基因和基因产物影响细胞凋亡而保护皮肤的作用，减少脂褐素、黑色素生成作用，促进透明质酸合成作用。口服或涂抹人参提取物可以明显改善皮肤粗糙度，增大皮肤含水量，减少皱纹[21]。

3. 三七提取物

三七提取物的主要成分是人参皂苷和三七皂苷，成分构成上与人参提取物相似，所以抗光老化作用机制也与人参相似，主要是抑制基质金属蛋白酶的活性，减少胶原蛋白分解、抗氧化作用、减少基因自由基损伤作用等[22]。

4. 维 A 酸

维 A 酸又称维甲酸，是维生素 A 在人体内的代谢产物，研究证实维 A 酸能抑制基质金属蛋白酶的活性，减少光老化造成的胶原蛋白降解，并能明显促进成纤维细胞产生更多胶原蛋白；维 A 酸能明显增强基底细胞活性，修复表皮层光损伤；能明显减少皮肤的光老化引起的色素沉着；能抑制炎症因子的活性，在急性光损伤中抑制炎症反应。患者持续使用维 A 酸 6 个月，皮肤皱纹和色素都得到显著改善[23, 24]。但是，维 A 酸在皮肤上外用，可能有皮肤干燥、皮疹、肝损伤、钙流失、抑郁症等副作用，只能作为药物由医生指导使用，在 2015 版《化妆品安全技术规范》中，维 A 酸禁止添加在化妆品中。

5. 烟酰胺

烟酰胺是维生素 B_3 在体内的代谢产物。它可以通过调节多聚腺苷二磷酸核糖聚合酶和原癌基因 *P53* 的表达和功能来修复 DNA 的光损伤；通过增加皮肤中烟酰胺腺嘌呤二核苷酸、还原型烟酰胺腺嘌呤二核苷酸磷酸的水平发挥其抗光损伤和光致癌作用[25]。烟酰胺的其他作用详见第 7 章。

8.2.4 抗光老化化妆品

紫外线引起的光老化主要影响与紫外线接触的皮肤。很多抗光老化的方法实质就是皮肤护理的方法，如抗氧化、增加胶原蛋白合成、减少胶原蛋白降解、消除皮肤色斑等，很多抗光老化物质是化妆品常用的成分，如烟酰胺、人参提取物、抗氧化成分等。因此，抗光老化实质属于皮肤保养范畴，化妆品可以有很大的发挥空间。化妆品实现抗光老化的措施就是向皮肤渗透抗光老化成分，抗光老化与营养和抗衰老化妆品一样，可以通过面膜、凝胶、乳液等化妆品剂型向皮肤渗透成分来实现。

知 识 测 试

一、判断

1. 紫外线是引起衰老的诸多外源性因素中最主要的因素 （　　　）
2. UVB 主要引起表皮和真皮浅层的急性病变 （　　　）
3. UVA 对皮肤的主要作用是引起皮肤变黑，引起皮肤缓慢光老化 （　　　）
4. 物理散射、反射防晒可以替代化学紫外线吸收剂防晒 （　　　）
5. 防晒化妆品一般用几种防晒剂混合以实现广谱紫外线防晒、提高防晒能力 （　　　）
6. 黑色素是最安全、最天然的防晒剂 （　　　）
7. 纳米无机粒子防晒没有任何安全风险 （　　　）
8. 室内没有阳光直射，因此没有紫外线 （　　　）
9. 按 SPF 值计算出来的防晒时间比防晒化妆品实际防晒时间长 （　　　）
10. 某大学生上体育课，应选用 SPF 值为 30 的防晒霜防晒 （　　　）
11. 儿童专用防晒霜对皮肤没有危害 （　　　）
12. 儿童皮肤防晒应尽可能使用衣服等遮蔽防晒或使用低防晒伤指数的化妆品防晒 （　　　）
13. 防晒化妆品属于一种彩妆 （　　　）
14. 皮肤上涂抹人参提取物可以启动皮肤自我修复机制来修复光老化损伤 （　　　）
15. 烟酰胺通过抗氧化来实现抗光老化 （　　　）
16. 化妆品中可以添加维 A 酸来抗光老化 （　　　）
17. 人参提取物是化妆品经常使用的一种抗光老化和疏通微循环的成分 （　　　）
18. PA++是指某防晒化妆品可以防皮肤晒黑 4～8h （　　　）
19. 果酸褪皮后不注意保养和防护，皮肤的光老化可能加重 （　　　）
20. 射频、超声波等可以不褪皮而实现光老化修复 （　　　）

二、简答

1. 什么是防晒伤指数？什么是防晒黑指数？
2. 为什么物理防晒仅是紫外线吸收防晒的辅助和补充？
3. 为什么要选择适合情境的防晒化妆品来防晒？
4. 使用防晒化妆品有哪些注意事项？
5. 如何根据防晒伤指数计算防晒时间？
6. 谈谈如何抗光老化。

参 考 文 献

[1] 周宏飞，黄炯，寿露，等. 防晒剂研究进展[J]. 浙江师范大学学报（自然科学版），2017，40（2）：206-213.

[2] 陈文革，段希萌. 纳米化妆品及其研究进展[J]. 中国粉体技术，2007，6：41-44.

[3] 赖维，刘玮. 美容化妆品学[M]. 北京：科学出版社，2006：77-78.

[4]　陈文革，段希萌. 纳米化妆品及其研究进展[J]. 中国粉体技术，2007，6：41-44.

[5]　代静，李莉，李硕，等. 防晒剂中纳米材料管理及检测技术研究进展[J]. 日用化学品科学，2018，41（8）：36-42.

[6]　徐存英，段云彪. 纳米二氧化钛在防晒化妆品中的应用[J]. 云南化工，2004，31（3）：36-38.

[7]　张凤兰，苏哲，吴景，等. 纳米氧化锌安全性评价及化妆品法规管理现状[J]. 中国药事，2018，32（7）：983-990.

[8]　段炼. 防晒产品未来发展趋势[J]. 日用化学品科学，2009，32（7）：15-18.

[9]　于淑娟，郑玉斌，杜杰，等. 防晒剂的发展综述[J]. 日用化学工业，2005，35（4）：248-251.

[10]　刘慧民，王万绪，杨跃飞，等. 天然防晒剂的研究进展[J]. 日用化学品科学，2018，6：78-82.

[11]　程双印，黄劲松，陈岱宜，等. 防晒剂的研究进展[J]. 香料香精化妆品，2014，4：67-72.

[12]　Hughes M C，Williams G M，Baker P，et al. Sunscreen and prevention of skin aging：a randomized trial[J]. Annals of Internal Medicine，2013，158（11）：781-790.

[13]　防晒霜成分会吸收进入血液？安全吗？FDA 做了试验[EB/OL]. https://tech.sina.com.cn/d/v/2019-05-08/doc-ihvhiews 0507839. shtml. 2019-05-09.

[14]　刘少英，孟祥璟，张祥奎，等. 皮肤光老化机制及抗光老化药物[J]. 生理科学进展，2018，49（4）：265-269.

[15]　张昕，李承新. 皮肤光老化治疗进展[J]. 中国激光医学杂志，2018，27（1）：47-51.

[16]　殷花，林忠宁，朱伟. 皮肤光老化发生机制及预防[J]. 环境与职业医学，2104，31（7）：565-569.

[17]　吴斯敏，杨慧龄. 紫外线引起皮肤光老化机制及防治的研究进展[J]. 医学综述，2018，24（2）：341-346.

[18]　刘媛，李福民，廖金凤，等. 皮肤光老化机制研究进展[J]. 临床皮肤科杂志，2016，45（6）：479-481.

[19]　Prahl S，Kueper T，Biernoth T，et al. Aging skin is functionally anaerobic：importance of coenzyme Q10 for anti-aging skin care[J]. Biofactors，2008，32（12/3/4）：245-255.

[20]　Poon F，Kang S，Chien A L. Mechanisms and treatments of photoaging[J]. Photodermatol Photoimmunol Photomed，2015，31：65-74.

[21]　刘梦娜，李征永，邵亚兰，等. 人参皂苷抗皮肤光老化作用的新进展[J]. 南昌大学学报（医学版），2018，58（1）：91-95.

[22]　王鑫丽，农祥. 三七总皂苷的药理作用及其抗皮肤光老化的作用机制[J]. 皮肤病与性病，2015，37（3）：151-153.

[23]　谢启旋. 外用全反式维甲酸治疗皮肤光老化研究进展[J]. 国外医学·老年医学分册，2001，22（6）：245-247.

[24]　张良芬. 外用维生素 A 在皮肤科的重新应用[J]. 国外医学·皮肤性病学分册，2001，27（5）：301-302.

[25]　朱海琴，朱文元，范卫新. 烟酰胺在皮肤局部外用中的进展[J]. 临床皮肤科杂志，36（3）：189-190.

第9章 治疗与药妆

从化学角度看，有许多物质具有生物活性。对人体有生物活性的物质，具有成为药品或保健品的首要条件。只有经过严格的筛选、系列的动物试验、广泛的人体试验，确定其毒性可控后，这些人体活性物质才可能成为药品或保健品。用于人体的活性物质，毒性有大有小，只有那些毒性极小，小到可以当食品吃的活性物质，而且这些活性物质具有调节机体功能的作用，才可以成为保健品。药品大多有一定毒性，必须在医生指导下才能用于治疗。然而，药品与保健品的区分仍然没有严格的界限，因为有的药品毒性小、能治病，又能调节机体功能，既可当药品又可当保健品。

药妆与化妆品事实上和药品与保健品情况相似，化妆品就是皮肤的保健品。添加在化妆品中对皮肤有益的活性物质，应以调节皮肤功能为目的，毒性要小，小到不具有专业知识的普通消费者随便用、天天用都不会有问题。由于化妆品是由多组分构成的，一些可能给皮肤构成危害的成分如防腐剂等，在《化妆品安全技术规范》中都有添加上限的规定，以减小它对皮肤的危害性。

按上述药品与保健品的理解，药妆应该是医生用来治疗或调理皮肤问题的化妆品，其毒性与作用效果由医生判断，即使在《化妆品安全技术规范》中禁止添加的、可用作药品的物质，也可以在药妆中添加。但事实上不是这样，中国没有官方的药妆定义，即使被称为药妆也属于化妆品范畴，类似于特殊用途的化妆品，其添加物同样受限于《化妆品安全技术规范》。

药妆管控最严的国家也仅是把药妆作为非处方药，不需要由医生指导使用，消费者可以自由购买使用。从市场角度看，如果购买、使用化妆品还需要得到医生的许可，这种化妆品很难在激烈竞争的化妆品市场立足。那么，普通化妆品与药妆还有什么区别呢？一些文献把药妆定义为医学护肤品，是从医学的角度来解决皮肤美容问题的化妆品[1]，但是，所有化妆品中使用的功效成分，都是基于医学原理提出来的。化妆品向皮肤中渗透一些物质去解决皮肤美容问题，都是以皮肤自身结构与功能为基础。还有人把药妆看成是"介于化妆品与药品之间的功能性产品"，这种说法也不妥，因为能用于化妆品的物质、化妆品中禁用的物质、化妆品中限用的物质都有明确的规定，新增化妆品原料必须经国家食品药品监督管理局批准[2]，没有物质是介于化妆品与药品之间的。

有药妆定义的国家，其定义也不相同。美国规定，具有防晒、止汗、去屑、保湿、防龋齿功效的化妆品，都被算作药妆，当作非处方药，只能在药店买到。欧盟国家的药妆被视为一种特殊的化妆品，必须在药店销售。韩国的药妆以美白、去皱和防晒为主，在包装上与普通化妆品有区别，但是销售场所和化妆品一样。日本有专门的药妆店，除体味、除口气、防痛、防脱发、防皮肤干燥、治疗粉刺、皮肤杀菌、美白等都算作药妆。

我国国家药品监督管理局没有药妆定义和批准文号，但市场上一些进口化妆品涉及药妆，学术界、消费者、化妆品生产商在化妆品的研究、使用、设计、生产上都会若有若无地提及药妆，目前情况下，根据我国现实情况，应如何定义药妆呢？如果药妆是基于现有已使用化妆品原料名称目录来设计配方的，从添加成分上看与化妆品没有区别，而从使用目的上看，可以把以预防和治疗为目的的化妆品称为药妆。

化妆品涉及的预防和治疗主要是：防晒、美白祛斑、预防和治疗粉刺、去臭、防脱发、去疤痕等。防晒在第 8 章详述、美白祛斑在第 7 章详述、防脱发在第 12 章详述，本章主要讲述预防和治疗痤疮、去臭、去疤痕。为全面概述预防和治疗物质，本章涉及的某些物质可能超出化妆品原料范畴。

9.1　预防和治疗痤疮

痤疮又称粉刺、青春痘，多发于青少年，孕妇因雄性激素水平升高也可能长粉刺。治疗痤疮，主要是皮肤科医生的工作，化妆品的主要工作是前期通过清洁、控油等措施进行预防。一些外用涂抹的药物，如果是化妆品准用物质，剂型上适合于化妆品，则可以用于预防和治疗痤疮的药妆。

9.1.1　痤疮产生的原因

皮脂腺处于毛囊内，是雄性激素的靶器官，主要功能是分泌皮脂。当体内雄性激素水平升高时，皮脂腺分泌皮脂增多，同时雄性激素还会导致毛囊内导管出现异常的过度角化，毛囊内导管变窄，脱落的角质细胞片与皮脂一起积聚在毛囊开口部位。皮脂的主要成分甘油三酯含有碳碳双键，如果不能及时清洁除去，毛孔开口处的皮脂与空气长时间接触，会干化①变黏，与脱落的角质细胞片一起形成黑头或栓塞阻塞毛孔，阻塞的毛孔中皮脂继续分泌则会撑大毛孔。如果这些皮脂不能清洁除去，长时间后就会滋生一种名叫"痤疮丙酸杆菌"的细菌（图 9-1），它分泌脂肪酶，催化水解皮脂产生脂肪酸，引起炎症和毛囊壁损伤破裂，毛囊内容物漏出进入真皮，从而进一步引起毛囊周围的炎症反应[3]，最后化脓，形成痤疮。除痤疮丙酸杆菌外，螨虫等多种微生物也会诱发毛囊炎症，形成痤疮。毛囊破损处细菌检测表明，痤疮丙酸杆菌约占总微生物的 89%[4]。

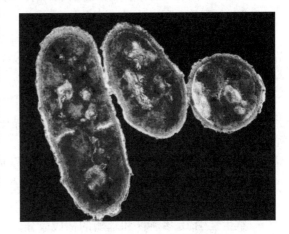

图 9-1　痤疮丙酸杆菌

9.1.2　痤疮的预防措施

面部是极易长痤疮的部位，痤疮带来的损伤很难逆转，严重影响患者容貌，不要等到

---

① 油脂中含有碳碳双键，与氧气接触后发生交联反应，使油脂变黏甚至固化，这个过程称为干化。

痤疮大面积形成才去治疗，此时痤疮已经造成了皮肤损伤。在预防和治疗痤疮上，应该以预防为主，要把痤疮扼杀在萌芽状态。大面积痤疮要经历皮肤偏油和个别痤疮形成阶段，在皮肤偏油阶段就应该引起重视并采取预防措施。痤疮形成的直接原因是皮肤偏油和毛孔阻塞，预防痤疮的措施以控油和去角质栓为主，也有方法通过防止毛囊过度角化，减少死皮生成，避免阻塞来预防。痤疮的预防措施如下：

1. 使用清洁化妆品，减少皮脂残留

及时清除皮肤表面及毛孔中的皮脂，可以防止毛孔中细菌的滋生和毛孔栓塞的形成。化妆品在清洁方面提供了多种方法（第 11 章），包括一些针对毛孔的清洁方法，并设计有专门用于清洁控油的化妆品，一旦发现皮肤偏油或者有个别痤疮形成，就应使用清洁控油型化妆品彻底清洁皮肤。为了彻底清洁皮肤上和毛孔中残余的皮脂，在使用清洁化妆品时，超声振荡、酶素水解等一些措施可辅助增强清洁功效。

2. 抑制皮脂的分泌

皮脂的过度分泌是长痘的直接诱因，抑制皮脂过度分泌，是改善皮肤偏油的重要措施。一些研究证实，低热量的食物如水果、蔬菜可以降低皮脂分泌。口服或外用一些皮脂分泌抑制剂也能有效减少皮脂分泌。常见用于抑制皮脂分泌的物质主要有：丹参酮、大豆异黄酮、根皮素、维生素 B_6，还有报道维生素 B_3、生物素、南瓜素、锌、维生素 B_5 等都有抑制皮脂分泌的作用[5]。化妆品只能通过皮肤渗透的方式给药，在抑制皮脂分泌上，药物大多是口服，因此即使药妆也少见抑制皮脂分泌功效。

1）丹参酮

丹参酮可以直接抑制皮脂腺细胞增殖、抑制脂质合成、降低皮脂细胞的雄性激素受体活性，从而抑制皮脂分泌。报道的丹参酮抑制皮脂分泌多是通过口服方式[6, 7]。

2）大豆异黄酮

大豆异黄酮作为植物雌性激素，比人体雌性激素的作用弱，它可以与雌性激素受体结合，当体内雌性激素弱时，是雌性激素的增效剂，当体内雌性激素强时，是雌性激素拮抗剂，因而具有雌性激素和抗雌性激素双重作用。研究证明，它具有抑制皮脂分泌的作用。大豆异黄酮除具有植物雌性激素作用外，还具有促进胶原蛋白合成、抑制胶原蛋白降解、抑制毛发生长的作用（详见第 6 章），化妆品中常见添加含有异黄酮的大豆提取物。

3）根皮素

根皮素能阻止糖类成分进入表皮细胞，从而抑制皮脂腺的过度分泌，用于治疗分泌旺盛型粉刺。根皮素还有抗氧化、抗糖基化、抑制酪氨酸酶活性的作用（详见第 7 章）。

4）维生素 B_6

维生素 B_6 是多种酶和辅酶的构成成分，具有抗粉刺、减少油脂分泌的作用。维生素 B_6 的衍生物吡哆素三棕榈酸酯可用于化妆品。维生素 B_6 还有抗糖基化作用（详见第 6 章）。

3. 除去角质栓

毛孔的角质栓主要成分是死亡的角化细胞、干化的皮脂。液化、分解这些阻塞毛孔的

角质细胞和干化的皮脂，可除去角质栓，疏通毛孔，如高温水蒸气熏蒸（桑拿）可能使角质栓黏合物熔化，毛孔内阻塞物自然流出从而疏通毛孔。化学方法除去角质栓主要使用的物质是：果酸及酸度相当的酸、酵素、烟酰胺、过氧化苯甲酰、白柳皮提取物等。

1）果酸及酸度相当的酸

利用酸的腐蚀性剥脱角质层，同时也除去了毛孔上的角质栓。果酸及酸度相当的酸在腐蚀皮肤速度上可控（详见第 7 章），减少了过度腐蚀带来的皮肤伤害。常用来除角质栓的酸，如维 A 酸、水杨酸、壬二酸，它们还兼具杀灭痤疮丙酸杆菌等细菌的功效。

2）酵素

酵素可以催化分解不溶于水的蛋白质、脂肪，形成水溶性物质，特别是与酸共同作用，大大提高水解效率。阻塞毛孔的角质栓的主要成分是油脂和角蛋白，可被酵素分解除去。化妆品中应用较多的酵素是木瓜酵素。

3）烟酰胺

烟酰胺的前体是维生素 B_3，在人体内有多种生理活性（详见第 7 章），常用于各种化妆品中。烟酰胺剥脱角质，是通过生成烟酰胺腺嘌呤二核苷酸磷酸进行的，不增加皮肤酸度，适用于敏感型皮肤除去角质栓。

4）过氧化苯甲酰

过氧化苯甲酰是一种强氧化剂，它可以溶解角质，同时兼具杀菌、消炎作用。

5）白柳皮提取物

白柳是传统治疗痤疮和银屑病的中药，主要含有鞣酸和类黄酮成分，它能促进角质层脱落，除去角质栓，并兼具消炎作用。

4. 防止毛囊上皮细胞过度角化

毛囊内的导管异常的过度角化，致使导管口径变小，脱落的死亡角化细胞与黏化、固化的皮脂一起阻塞毛囊的开口处，形成角质栓塞。使毛囊内上皮组织细胞更新恢复正常，可降低毛囊开口处被角化细胞阻塞概率。锌（硫酸锌、葡萄糖酸锌、甘草酸锌、吡啶硫酮锌）、维生素 A 等具有防止毛囊上皮细胞过度角化的作用。

5. 痤疮皮肤注意事项

1）避免使用含油脂、无机粉体的化妆品

偏油的皮肤本来油脂过剩，再使用诸如润肤、彩妆、防晒、乳液等油脂含量高的化妆品，将使皮肤更油。而且，彩妆中的无机粉体进入毛孔[①]，使毛孔更加阻塞。如果必须使用这些化妆品，应选用标有"不导致痤疮"的产品。这些产品使用的油脂为饱和油脂，不易固化、不易酸败变质，如三癸酸甘油酯、三辛酸甘油酯。

一些精油化妆品也能用于去痘，而不用担心加重皮肤偏油，因为涂抹在皮肤上的精油，不久就会洗去，精油中不但添加有预防和治疗痤疮的功效成分，而且精油自身也可以溶解皮肤上干化变黏的油脂，起清洁作用。而润肤、彩妆、防晒、乳液等化妆品的状态不

---

① 毛孔的直径为 20～50μm，而彩妆中无机粒子直径为 0.5～5μm，所以这些无机粒子极易进入并阻塞毛孔。

是液体，不能溶解清除皮肤上干化变黏的油脂，也就不能起清洁作用，相反，其中的油脂长时间停留在皮肤上干化，可能成为阻塞毛孔的角质栓中的一部分。

2）注意防晒、保湿

紫外线不仅使皮脂分泌增多，而且会加速皮脂干化，从而诱发痤疮。因此，偏油型皮肤要特别注意防晒。防晒化妆品大多偏油，使用防晒化妆品应尽量选择清爽少油型，最好是标有"不导致痤疮"的产品或者直接用遮阳伞防晒。

治疗痤疮过程中，去除角质栓的同时会使角质层变薄、使皮肤保湿能力变差，造成皮肤既油又干，做好保湿，可提高治疗痤疮的依从性，降低不适感。在选用保湿化妆品上，应避免选用含油脂多的润肤化妆品。

3）不要挤压痤疮

痤疮是毛囊破损引起的毛囊周围炎症，在不能正确判断痤疮成熟程度的情况下，随意挤压会进一步加重毛囊破损及其内容物溢出，从而加重炎症，使真皮层受到的伤害加重，从而导致痤疮痊愈后留下痘坑和色斑。

4）收敛皮肤的异议

偏油皮肤因毛孔阻塞，皮脂会撑大毛孔。毛孔粗大治疗要先抑制油脂分泌和疏通毛孔，解决该问题后，如果毛孔周围胶原蛋白修复良好，毛孔自然缩小。一些成分如乙醇、金缕梅提取物，可以通过蛋白凝聚方式暂时性收缩毛孔，收敛皮肤，并不能真正解决毛孔粗大问题。

9.1.3 痤疮的治疗措施

已经长痤疮的皮肤，需要尽快杀灭毛囊中滋生的细菌，消除炎症，同时还需要进一步采取措施预防痤疮扩散。本阶段治疗或预防多是皮肤外用药物，一些具有预防和治疗痤疮的药妆也常被采用。

抑菌可有效防止皮脂分解成脂肪酸，防止毛囊壁损伤、炎症发生。很多物质都具有抑制毛囊中细菌滋生的作用，用于辅助预防和治疗痤疮。这些物质主要是：硫黄、辛酰基甘氨酸、过氧化苯甲酰、辣椒素、蜂胶、丁香、青蒿挥发油、迷迭香、茶树油、飞燕草素等。

9.1.4 痘印的修复

长痤疮的皮肤，已经形成了对皮肤的实质伤害，痤疮痊愈后，一般会留下红色痘印，消炎不及时或者挤压过的痤疮会留下痘坑[8]。

1. 痘坑的修复

痘坑主要是炎症消除不及时伤害真皮层造成的，自然修复痘坑十分漫长，药物或化妆品方法效果不好，能采用的办法主要是果酸换肤法、填充法和激光磨皮法[9]。

1）果酸换肤法

高浓度果酸剥脱角质层，加快表皮细胞的更新速度，促进真皮层内弹性纤维增生，多次治疗后能改善痘坑和毛孔粗大[10]。该法适用于较浅的痘坑治疗。

2）填充法

对于较深的凹坑，可以用注射植入物（如胶原蛋白、透明质酸、脂肪）的方法，使得凹陷部分隆起，从而与周围皮肤组织保持平整。

3）激光磨皮法

可以根据痘坑深浅做激光磨皮手术，即使较深的痘坑，几次即可见效，但是激光磨皮伤口较大，需配合术后保养，如果术后保养没做好，皮肤可能泛红、发黑。

2. 红色痘印的修复

红色痘印是由淤塞、扩张并失去弹性的毛细血管聚集形成的。在该部位色素代谢不畅，色素沉着会导致痘印颜色越来越深。自然修复红色、黑色痘印需要很长时间，有些人终身难愈。

药物或化妆品方法主要是防止该部位黑色素沉积，疏通该部位微循环、促使胶原生成，见效很慢，仅为治疗痘印的辅助疗法。激光手术或果酸褪皮方法效果较好。

9.2　去　　臭

体臭是指汗腺分泌的汗液有特殊气味或汗液被分解释放出来的臭味。每个人都有其特殊气味，只有气味过于浓烈，令人生厌，才形成体臭。由汗液带出来的蛋白质、油脂等，并没有强烈的挥发性，出汗形成的汗臭味并不浓烈，易通过清洗等方式除去，但是如果这些物质被细菌分解成小分子、挥发性更强的物质，就可能形成强烈的臭味。人体最易出现臭味的部位是腋下和脚底，是除臭化妆品最常使用的部位。其他潮湿部位，如肚脐、肛门、包皮等，易滋生细菌，也会产生气味，但这些部位隐蔽，气味不太浓烈，不会影响社交，所以没有受到人们的特别关注。

体臭只是气味令人生厌，对人体健康不会有任何影响，但是它会影响集体和社交活动，体臭者会产生自卑感。使用去臭类化妆品是消除体臭的有效方式之一，有药妆定义的国家，几乎都把去臭化妆品归为药妆。

出汗和细菌对汗液带出的物质的分解是体臭产生的主要原因，因此去臭化妆品是以抑汗和抑菌为基础，还可能加入除臭剂反应臭味分子、香精掩蔽臭味、吸附剂吸附臭味。针对不是很严重的体臭，去臭化妆品可以发挥很大的作用，严重的体臭需要结合激光手术治疗。

1. 抑汗

抑汗是治疗体臭的主要方法之一，常用的抑汗剂主要是铝盐，铝与汗水作用生成凝胶状氢氧化铝，阻塞汗管以降低汗液分泌。使用该类抑汗剂，不必要担心汗管长期阻塞，水洗可以轻易溶解除去这些阻塞物。碱式氯化铝、甘氨酸铝锆、沸石铝复合物等低刺激铝盐是去臭化妆品的首选。尿囊素碱、锆盐、钒的氯化物、铟的氯化物、钛的乳酸铵盐、戊二醛、三氯乙酸、丙烯酸共聚物、丙烯酰胺共聚物、丙烯酸酯共聚物等都被报道能用于抑制汗液分泌。

2. 抑菌

导致产生体臭的细菌主要是亲脂性假白喉菌和表皮葡萄球菌。抑制这些细菌对脂肪、蛋白质的分解就不会产生易挥发、有浓烈臭味的小分子成分。常用的抑菌剂主要有硼酸、六氯酚、三氯生、吡啶硫酸锌等。

3. 除臭

体臭的主要气味源于细菌分解产生的小分子脂肪酸，锌盐可以与这些脂肪酸生成无臭味的脂肪酸锌，从而除去臭味，常用的锌盐有氧化锌尼龙粉、硫酸锌、蓖麻酸锌等。

4. 掩蔽臭味

经过抑汗、抑菌、除臭等措施，体臭味大大降低，可以添加更浓的香味来掩蔽剩余臭味。掩蔽臭味是去臭化妆品去臭的辅助措施，多用于腋下除臭化妆品。

5. 吸附臭味

活性炭等物质具有极强的吸附作用，轻微的臭味可以被它吸附除去。活性炭吸附臭味的方法多用于脚部。

9.3　去　疤　痕

疤痕是创伤修复的必然结果。当伤口深达真皮层及以下，伤口切断了正常的胶原网状结构、毛细血管、神经等，为了愈合伤口，伤口部位成纤维细胞大量增殖，产生大量胶原蛋白沉积于伤口部位，增强伤口部位的黏合强度，形成纤维蛋白替代组织，这个部分与正常的皮肤组织有明显的不同，即产生了疤痕。

去疤痕主要在瘢痕形成前期未成熟阶段进行预防，即在伤口刚愈合后立即进行，过早使用去疤痕措施会减缓伤口愈合，过晚使用去疤痕措施，瘢痕已经形成，就很难去除。阻止瘢痕的形成，需要尽量去除各种造成瘢痕增生的因素，减少瘢痕的生长，预防瘢痕对机体造成的各种畸形和功能障碍。伤口愈合后，如何防止伤口部位成纤维细胞的大量增殖，是医学界的一大难题。为缓解疤痕，有许多非药物方法，如手术、激光治疗、微等离子体治疗、压迫治疗、冷冻治疗等。目前还没有药物能完全消除疤痕，只能最大程度地改善[11]，常见去疤痕药物[12]主要是：积雪草提取物、干扰素、细菌胶原酶、肾上腺皮质激素、维A酸、秋水仙碱、抗组胺药物、硅酮、A型肉毒素、维生素、肝素钠、尿囊素等。

去疤痕的有些药物可能不在已使用化妆品原料名称目录中，因此国外去疤痕化妆品大多归于药妆。化妆品去疤痕一般只能在抑制伤口部位成纤维细胞异常增殖、防止色素沉积、软化瘢痕组织、增强疤痕部位新陈代谢等方面做一些辅助工作。常见去疤痕的化妆品成分有以下几种。

1. 积雪草提取物

积雪草提取物主要是通过抑制瘢痕处成纤维细胞的大量增殖，从而抑制胶原蛋白合成，同时还有促进局部伤口愈合及松解组织粘连等作用，以达到软化、缩小以及消除瘢痕的目的。

2. 肝素钠

肝素钠通过抗凝血作用，改善疤痕部位的微循环，来增强疤痕部位新陈代谢，加速疤痕萎缩，减少色素沉积。肝素钠常与尿囊素联合使用来去除疤痕。

3. 维生素

维生素 E 可短期预防增生性瘢痕和瘢痕疙瘩的形成；维生素 C 可以消除沉积的黑色素；维生素 A 在体内代谢为维 A 酸起到去疤痕作用。

4. 尿囊素

尿囊素通过抗炎症、抗过敏、抗增生及促进组织水合的作用，并松解胶原结构（软化疤痕）来去除疤痕。尿囊素一般与肝素钠联合使用。

5. 硅酮

硅酮又称硅油、硅氧烷，能够改善瘢痕质地，使其变软，并且改变瘢痕颜色，使其接近正常皮肤组织，同时使瘢痕变薄，体积变小，改善痛痒等症状，另外该物质还具有便于使用、无侵入和无明显不良反应的优势，它既为临床药物，又用作化妆品原料。硅酮治疗是预防和治疗瘢痕的常规方法。除用于去疤痕外，化妆品常用硅油类物质改善皮肤反光度和光滑度。

知 识 测 试

一、判断

1. 可以在我国生产和销售药妆（　　　）
2. 国外的药妆化妆品需要医生处方才能使用（　　　）
3. 痤疮主要发生于成年人（　　　）
4. 体内雄性激素水平升高是导致皮肤偏油的主要原因（　　　）
5. 毛孔开口处形成的角质栓主要成分是干化的皮脂和死皮（　　　）
6. 偏油的皮肤总是偏碱性（　　　）
7. 化妆品预防痤疮的主要方法是清洁控油和去除角质栓（　　　）
8. 在预防和治疗痤疮上，应该以预防为主（　　　）
9. 皮肤长有痤疮影响美观，可使用 BB 霜遮住痤疮（　　　）
10. 烟酰胺用于治疗痤疮的原理主要是剥脱角质同时去除毛孔角质栓（　　　）
11. 大豆异黄酮用于治疗痤疮的原理主要是抑制皮脂分泌（　　　）
12. 痤疮化脓了，应挤压除去毛孔栓和毛孔中的皮脂（　　　）
13. 痤疮皮肤较干燥，应多涂润肤霜防止皮肤干燥（　　　）

14. 锌和维生素 A 能防止毛囊上皮细胞过度角化（　　）

15. 精油去痘会加重皮肤偏油（　　）

16. 使用乙醇、金缕梅提取物收缩毛孔可治愈毛孔粗大（　　）

17. 长痤疮的皮肤抑菌可防止皮脂分解成脂肪酸，防止毛囊壁损伤，防止炎症发生（　　）

18. 痤疮消炎不及时或者被挤压会导致痤疮痊愈后留下痘坑（　　）

19. 果酸剥脱角质层会使痘坑深度增加（　　）

20. 红色痘印颜色会随时间推移逐渐加深（　　）

21. 体臭是指汗腺分泌的汗液有特殊气味或汗液被分解放出来的臭味（　　）

22. 强烈的体臭是油脂等被细菌分解成小分子、挥发性更强的物质造成的（　　）

23. 去臭化妆品的去臭方法主要是抑汗、抑菌、加入除臭剂反应臭味分子、加入香精掩蔽臭味、加入吸附剂吸附臭味（　　）

24. 锌盐的除臭原理是与产生臭味的分子反应降低其挥发性（　　）

25. 铝盐通过抑制汗液分泌来除臭（　　）

26. 可用活性炭吸附脚臭（　　）

27. 导致产生体臭的细菌主要是亲脂性假白喉菌和表皮葡萄球菌（　　）

28. 疤痕是伤口部位成纤纤维分泌大量胶原蛋白造成的（　　）

29. 好的药物可以彻底消除疤痕（　　）

30. 积雪草提取物主要是通过抑制瘢痕处成纤维细胞的大量增殖来消除疤痕（　　）

31. 尿囊素通过抗炎症、抗过敏、抗增生及促进组织水合的作用，并松解胶原结构（软化疤痕）来去除疤痕（　　）

32. 肝素钠主要通过抑制胶原蛋白合成来消除疤痕（　　）

33. 肝素钠常与尿囊素联合使用来消除疤痕（　　）

34. 去疤痕的最佳时间段是伤口刚愈合后的那段时间（　　）

二、简答

1. 痤疮是如何产生的？要如何预防和治疗？
2. 去臭化妆品除臭方法有哪些？
3. 如何去疤痕？

参 考 文 献

[1]　百度百科. 药妆[EB/OL]. https://baike.baidu.com/item/药妆/2426081?fr = aladdin. 2019-05-10.

[2]　国家食品药品监督管理局.化妆品新原料申报与审评指南（国食药监许〔2011〕207 号）[Z]. 2011-05-12.

[3]　李利. 美容化妆品学[M]. 北京：人民卫生出版社，2012：230-233.

[4]　吴赟，吉杰，张秀琳，等. 微生物在痤疮发病中的作用[J]. 中国皮肤性病学杂志，2016，30（3）：311-314.

[5]　赖维，刘玮. 美容化妆品学[M]. 北京：科学出版社，2012：70.

[6]　赖小娟，江光明，张小青. 丹参酮治疗女性迟发性痤疮的疗效及对皮脂分泌的影响[J]. 深圳中西医结合杂志，2007，17（4）：223-224.

[7]　宋韬，盛晚香，孙祥银，等. 丹参酮治疗寻常性痤疮及对皮脂分泌的影响[J]. 中国麻风皮肤病杂志，2006，22（9）：793.

[8]　张红. 增生性痤疮瘢痕的治疗进展[J]. 中国美容医学，2017，26（12）：132-135.

[9]　黄亭壹，袁定芬. 痤疮疤痕的治疗进展[J]. 应用激光，2015，35（6）：737-740.

[10]　李霞，纳猛，钟庆坤，等. 果酸活肤疗法治疗痤疮 125 例疗效观察[J]. 皮肤病与性病，2016，38（5）：352-353.

[11]　贺光照. 增生性疤痕治疗进展[J]. 重庆医科大学学报，1992，17（4）：321-324.

[12]　阎乎玲，汪炜. 治疗瘢痕的药物回顾和进展[J]. 中国医学文摘，2015，32（1）：41-43.

第10章 彩　妆

彩妆是指在脸部、眼部、唇部、指甲的表面，用赋予色彩、修整肤色、遮蔽缺陷、增加立体感等手段来美化形象的化妆品。

10.1　彩妆的成分

为了方便美化形象，彩妆有膏、悬浮体、粉、棒、笔等多种形态，构成这些形态的成分除水、保湿成分和防腐剂外，一般是油性成分、无机粉体、有色颜料、珠光颜料、增稠剂。因为彩妆的设计目的是在皮肤、指甲表面美化形象，只停留在皮肤表面，不向皮肤渗透成分，所以，彩妆中一般不添加需要渗入皮肤的营养成分，不良化妆品厂商也没有故意添加有害成分的动机。彩妆在皮肤表面起作用，所以其构成成分对普通消费者来说不重要，适合、好用就行，普通消费者没必要过多关注它的组成，彩妆配方也未纳入本章内容。但是，一些彩妆中原料本身有害或原料不合格引入的有害成分需要引起消费者重视。

10.1.1　油性成分

许多彩妆中都添加一些不溶于水，处于液态、半固态或固态的基质油性原料，它们主要是甘油三酯、烷烃和蜡。它们起着黏附无机粉体、润滑皮肤、溶解颜料、提高反光度、赋形等作用。一些不溶于水的溶剂添加是用于助溶和增强延展性，一些硅油类成分添加是用于提高皮肤光滑度和反光度。

1. 甘油三酯

氢化油脂比一般甘油三酯有较高的黏稠度、凝固点和稳定性，更适合在彩妆中使用，所以，彩妆中使用的甘油三酯多为氢化油脂。常见的有氢化大豆油、氢化椰子油、氢化牛脂、氢化蓖麻油，它们在彩妆中起着溶解、润肤保湿、黏附等作用。

2. 烷烃

彩妆中的烷烃一般是石油化工产物，常用的液态烷烃主要是液体石蜡，常用的半固态烷烃主要是凡士林，它们主要在皮肤表面起润肤保湿、溶解等作用。常用的固态烷烃主要是石蜡、地蜡（微晶蜡），主要用于一些棒状、笔状等彩妆中赋形和提高反光性。

3. 蜡

从化学结构上看，蜡是高级脂肪酸与高级醇形成的酯，多为天然产物。彩妆化妆品中常用的液态蜡主要是洋毛脂和霍霍巴蜡，主要用于润肤；彩妆化妆品中常用的固体蜡主要是蜂蜡、虫蜡、棕榈蜡，主要用于赋形、改善肤感、提高反光性等。石蜡、地蜡、鲸蜡醇①由于物质性质像蜡而称为蜡，实际上与普通天然蜡在化学结构上有本质区别，前两者是烷烃，后者是脂肪醇。

4. 非水溶剂

非水溶剂可以增加油脂、蜡、烷烃等油性成分的互溶性，增加化妆品涂抹时的延展性，常用的非水溶剂有肉豆蔻酸（十四酸）异丙酯、棕榈酸（十六酸）异丙酯等。非水溶剂一般都有较强的渗透能力和很好的溶解性，可溶解破坏角质细胞间隙的脂质双分子结构，导致皮肤粗糙。

5. 硅油

硅油又称硅酮油、硅树脂、聚硅氧烷，憎水，不与其他物质反应，很稳定，无毒副作用，为无色、无味透明黏液，与其他油性成分相溶性很好。彩妆中主要用来提高相溶性、顺滑性和反光度。常见的硅油主要是二甲基硅油（挥发性硅油）、甲基苯基硅油、环状硅油（挥发性硅油）、羟基硅油、聚醚硅油和长链烷基改性硅油。

挥发性硅油可赋予化妆品快干、光滑和防污等性能；甲基苯基硅油具有吸收紫外线的功效，苯基可增强硅油与其他油类化合物的相溶性；长链烷基改性硅油具有很好的光泽度，用于增加化妆品的亮度与光泽度，且与碳基化合物具有很好的相溶性；羟基硅油可改善与化妆品其他原料的配伍性和相溶性；聚醚硅油适用于水性化妆品，与亲水性化合物具有较好的相溶性，并且具有一定的乳化效果[1]。

10.1.2 无机粉体

无机粉体一般为白色颜料，不溶于水、油或有机溶剂，耐光，耐热，不发生化学反应，十分稳定。彩妆化妆品中，无机粉体的主要作用是降低化妆品透光性，用白色来遮蔽皮肤瑕疵，同时为有色色素提供附着载体。在彩妆中添加的无机粉体粒径一般为 0.5~5μm，如果颗粒粒径大于 5μm，无机粉体难形成悬浮体，易沉淀分离，并且在皮肤表面黏附力不强，易掉妆。如果粒径小于 0.5μm，化妆品透明度增大，遮瑕能力不足。彩妆化妆品中，常用的无机粉体主要是二氧化钛、氧化锌、滑石粉、碳酸钙、碳酸镁和高岭土。

1. 二氧化钛

二氧化钛（TiO_2）又称钛白粉，是白色无臭、无刺激粉末，遮盖力很强，主要用于粉底、散粉等化妆品。二氧化钛是无机粉体中最安全、应用最广泛的成分，它的缺点是与其他成分相溶性不好。

当二氧化钛粒径低于 100nm 时，其比表面积与微米级二氧化钛相比成千百倍增加，其表

---

① 鲸蜡醇是十六醇与十八醇的混合物，又称十六十八醇。

面众多的未成键原子轨道电子跃迁可吸收紫外线，所以纳米级二氧化钛是很好的防晒剂[2]。

纳米二氧化钛可能穿透角质层进入皮肤，有一定的安全风险。从已有的研究报道看，纳米二氧化钛的常规毒性测试方法显示它不具有急性毒性，无遗传毒性，对肺、眼睛、皮肤有极低的毒性，但会产生大量自由基，导致体内氧化应激反应，加速人体衰老；纳米二氧化钛粒径越小、数量越多，细胞毒性越大[3]；纳米无机粒子进入食物链，对食物链的每一环都有极大风险，它对生态环境的污染看不见、摸不着，难分解、难破坏，几乎永远存在，所以化妆品应慎用纳米二氧化钛（第8章有同样描述）。

2. 氧化锌

氧化锌（ZnO）又称锌白，是白色、无臭、无味的非晶型粉末，其遮盖力不如钛白粉，但着色力强，有收敛和杀菌作用，常用于散粉、痱子粉等粉质化妆品。

氧化锌是从闪锌矿中提炼而得的，而闪锌矿总是与方铅矿共生，闪锌矿中总是含有有害元素铅、镉、铊等，因此使用不合格的氧化锌，可能导致铅、镉、铊等有害元素超标。

纳米氧化锌是很好的紫外线吸收剂，可用于防晒化妆品，但纳米氧化锌进入人体带来的毒害性不容忽视，它在人体内可能引起细胞DNA损伤，肺、肝脏组织损伤，出现贫血和胰腺炎[4]（第8章有同样描述）。

3. 滑石粉

滑石粉是含水硅酸镁（$3MgO·4SiO_2·2H_2O$），极易粉碎成粉状，具有良好的伸展性及顺滑性，主要用于爽身粉、散粉类化妆品。因滑石矿与石棉矿多是伴生或共生的，一些纯度不够的工业用滑石粉原料容易混进石棉，而石棉是一种强致癌物，化妆品中不得检出，所以用于化妆品的滑石粉需要严格的检测来确保其安全性[5]。

4. 碳酸钙

碳酸钙（$CaCO_3$）颜色白，稳定，彩妆中可用于替代钛白粉。碳酸钙有直接粉碎方解石等制备的重质碳酸钙和沉淀法制备的轻质碳酸钙两种，轻质碳酸钙粒径一般为1~3μm，有较强的油脂吸附性，多用于散粉，其他彩妆中也常见使用轻质碳酸钙。

5. 碳酸镁

碳酸镁（$MgCO_3$）是白色无臭的轻质粉末，吸附性很好，多用于散粉。

6. 高岭土

高岭土[$Al_2Si_2O_5(OH)_4$]为白色粉末，对皮肤的黏附性好，对水、油都有较好的吸附性，有抑制皮脂分泌及吸汗功效，能消除滑石粉光泽。在彩妆中，高岭土是粉饼、粉底、眼影、爽身粉、散粉、腮红等各类化妆品的重要原料，也常用作DIY面膜时的增稠剂。化妆品用的高岭土粒径应为2~3μm。高岭土除颜色白外，没有护肤功效，还可能导致敏感皮肤过敏，化妆品中的铝元素主要是从高岭土引入的，人体长期摄入铝元素可能导致老年痴呆。

10.1.3　有色颜料

彩妆处于化妆品最外层,直接面对阳光直射、氧气氧化,不稳定的颜料极易褪色,彩妆中使用的颜料都有很高的稳定性。从颜料分子结构看,无机颜料一般不怕紫外线、不怕氧化,稳定性比有机颜料更高。

1. 无机有色颜料

1)氧化铁

氧化铁颜料的颜色耐光、耐氧化、不易褪色、十分稳定、安全无毒害,被广泛应用于粉底、指甲油、睫毛油、唇膏、口红、化妆用笔等[6]。不同状态的氧化铁及其混合物可以获得多种颜色[7]。

(1)黄色的一水合三氧化二铁($Fe_2O_3 \cdot H_2O$)。氢氧化亚铁沉淀在不同条件下氧化可以得到由浅黄到橙色的不同颜色的颜料。

(2)红色的三氧化二铁(Fe_2O_3)。将一水合三氧化二铁($Fe_2O_3 \cdot H_2O$)在不同条件下煅烧,可得到由浅红到深红不同颜色的三氧化二铁。

(3)黑色的四氧化三铁(Fe_3O_4)。氢氧化亚铁沉淀氧化可以得到黑色的四氧化三铁。

(4)棕色的氧化铁混合物。将黄色、红色、黑色的氧化铁混合可得到棕色颜料。

2)炭黑

炭黑由木材碳化或煤烟沉积制得,很稳定,主要用于眉笔、睫毛膏。

3)氧化铬绿(Cr_2O_3)、氢氧化铬绿[$Cr(OH)_3$]

氧化铬绿、氢氧化铬绿都是十分稳定的绿色颜料,前者绿色较暗,后者绿色鲜艳。不合格的氧化铬绿可能导致铅、砷超标。

4)群青

群青的化学结构尚不清楚,有绿色到紫色各色颜料,对酸敏感,易褪色,着色力和遮盖力差,主要应用于眼影膏、睫毛膏和眉笔。

2. 有机色素

有机色素颜色是分子中大共轭π键吸收可见光区的光线而产生的互补色,分子中共轭体系极易因紫外线、氧化剂、自由基、酸碱等因素而被破坏,因此有机色素一般对光、热、酸、碱、氧气等都不稳定,易褪色。有机色素的优点在于颜色鲜艳、易溶解(色泽均匀)、不引入有害元素。有机色素种类繁多,无论是天然的有机色素还是合成的有机色素,在化妆品中应用都必须得到国家药品监督局批准。腮红中使用的色素多以有机色素为主。

3. 珠光粉

珠光粉是一类能产生珍珠般色泽效果的物质,它不同于传统的吸收可见光产生互补色的颜料，而是通过光线的多重反射和干涉来体现出珠光效果。珠光粉颗粒越大，闪烁效果越强，而对底色的遮盖力越弱；颗粒越小，对底色的遮盖力越强，光泽越柔和。使用不同的珠光粉可获得变色、银白、彩虹、珠光金、幻彩、双色等效果。口红、指甲油等彩妆化妆品通过添加珠光颜料来加强色泽效果。常用的珠光粉有：鱼鳞粉、氯氧化铋、二氧化钛-云母粉、乙二醇单硬脂酸酯等。

10.1.4　增稠剂

彩妆中总是会添加一些固体粒子，如无机粉体、珠光粉、有色颜料等，这些固体粒子悬浮在溶液中，易沉淀出来，为增加彩妆的稳定性，需要彩妆化妆品体系有一定的黏稠度和较高的密度，因此常添加一些起增稠作用的物质来增加化妆品体系的稳定性。彩妆中经常使用的增稠剂有胶原蛋白、酪蛋白、海藻酸钠、果胶、树胶、纤维素、聚乙烯醇、聚乙二醇、聚氧乙烯、卡波姆胶等。这些增稠剂既起到增加体系密度和黏稠度作用，其分子结构中往往存在羟基、羧基、氨基等能与水分子形成氢键的基团，客观上又是彩妆中或皮肤表面的保湿剂。

10.2　面 部 彩 妆

面部彩妆是指用于面部的彩妆化妆品，一般作用是在皮肤表面形成平滑覆盖，以便遮盖瑕疵，调整皮肤的颜色、光泽、质地，渲染面部轮廓。主要产品有粉底、散粉、腮红。面部彩妆基质原料相对透明，只有添加了不溶的无机粉体，才具有遮瑕效果。

1. 粉底

在面部彩妆中，粉底相对复杂，包含悬浮有无机粉体的众多产品。根据使用的油脂、水和无机粉体的多少可以配制出多种粉底液。例如，粉底霜含油脂较多，比较滋润，适用于干性皮肤；粉底蜜也称液体粉底，含油较少，透气性好，适用于油性皮肤或夏季普通皮肤；棒状粉底含无机粉体多，造型效果明显，适用于表演或化浓妆；干粉饼可以吸附面部油脂，携带方便，适用于外出补妆；干湿两用粉饼如果用湿海绵沾粉使用，有粉底作用，如果用干海绵沾粉使用，有干粉饼作用[8]。

2. 散粉

散粉就是无机粉体，起定妆作用。在定妆前使用如妆前乳、粉底等含油性成分多的化妆品，定妆时使用的散粉可以很好地与妆前化妆品黏附并融合。后面步骤将使用腮红、眼影等带颜色的化妆品，它们不能在油质妆面上使用，在定妆后的粉质妆面上使用，才能达到良好的化妆效果。

3. 腮红

腮红又称胭脂，是指涂于面颊颧骨部位，以呈现健康红润气色及突出面部立体感的化妆品。腮红大多呈现粉红、大红、紫红、橘红等红色，少部分腮红为特别需求而呈褐色、蓝色、古铜色和米色。腮红使用的色素大多是颜色相对鲜艳的有机色素，这些色素要与散粉等无机粉体有很好的相融性。腮红的剂型要方便在面部妆容上使用，常见的主要有液体型、膏体型、固体型、凝胶型和气雾剂型[9]。

在做完皮肤清洁和基础护理，面部使用隔离霜（妆前乳液）以后，面部彩妆的使用顺序一般为先粉底、后散粉、最后腮红。眼部彩妆和唇部彩妆应在面部彩妆结束后使用。化妆是一门技术，化妆指的就是按照隔离霜、面部彩妆、眼部彩妆、唇部彩妆的顺序使用，化妆技巧不是本书讨论内容。

为适应现代快节奏生活、节约时间、方便使用，面部彩妆在实际应用过程中，需要简化使用步骤。例如，一些简单妆容常省略妆前乳液；面部简单遮瑕可使用 BB 霜类的一些多功能合一的粉底，而不需要隔离、散粉定妆、腮红等步骤。

10.3　眼部彩妆

眼部彩妆是指应用于眼周部位（眼皮、睫毛、眉毛等）进行修饰和美化的化妆品。常用的眼部彩妆主要是眼影彩妆、睫毛彩妆、眼线彩妆、眉用彩妆等。眼部彩妆常在面部彩妆完成后进行，是整个妆容成败的关键。

眼部彩妆色彩丰富，施用部位贴近眼睛，安全性尤其重要。在颜料选择上，应使用氧化铁、群青、炭黑等无机颜料和稳定性高的天然色素。各国针对眼周化妆品使用色素都有相关规定，例如，美国不允许眼周化妆品使用有机合成色素，欧盟也对眼周化妆品使用色素有严格规定，我国也规定了眼周化妆品组分中使用的着色剂[10]。在微生物污染上，眼部彩妆污染率较高，尤其是含天然或合成聚合物成膜剂、增稠剂等的眼线液、睫毛液，在原料、生产、保存和使用过程均应注意卫生安全，加强管理和监督。

1. 眼影彩妆

眼影彩妆是指涂于眼周及外眼角，通过色彩、光泽、层次和明暗对比来使眼睛显示立体美感，眼神深邃明亮的眼部彩妆化妆品。它的主要剂型有粉状和膏状，主要用无机颜料和珠光颜料粉表现各种颜色。眼影彩妆的使用要求较高的技巧，需要专门学习。

2. 睫毛彩妆

睫毛彩妆是用于修饰眼睫毛的化妆品，主要有睫毛膏、睫毛油和睫毛饼。它可使睫毛显得浓密且弯曲加长，增加美感和立体感，主要颜色一般为黑色和棕色。睫毛彩妆使用的成分多为油性成分和高分子纤维黏胶，不含无机粉体。

3. 眼线彩妆

眼线彩妆是指在眼睑边缘、紧贴睫毛根部，勾勒出眼部轮廓，修饰和改变眼睛形状和大小，强化眼部层次和立体感，突出和强化眼睛魅力的化妆品，主要有眼线笔、眼线液和眼线饼。

眼线笔的主要原料是固体蜡或具有蜡性质的烷烃，如石蜡（烷烃）、地蜡（烷烃）、蜂蜡、棕榈蜡等，用加有适量颜料的油脂加热溶解固体蜡，然后冷却挤压成型。好用的眼线笔要求笔芯的软硬适中，画上的颜色清晰、不晕开，对眼睛无刺激。与眼线液相比，眼线笔形成的是油性非高分子膜，不可独立剥脱。

眼线液添加有高分子胶质、树脂作为成膜剂，作用原理是在描画的部位很快形成含色素的可剥脱的高分子固化膜，好的眼线液中的色素在描画和卸妆时都不应渗出、污染眼周部位。

眼线饼为外观细密质硬柔软的黑色粉块，无毒无刺激，遇水能够溶解，描绘在睫毛上下边缘的眼睑时，需用细湿刷在粉块上蘸取后使用，具有易描、快干、描出线条清晰的优点[11]。

4. 眉用彩妆

眉毛是面部色彩最重要的部分，眉毛细、淡、稀都会影响容颜和气质。眉用彩妆是指用于修饰调整眉形和眉色，美化眉毛，使之与眼睛、面型和气质相协调的彩妆化妆品[12]。眉用彩妆常以黑色、灰色、棕色为基础色，常见的眉用彩妆主要有眉笔、眉粉、染眉膏。

眉笔是用来修饰美化眉毛的彩妆化妆品，做成笔的形状是为了方便使用，眉笔与眼线笔在制作工艺和基料组成上基本相同，只是使用的色素和粗细形状不同。眉笔是最常用的眉用彩妆，好的眉笔应具有软硬适中、易于描画、色泽自然、均匀、稳定、安全无刺激等特点。与眉粉和染眉膏相比，眉笔的作用主要是修饰眉毛形状，而眉粉和染眉膏主要用于修饰眉毛颜色。

10.4 唇部彩妆

唇部彩妆是用于修饰唇部的化妆品。唇部彩妆的使用目的是滋润唇部、富于色彩、调整口形、掩盖缺陷，相关产品主要是口红、唇膏、唇彩、唇釉、唇线笔。唇部彩妆处于口腔外部，其成分极易从口腔进入人体，所以在使用成分上，安全性最重要，组成成分应具有可食用性。

1. 口红和唇膏

口红和唇膏一般呈棒状，基础原料是固态的蜡和液态的烃、油脂，它们加热混溶，在模具中冷却固化后加工而成。调节固体蜡与液体油的比例，可得软硬适中的固体，如果加热混溶过程中不添加色素，加工成型后得到的产品是唇膏，用于滋润唇部，防止唇部干燥、开裂。如果加热混溶过程中添加着色剂，加工成型后即为口红，这些着色剂主要是氧化铁红、氧化铁黄、二氧化钛、珠光颜料等，其中氧化铁颜料安全无毒，赋予唇部颜色；二氧化钛等无机粉体提高口红遮蔽能力，为有色色素附着提供载体；珠光颜料给予涂膜特异光泽。

好的口红或唇膏必须涂敷容易、不油腻、色泽均匀、软硬适中、无毒无害。

2. 唇彩

唇彩呈黏稠状、薄体膏状，富含各类高度滋润油脂和珠光成分，所含蜡质及色彩颜料少，外形由刷头和管组合而成，涂在唇上用于暂时性增强湿润感和立体感，使唇部色泽更加鲜亮。缺点是不持久、显色度不高。

3. 唇釉

唇釉属于唇膏和唇彩的结合体，它既能够体现唇膏的显色度高这一特点，也能够实现唇彩的水嫩感。

4. 唇线笔

唇线笔用于勾勒修饰唇形，可以使唇形更加完美、清晰，改善唇形细节，也可以防止口红向外化开，使口红更加持久。具体来说，唇线笔具有修改过厚的嘴唇以及弥补过薄的嘴唇缺陷，使得唇形美观的作用[13]。

10.5　指甲彩妆

指甲是由硬角蛋白为主要成分构成的扁平甲状结构。指甲彩妆是修饰指甲形状、增加指甲光泽的彩妆化妆品，主要是指甲油和指甲油去除剂。

10.5.1　指甲油

指甲油是指用于指甲表面形成色彩鲜艳、有光泽性的薄膜，起到保护和美化指甲作用的化妆品。在指甲表面形成的薄膜有透明型、色彩型和珠光型，主要成分为成膜剂、溶剂、辅助成膜剂、塑化剂、着色剂及色素。

1. 成膜剂

成膜剂是指甲油的核心成分，主要是高分子纤维素，占15%左右，如硝酸纤维素、醋酸纤维素、乙基纤维素、聚乙烯、聚丙烯酸甲酯等。这些高分子成分无毒害性、无渗透性，溶解于指甲油溶剂中。当这些高分子物质的溶液涂抹于指甲表面时，溶剂很快挥发，并在指甲表面留下高分子膜。如果指甲油中还添加了色素、着色剂、珠光颜料等，形成的高分子膜则可具有珍珠般光泽或多彩的颜色。

2. 溶剂

指甲油中所用溶剂应安全无毒，不引起刺激、不损伤指甲、挥发迅速，但是实际中不可能有如此完美的指甲油溶剂。例如，硝酸纤维素类的高分子成膜剂不溶于水，需要特定的有机溶剂才能溶解，几乎所有有机易挥发溶剂都有气味，都会给人带来不适感觉，而且为了增加溶解性，往往不得不加入一些诸如甲苯、二甲苯等有毒害性的溶剂，因此无论什么品牌的指甲油，使用的溶剂不可能绝对无毒、无气味，指甲油的毒害性主要是来自其挥发性溶剂，所以使用指甲油或指甲油清除剂应在通风的环境进行。指甲油的常用溶剂主要是丙酮、乙酸乙酯，占 70%～80%，都有很大的刺激性气味。

3. 辅助成膜剂

指甲油中常添加少量的树脂类成分，如虫胶、氨基树脂、丙烯酸树脂、醇酸树脂、聚乙酸乙烯酯树脂、对甲苯磺酰胺甲醛树脂等，这些树脂用于加强膜的强度和硬度、增强膜的附着力和光泽度。树脂类高分子如果交联不彻底，含氮甲氧基，易水解释放致癌的甲醛。

4. 塑化剂

指甲油中常添加塑化剂，使形成的膜柔软、减少膜开裂和收缩。常用于指甲油的塑化剂成分主要是邻苯二甲酸酯类物质。邻苯二甲酸酯类塑化剂加入食品中被长期食用可能引起生殖系统异常，而指甲油中塑化剂不挥发、难渗透，进入人体的概率很小，其毒害性可以忽略不计。

5. 着色剂及色素

硝酸纤维素类的成膜剂在指甲表面形成的膜是无色透明的，为了增加膜的遮蔽性，需要添加二氧化钛等无机粒子，同时有色颜料颜色可以附着在这些无机粒子上，增加颜色的均匀性；为增加膜的光泽度，需要添加珠光粉；为增加膜的色彩，需要添加有机颜料，这些颜料不是溶解，而是附于无机粒子上悬浮在指甲油中，指甲油挥发干并成膜后，这些颜料与二氧化钛一起均匀沉淀在膜中，形成绚丽多彩的颜色。

10.5.2　指甲油去除剂

指甲上涂抹指甲油后，使用配套的指甲油去除剂可以溶解指甲油膜，去除指甲彩妆。指甲油去除剂的成分主要是指甲油中使用的溶剂，如丙酮、乙酸乙酯等。所以指甲油去除剂与指甲油一样，使用时注意环境通风。

指甲油和指甲油去除剂中有大量有机溶剂，这些溶剂不仅有难闻的气味，还可能溶解指甲中的物质，使指甲变软、易碎等，长期使用不利于指甲护理。

10.5.3　指甲贴

指甲油和指甲油去除剂都可能含有毒害的溶剂，而且使用起来极不方便。指甲贴安全、方便、形态色彩丰富，是指甲油的替代品。指甲修饰应淘汰指甲油，提倡指甲贴。

知 识 测 试

一、判断

1. 消费者应从彩妆的组成成分上来判断彩妆的好坏（ ）

2. 一款 BB 霜中添加有丰富的营养成分，值得购买（ ）

3. 不良的化妆品生产商为了美白需要会故意在彩妆中添加铅、汞等有害元素（ ）

4. 彩妆的设计目的是在皮肤、指甲表面美化形象，其剂型不适合向皮肤渗透成分（ ）

5. 彩妆中的有害成分一般是使用了不合格原料引入的（ ）

6. 彩妆中使用的油脂大多是氢化油脂（ ）

7. 微晶蜡、蜂蜡、虫蜡都是蜡，具有相似的化学结构（ ）

8. 彩妆中添加的硅油一般作用是提高相溶性、顺滑性和反光度（ ）

9. 彩妆中无机粉体的主要作用是降低化妆品的透光性、提供色素附着载体（ ）

10. 彩妆中无机粉体粒径一般为 0.5～5μm（ ）

11. 钛白粉是无机粉体中最安全、应用最广泛的成分，其缺点是与其他成分相容性不好（ ）

12. 不合格的氧化锌，可能导致有害元素铅、镉等超标（ ）

13. 纳米氧化锌进入人体无安全风险（ ）

14. 不合格的滑石粉原料可能含有石棉（ ）

15. 彩妆中使用的多是轻质碳酸钙，有较强的油脂吸附性（ ）

16. 化妆品应慎用纳米无机粒子作为防晒剂（ ）

17. 化妆品中铝元素主要是高岭土引入的，人体长期摄入铝元素可能导致老年痴呆（ ）

18. 不同状态的氧化铁及其混合物可以获得各种颜色，是彩妆中常用的安全有色颜料（ ）

19. 炭黑由木材碳化或煤烟沉积制得，很稳定，主要用于眉笔、睫毛膏（ ）

20. 有机色素一般对光、热、酸、碱、氧气等都不稳定，易褪色（ ）

21. 不合格的氧化铬绿可能有铅、砷超标（ ）

22. 珠光粉产生光泽和色彩的原理与普通颜料一样（ ）

23. 彩妆中的胶原蛋白、海藻酸钠、果胶、树胶、纤维素等高分子成分的主要作用是增加稠度、稳定悬浮体系和保湿（ ）

24. 具有遮瑕功能的彩妆一定添加了无机粉体（ ）

25. 脸部彩妆使用的一般顺序为粉底、散粉、腮红、眼部彩妆、唇部彩妆（ ）

26. BB 霜类实质上是遮瑕、保湿等功能合一的粉底霜（ ）

27. 在口红中加入钛白粉的目的是提升其遮瑕效果（ ）

28. 唇彩涂在唇上用于暂时性增强湿润感和立体感（ ）

29. 唇膏和口红的区别在于唇膏中没有添加颜料（ ）

30. 唇线笔具有修改过厚嘴唇以及弥补过薄嘴唇的缺陷，使唇形美观的作用（ ）

31. 指甲油的毒害性主要源自添加在其中的溶剂（ ）

32. 指甲油中添加邻苯二甲酸酯的作用是使形成的膜柔软、减少膜开裂和收缩（　　　）
33. 指甲油和指甲油去除剂应在通风的环境中使用（　　　）

二、简答

1. 为什么使用腮红、眼影前需要用散粉定妆？
2. 眼部彩妆有哪些？各自作用是什么？
3. 谈谈彩妆化妆品对皮肤可能的安全风险因素。

<h2 style="text-align:center">参 考 文 献</h2>

[1] 汪多仁. 硅油的开发及其在化妆品中的应用[J]. 表面活性剂工业，2000，2：35-40.

[2] 徐存英，段云彪. 纳米二氧化钛在防晒化妆品中的应用[J]. 云南化工，2004，31（3）：36-38.

[3] 马艳菊，郁昂. 纳米二氧化钛的毒性研究进展[J]. 环境科学与管理，2009，34（8）：33-37.

[4] 张凤兰，苏哲，吴景，等. 纳米氧化锌安全性评价及化妆品法规管理现状[J]. 中国药事，2018，32（7）：983-990.

[5] 国家食品药品监督管理局. 中国加强以滑石粉为原料的化妆品卫生许可和备案管理[J]. 日用化学品科学，2009，32（6）：49.

[6] 中国涂料工业协会氧化铁系行业协作组办公室. 化妆品用氧化铁颜料的选用[J]. 香料香精化妆品，1993，1：42-43.

[7] 李利. 美容化妆品学[M]. 北京：人民卫生出版社，2012：286.

[8] 刘卉. 化妆品应用基础[M]. 北京：中国轻工业出版社，2013：80.

[9] 李利. 美容化妆品学[M]. 北京：人民卫生出版社，2012：295-296.

[10] 国家药品监督管理局. 化妆品准用着色剂[Z]. 化妆品安全技术规范，2015：123-143.

[11] 李利. 美容化妆品学[M]. 北京：人民卫生出版社，2012：303-304.

[12] 李利. 美容化妆品学[M]. 北京：人民卫生出版社，2012：305.

[13] 百度百科. 唇线笔[EB/OL]. https://baike.baidu.com/item/唇线笔/8974929?fr = aladdin. 2019-05-10.

第11章 清 洁

皮肤的清洁是皮肤护理环节中重要的一环,是清洁类化妆品的主要任务。

11.1 皮肤表面污垢的形成与清洁方法

11.1.1 皮肤表面污垢的形成、危害与分类

人的皮肤每时每刻都在分泌皮脂、汗液;角质细胞每时每刻都在更新换代;暴露在外界的皮肤总是会黏附灰尘等污物;涂抹在皮肤上的护肤品一段时间后成为污物。皮脂、汗液、更新中的角质细胞、外界的污物、涂抹的化妆品等,这些物质混在一起成为污垢。

污垢敷在皮肤表面遮盖了正常皮肤,影响美观,影响营养成分的吸收;长时期停留在皮肤表面,会滋生有害细菌,有害细菌把这些有机物质分解成小分子有害物质,反渗入皮肤,会引起皮肤过敏、危害皮肤健康。停留在毛孔中的污物会形成黑头,滋生细菌后会形成痤疮。

敷于皮肤表面或深藏于毛孔中的污垢可分成:水溶性污物、液态油溶性污物、固态油溶性污物、固态不溶性污物。

11.1.2 清洁原理与方法

水溶性污物一般直接用水冲洗就可以被溶解清除,乳化包裹在油溶性污物中的水溶性污物在油溶性污物乳化被清除的同时也一起除去;固态不溶性污物大多是被油溶性污物黏附在皮肤上,乳化清除油溶性污物的同时可以清除大部分固态不溶性污物。因此,清洁除去污物的方法,主要是针对液态油溶性污物和牢固黏附于皮肤上的固态污物。皮肤表面的污物清洁方法与原理如下。

1. 表面活性剂乳化液态油污

皮肤上的油污不溶于水,必须把油污分散在水中才能用水冲洗清洁。液态的油污可以通过表面活性剂[①](又称乳化剂)直接乳化分散在水中,固态的油污需要先通过溶解、升温熔化等方式转化成液态后,才能乳化分散于水中。

---

① 表面活性剂分子在水的表面定向有序排列,水的表面不再是水分子间的氢键作用力,而是疏水烷基链之间的作用力,它远远小于水分子间的氢键作用力。表面活性剂的存在,大幅降低了水的表面张力,水更易分散而不是聚集,所以这类一端亲水、一端亲油的分子被称为表面活性剂。

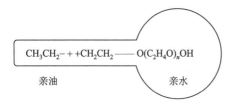

图 11-1　聚氧乙烯脂肪醇醚分子示意图

表面活性剂分子的结构特点如图 11-1 所示，一端亲水（溶于水），另一端亲油（溶于油）。当表面活性剂分子处于水和油同时存在的体系中时，在水油界面上，亲水端处于水中，亲油端处于油中。因为油污被亲水端处于水中的表面活性剂分子包裹，水流扰动可以轻易使油污形成油粒分散在水中，如图 11-2 所示，这就是表面活性剂乳化分散油污的原理。如果油污处于液态，表面活性剂分子的亲油端可以轻易溶于油污中包裹油污，如果油污稠度太大，处于固态或半固态，表面活性剂分子的亲油端不能进入油污，水流扰动就不能使油污分散在水中，所以处于固态或半固态的油污要先转化为液态才易被清洁除去。

表面活性剂分子包裹油污　　　表面活性剂分子带动油污分散　　　　油污完全分散在水中

图 11-2　表面活性剂乳化清洁油污原理

用表面活性剂乳化液态油污[1]是目前所有清洁方法中最主要、应用最广的方法。皮肤的日常清洁一般都用这种方法完成，该方法的主要缺点是对偏固态的油污、黏附力强的固态污物和深凹于毛孔、汗管中的油污清洁效果不佳，需要其他清洁方法辅助。

化妆品中使用的表面活性剂种类繁多、功效繁多，主要用于乳化、润湿、分散、起泡、消泡、杀菌等[2, 3]，但应用最多的还是化妆品中的水油乳化和清洁过程中的水油乳化。一些化妆品中添加了油及油溶性成分，它们是不溶于水的液体，与水同时存在时，需要表面活性剂乳化并均匀分散。使用化妆品辅助清洁过程中，待清洁的皮肤、毛发等表面往往有许多油溶性污物需要乳化到水中才能被水清洗干净。

表面活性剂对皮肤可能的危害性[4]主要是：①脂肪酸盐的酸碱性刺激皮肤；②乳化清除角质细胞间的脂质及皮脂膜，使皮肤粗糙；③表面活性剂渗入皮肤引起过敏。清洁化妆品中添加的表面活性剂对皮肤的刺激性应尽量小，渗透性应尽量小。

化妆品中使用的表面活性剂太多，不可能一一列举，一些常添加于化妆品中的表面活性剂有如下几种。

1）脂肪酸钠/钾

脂肪酸钠和脂肪酸钾软硬适中，有一定黏合力，适合挤压成块状，是香皂、肥皂等块状洗涤用品的主要成分。商家在其中添加牛奶、羊奶、香料等成分，可做成不同特点的皂类产品。脂肪酸钠和脂肪酸钾都是强碱弱酸盐，呈碱性，如果用于皮肤清洁，将改变皮肤 pH，刺激皮肤。

脂肪酸钠和脂肪酸钾来源于油脂皂化,使用可食用油脂原料会大幅增加成本,地沟油的一大用途就是生产脂肪酸盐表面活性剂。

2)卵磷脂

卵磷脂是人体内的天然乳化剂,是细胞中不可缺少的物质。卵磷脂对人体有多种作用,是人体的营养保健品,在人体内主要有清除沉积血脂和增强细胞再生能力的功效。卵磷脂用于化妆品中,既有表面活性剂的作用,又是皮肤营养的佳品。但是,卵磷脂特别的气味限制了它在化妆品中的应用。

3)失水山梨醇脂肪酸酯

常见的失水山梨醇脂肪酸酯[①]主要是失水山梨醇棕榈酸酯、失水山梨醇月桂酸酯、失水山梨醇油酸酯、失水山梨醇硬脂酸酯。它们是非离子型乳化剂,不会影响化妆品和皮肤pH;它们常用于食品工业,是能食用的乳化剂,十分安全;它们溶于油而不溶于水,是油包水型乳化剂,清洁时不影响角质细胞间的脂质双分子层。化妆品中,失水山梨醇脂肪酸酯常用于含油量很高的润肤霜、防晒霜、彩妆中形成油包水型乳化剂。

4)脂肪酸单、双甘油酯

脂肪酸单、双甘油酯是皮脂膜中的天然乳化剂,也用于多种食品中作乳化剂,安全无毒,溶于油,可分散在水中但不溶于水,可形成油包水型和水包油型乳化体系。常作为乳化剂用于润肤类、卸妆类、防晒类、彩妆类化妆品中。

5)聚氧乙烯脂肪醇醚

聚氧乙烯脂肪醇醚[②][5]是良好的水溶性非离子型表面活性剂,具有稳定、低毒、不受水硬度影响、泡沫小、易复配的特点,常用于洗发水、洗手液、洗衣液、沐浴露、洗衣粉、洗洁精、金属清洗剂等。聚氧乙烯脂肪醇醚末端醇与无机酸盐成酯,即形成水溶性、去污能力更好的离子型表面活性剂,常见的有聚氧乙烯脂肪醇醚磷酸钠、聚氧乙烯脂肪醇醚硫酸钠、聚氧乙烯脂肪醇醚磺酸钠。

聚氧乙烯类表面活性剂合成过程中需要环氧乙烷聚合,环氧乙烷在聚合过程中可能二聚形成二氧六环,即二噁烷。使用不合格的聚氧乙烯类表面活性剂,可能引起二噁烷超标。但作为水溶性、非离子型表面活性剂,目前该类物质暂无替代品,只能尽可能使用含二噁烷少的聚氧乙烯类表面活性剂,以便减少产品中二噁烷的含量。

6)甜菜碱类

甜菜碱类表面活性剂是指亲水端为甜菜碱的表面活性剂,其典型代表是椰油酰胺丙基甜菜碱,它是良好的水溶性离子型表面活性剂,刺激性小、性能温和、易发泡且泡沫细腻稳定、有增稠作用、易与其他表面活性剂配合使用,常用于香波、沐浴露、洗面奶等。

7)聚糖类

聚糖类表面活性剂是指亲水端为聚糖类分子的表面活性剂。亲水端聚糖类分子往往有多个羟基,使这类分子具有良好的水溶性和保湿性;聚糖类分子往往可食用,安全无毒,其对应的表面活性剂也安全无刺激;聚糖类分子易生物降解,所以其对应的表面活性剂也

---

① 司盘系列乳化剂,与环氧乙烷的加成物即为吐温系列乳化剂。

② 即聚乙二醇醚。

为环保型。化妆品中添加聚糖类表面活性剂常用于乳化和保湿，常见的有烷基聚葡糖苷、烷基壳聚糖、蔗糖酯等。

2. 酵素分解油污和蛋白

酵素又称酶。污物难清洁的最主要原因是它们难溶于水，脂肪酵素和蛋白酵素可以催化分解不溶于水的脂肪和蛋白质，使之形成小分子水溶性成分，从而清除污垢。脂肪酵素和蛋白酵素分解清除污物是对前述表面活性剂清污的补充，即使对偏固态的污物、深凹于毛孔的污物都有一定效果。

3. 活性炭吸附液态油污

活性炭主要由煤、木材、果壳等含碳、氢、氧元素的物质，在高温和一定压力下脱水碳化形成，在碳化过程中，活性炭表面形成大量的、以碳为主的微孔，这些微孔使活性炭有巨大的比表面积，碳结构具有疏水亲油性质[6]，因此一些不溶于水的液态和气态分子可以进入这些微孔中，而且进入后不易出来，这就是活性炭的吸附原理。皮肤表面的液态油污能被活性炭轻易吸附，所以活性炭常添加于控油型化妆品中，用于偏油性皮肤的清洁。一些皮肤表面的液态油污，在扰动不剧烈的情况下可能没有乳化脱离皮肤表面，但它们可以被吸附进入活性炭，因此活性炭是表面活性剂清洁的补充，是油污乳化不彻底时的清洁助力。

4. 超声波助力油污乳化

在水流扰动下，如果不能使油污脱离待清洁物的表面，即使有表面活性剂存在，油污也不能被清洁除去。超声波可以使待清洁物高频振荡，从而使污物脱离待清洁物的表面。超声波有卓越的辅助清洁作用，对偏固态的污物、深凹于毛孔的污物都有很好的清洁效果。

5. 溶解或高温熔化固态油污

毛孔中的栓塞物、黑头、长时间暴露在外的彩妆等主要是皮脂及油性成分固化的产物，一些油或非水溶剂可以把它们溶解成液体，然后乳化除去。卸妆化妆品、去痘精油等就是利用该原理清除固态油污。

皮脂及化妆品中油性成分固化的产物可在较高温度下熔化变回液态而易被清除。桑拿、蒸汽美容[7]等除去毛孔污物就是利用该原理。桑拿、蒸汽美容不能太频繁，因为频繁扩张毛孔，会使毛孔失去弹性，造成毛孔粗大。

6. 酸解、磨砂、搓揉、黏附除去顽固固态污物

皮肤表面的一些顽固固态污物，如死皮、黑头、毛孔栓等，与皮肤黏附较牢固，普通乳化的清洁方法很难除去，则需要采用一些特殊手段清除。

酸解是利用酸的腐蚀性来松解固态污物，以达到除去污物的目的。用低浓度（3%以下）的果酸可以除去死皮；用中浓度的果酸可以除去阻塞毛孔的栓塞。

磨砂是在清洁化妆品中加入一些粗糙小颗粒,清洁皮肤时轻轻搓揉即可使黏附在皮肤上的死皮脱落而清除。

搓揉是指被水分松解的死皮等污物在强力搓揉下从皮肤上脱落而清除。

黏附是指用黏胶面膜敷于皮肤上,待黏胶粘住污物后,撕下黏胶面膜,污物同时被粘离皮肤。此法常用于拔出毛孔中的黑头和毛发。

11.1.3　毛孔的清洁

毛孔中的皮脂腺不停地分泌皮脂,如果雄性激素水平过高,皮脂分泌太多而不能及时清洁,会滋生细菌,形成痤疮;即使不滋生细菌,也会逐渐固化,形成黑头;在毛孔开口部位与空气接触,皮脂会逐渐干化形成栓塞,阻碍皮脂外流,撑大毛孔。因此,偏油性的皮肤,毛孔对皮肤状态有重要影响,需要及时清洁毛孔。但毛孔深凹于皮肤下面,普通清洁方法难以奏效,需要采用一些特殊手段。清除毛孔污物的方法如下:

（1）常规的表面活性剂乳化清除污物。

（2）用非水溶剂溶解来清除污物。

（3）用脂肪酶素和蛋白酶素催化分解污物,使之形成水溶性成分来清污。

（4）用活性炭等吸附毛孔中的液态污物。

（5）蒸汽加热使毛孔扩张,固态污物转化成液态来清除。

（6）利用超声波高频振荡挤压出毛孔中的污物。

（7）用工具直接挤出毛孔中的污物。

（8）用黏胶粘出毛孔中的污物。

清洁毛孔时,上述多种方法可以一起使用。

11.2　清洁类化妆品

清洁类化妆品主要有卸妆化妆品、洁面化妆品、控油化妆品、去死皮化妆品以及其他清洁化妆品。

11.2.1　卸妆化妆品

如果皮肤上涂抹了含油多的彩妆、防晒化妆品,油性成分长时间与空气、紫外线接触,会失水、变干、变黏、固化,很难清洁。卸妆的目的:一是要尽可能多地清除这些固化的油性成分及被油性成分黏附的无机颗粒;二是要把这些固化的油性成分溶解转化成易乳化清洁的液体,以便洁面时彻底清洁。

卸妆化妆品一般可分成卸妆油、卸妆水、卸妆乳以及卸妆洁面二合一的化妆品[8]。

1. 卸妆油

卸妆油卸妆的原理是"以油溶油",即用易乳化清洁的油溶解变干、变黏的油。这些用于溶解油污的油大多是不易发生化学反应的矿物油（如液体石蜡、凡士林）和饱和的甘油三酯（三癸酸甘油酯、三辛酸甘油酯等）。有的厂家用对皮肤有营养作用的植物油脂（如橄榄油、鳄梨油）替代饱和的甘油三酯，这些植物油脂含有碳碳双键，可能干化、酸败，不适用于油性、长痘皮肤。

卸妆油用于清除特浓妆容，使用卸妆油不可能完全擦去皮肤上的油溶性污物，还有部分被卸妆油溶解成液体的油溶性污物残留在皮肤上，因此还需要进一步乳化清洁（洁面）。

卸妆油完全是油性成分，不含有水，配方实例如下：

例 11-1　温和卸妆油

温和卸妆油用"以油溶油"的原理卸妆，温和无刺激（表 11-1）。

表 11-1　温和卸妆油[9]

组分	质量分数/%	作用
液体石蜡	70	烃类油性溶剂
棕榈酸异丙酯	20	普通非水溶剂
凡士林（矿脂）	10	膏状烃类油性成分

例 11-2　卸妆油

卸妆油用"以油溶油"的原理卸妆（表 11-2）。

表 11-2　卸妆油[10]

组分	质量分数/%	作用
白油	58	烃类油性溶剂
凡士林	20	膏状烃类油性成分
石蜡	10	固体烃类油性成分
鲸蜡醇	6	调节黏稠度，固体
肉豆蔻酸异丙酯	0.3	普通非水溶剂
香精	1	
防腐剂	适量	

2. 卸妆水

卸妆水[11]又称卸妆露，主要成分为醇类溶剂，添加少量水分，具有良好的亲水性，同时又能溶解皮肤表面的油污，具有弱的清洁能力，用于除去淡妆。如果再添加一些表面活性剂、碱和能溶解油污的溶剂，就能做成可以溶解除去特浓妆容的卸妆水。

使用卸妆水卸妆，皮肤感觉清爽、不油腻，但它添加的小分子醇、酯类溶剂渗透性好，易渗入皮肤溶解角质细胞间隙的脂质，经常使用会伤害皮肤。使用卸妆水卸妆后仍然需要进一步洁面清洁皮肤。

卸妆水不含矿物油、甘油三酯等油性成分，适合偏油性皮肤卸妆。

卸妆水配方实例如下：

例 11-3　卸妆水（适合淡妆）

此卸妆水（表 11-3）应用乙醇溶解、碱水解、表面活性剂乳化等原理卸妆。因其水含量高，只适合清除淡妆，属于清爽型、少油型卸妆水。如果要除去特浓妆，配方中还需要减少水的用量，增加碱、乳化剂、乙醇溶剂、普通非水溶剂的用量。

表 11-3　卸妆水[9]

组分	质量分数/%	作用
水	64	
乙醇	20	溶剂（油性成分和水溶性成分均能溶解）
丙二醇	8	保湿
聚乙二醇（1500）	5	保湿、调节黏稠度
吐温-80	2	乳化剂
氢氧化钾	0.05	强碱
羧乙基纤维素	0.10	增稠
香精	适量	
防腐剂	适量	
色素	适量	

3. 卸妆乳

卸妆乳之所以形成乳液，是因为添加了水，又添加了油性成分，再经表面活性剂乳化形成。卸妆乳添加的油性溶剂主要是矿物油、甘油三酯等油性成分，但由于水分的添加，卸妆乳中的油在溶解妆容中固化油性污物的能力不如卸妆油，所以它可用于清除一些较淡妆容，对特浓妆力不从心。

卸妆乳配方实例如下：

例 11-4　卸妆乳

卸妆乳（表 11-4）用于清除一些较淡妆容。

表 11-4　卸妆乳[9]

组分	质量分数/%	作用
水	32	
液体石蜡	29	油性溶剂
山梨糖醇水溶液	10	保湿
聚乙二醇	8	保湿、调节黏稠度
胶态硅铝酸镁	2	增稠
六癸基醇	5	

组分	质量分数/%	作用
白凡士林	4	膏状烃类油性溶剂
乙酰化羊毛脂醇	2	油性溶剂、润肤剂
橄榄油	2	油性溶剂、润肤剂
精制地蜡	1	固态烃类润肤剂
山梨糖醇单油酸酯	1	乳化剂
防腐剂	适量	

4. 卸妆洁面二合一的化妆品

如果妆容较淡、较简单，洁面后不给皮肤补水、补营养，为节约时间，可使用卸妆洁面二合一的产品快速卸妆。这样卸妆的缺点是可能在皮肤表面残留油性成分。实质上，这样做也可以看成不用卸妆，直接用洁面化妆品清洁皮肤。

11.2.2　洁面化妆品

卸妆过程中，绝大部分固化油污和固态无机粉体都已经被擦除，少许残留固化油污已经被溶解成液体，后续进一步清洁只需要表面活性剂乳化即可。所以，洁面化妆品的主要功效成分是水和表面活性剂，辅助添加少量油性成分用于润肤和改善皮肤外观。

面部皮肤较娇嫩，清洁面部的洁面化妆品 pH 一般与皮肤相适应，为弱酸性，清洁时不会改变皮肤 pH。香皂、肥皂、手工皂等皂类清洁用品，其表面活性剂主要使用脂肪酸盐，呈碱性，用于清洁面部会改变面部皮肤 pH，给皮肤带来刺激，所以面部皮肤清洁使用专用洁面化妆品比皂类清洁用品好。

洁面化妆品一般多泡沫，在面部停留时间短，使用时皮肤表面有油性阻隔层，不利于化妆品中的成分向皮肤渗透，添加在其中的一些营养成分难以充分渗入皮肤。但是，一些商家为了吸引消费者和营销需要，会在这类化妆品中添加一些需要渗入皮肤才会实现其功效的营养成分，做成诸如"美白洗面奶"、"抗氧化洁面膏"等产品，消费者对这类既清洁又营养的宣传不应当真。

例 11-5　洗面奶（表 11-5）

表 11-5　洗面奶[9]

组分	质量分数/%	作用
去离子水	50.6	
烷基甜菜碱	30.0	乳化
有机土（四烷基氨基水辉石）	3.0	增稠、调节黏度
丙二醇	1.5	保湿
羊毛脂衍生物	1.0	润肤

续表

组分	质量分数/%	作用
甘油	1.0	保湿
增稠剂	1.0	
十八醇环氧乙烷缩合物	0.7	乳化
非离子表面活性剂	0.5	乳化
有机硅油	0.3	提高反光度和光滑度
尼泊尔金甲酯	0.2	防腐
尼泊尔金丙酯	0.2	防腐

11.2.3　控油化妆品

控油化妆品主要是通过清洁来减少油性皮肤上的皮脂，并不能调控皮脂腺皮脂的分泌。油性皮肤上皮脂分泌过多，普通清洁难以清除干净，控油型化妆品在洁面化妆品的基础上添加活性炭、酵素、酸、碱等来增强清洁能力，以便清除过多的油脂。对于偏油性的皮肤、长黑头或长痘的皮肤，使用控油化妆品增强清洁能力，减少皮脂残留很有必要。

例 11-6　某品牌男士控油碳爽净亮洁面膏（表 11-6）

表 11-6　某男士控油碳爽净亮洁面膏

组分	作用	组分	作用
水		聚甘油-10 肉豆蔻酸酯	乳化
甘油	深层保湿	聚季铵盐-4	调理，增加皮肤反光
肉豆蔻酸	乳化[1]	EDTA 四钠	调 pH
硬脂酸	乳化	抗坏血酸葡萄糖苷	抗氧化等
棕榈酸	乳化	柠檬酸	调 pH（酸）
氢氧化钾	调 pH（碱）	水杨酸	调 pH（酸）、杀菌
丁二醇	深层保湿	甲基异噻唑啉酮	防腐
山梨醇	深层保湿	翼籽辣木籽提取物	营养、杀菌、清洁
甘油硬脂酸酯	乳化	芳樟醇	香料
聚乙二醇-8	保湿	苧烯	香料
碳粉	吸附油脂	辣薄荷叶提取物	香料、抑菌
聚甘油-10	保湿	香精	
聚甘油-10 硬脂酸酯	乳化		

1) 这些脂肪酸与碱形成脂肪酸钠，是很好的、弱碱性的清洁乳化剂。

11.2.4　去死皮化妆品

角质层外层脱落是表皮更新重要的一环,但角质细胞之间有较强的分子间作用力并紧密排列,还可能有未完全水解的桥粒粘连,使得外层角质细胞脱落不顺利。这些死亡的角质细胞敷在皮肤外面,使皮肤黯淡无光,影响美观,需要外力帮助加速死亡角质细胞脱落。水、酸、尿囊素等成分易渗透进入角质细胞之间、高分子物质之间,降低凝聚力,起松解作用;一些粗糙小颗粒可以起物理磨砂作用脱去死皮。去死皮化妆品是专门为外层角质细胞脱落而设计的清洁化妆品,可以松解和磨砂除去死皮。

例 11-7　磨面膏（表 11-7）

表 11-7　磨面膏[9]

组分	质量分数/%	作用
水	加至 100	
十六烷基芳基硫酸钠	15.0	乳化
杏仁壳与橄榄壳精细颗粒	10.0～15.0	摩擦剂
聚乙二醇	6.0	保湿
油酰甜菜碱	5.0	乳化
聚乙二醇杏仁油	2.0	乳化
非离子型白乳化蜡	1.0	润肤
杏仁油	1.0	润肤
硅酸铝镁	1.0	增稠
水解杏仁蛋白	0.5	抗氧化
乳酸	适量	调 pH
香精和防腐剂	适量	

知 识 测 试

一、判断

1. 表面活性剂分子一端亲水,一端亲油（　　　）
2. 固化的油污要先转化成液态才能被表面活性剂分子乳化（　　　）
3. 用手工皂清洁面部皮肤可能改变皮肤 pH（　　　）
4. 卵磷脂是人体内的天然乳化剂（　　　）
5. 失水山梨醇脂肪酸酯常在含油量很高的润肤霜、防晒霜、彩妆化妆品中用作乳化剂（　　　）
6. 聚氧乙烯脂肪醇醚常用于洗洁精、沐浴液、洗手液、洗衣液中（　　　）

7. 椰油酰胺丙基甜菜碱常用于香波、沐浴露、洗面奶中（　　　）

8. 脂肪酸单、双甘油酯是皮脂膜中的天然乳化剂（　　　）

9. 脂肪酵素和蛋白酵素可催化分解脂肪和蛋白质形成小分子水溶性成分（　　　）

10. 活性炭可吸附液态油溶性污物（　　　）

11. 超声波可使污物脱离待清洁物表面并乳化到水中（　　　）

12. 水、酸、尿囊素都能松解外层角质细胞（　　　）

13. 脸上涂了 BB 霜，需要卸妆清除（　　　）

14. 卸妆油卸妆的原理是"以油溶油"（　　　）

15. 卸妆乳主要用于清除特浓妆容（　　　）

16. 卸妆水对皮肤无副作用（　　　）

17. 卸妆水不含矿物油、甘油三酯等油性成分，适合偏油性皮肤卸妆（　　　）

18. 清洁化妆品中的营养成分能被皮肤很好地吸收（　　　）

19. 控油化妆品是控制皮脂腺分泌皮脂的化妆品（　　　）

20. 卸妆油可以清除特浓妆容（　　　）

21. 卸妆水不能清除特浓妆容（　　　）

二、简答

1. 清洁毛孔的方法有哪些？

2. 表面活性剂是如何清洁油污的？

3. 如果卸妆不彻底，会有哪些问题？

4. 为什么洁面化妆品中不适合添加营养成分？

参 考 文 献

[1] 覃彪，韩宇. 表面活性剂在化妆品中的应用与发展现状[J]. 化工管理，2015，21：12-14.

[2] 吴望波，赵莉，张华涛，等. 表面活性剂的性能与应用（ⅩⅩⅥ）——表面活性剂在化妆品中的应用[J]. 日用化学工业，2016，46（2）：75-79.

[3] 牛晓娜，王绍君，王建生，等. 表面活性剂在化妆品中的应用与安全研究进展[J]. 中国洗涤用品工业，2012，12：83-86.

[4] Idson B，罗毅. 乳化剂对皮肤的影响[J]. 日用化学品科学，1992，4：37-41.

[5] 唐晓红，吴崇珍，李成未，等. 脂肪醇聚氧乙烯醚的特性及应用[J]. 日用化学品科学，2012，35（2）：22-24.

[6] 王秀芳，田勇. 新型材料竹炭及其在化妆品中的应用[J]. 香料香精化妆品，2006，2：26-29.

[7] 张和芳. 汽熏美容法[J]. 服务科技，2000，1：7.

[8] 潘永宽. 脸部清洁产品的主要成分分析和配方设计粗探[J]. 广东化工，2015，42（15）：278-279.

[9] 黄玉媛，陈立志，刘汉淦，等. 精细化学品实用配方手册[M]. 北京：中国纺织出版社，2009：554-567.

[10] 李利. 美容化妆品学[M]. 北京：人民卫生出版社，2012：158.

[11] 陈静静. 将卸妆进行到底[J]. 中国保健营养，2011，12：66-67.

第12章 毛发护理

人类毛发有头发、汗毛、眉毛、睫毛、腋毛、阴毛、胡须。经常打理的主要是暴露在外、会影响形象的毛发，如头发、汗毛、眉毛、睫毛、胡须。眉毛、睫毛化妆品在第 10 章详述。本章主要讲解头发、胡须和汗毛相关的化妆品及其原理。

12.1 头　　发

头发的形象对人的整体气质有重大影响，对修饰面部起重要作用，毛发类化妆品中，使用最多的就是头发化妆品。

12.1.1 头发的结构

头发由毛囊外的毛干和毛囊内的毛根构成（图 12-1）。

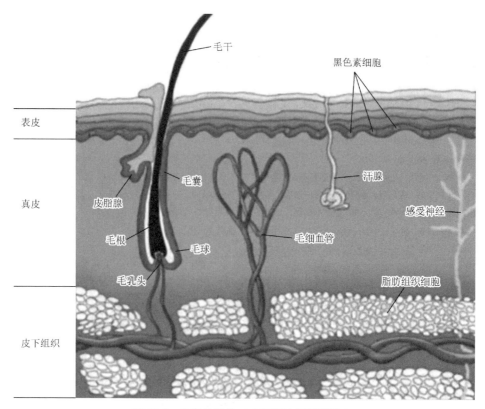

图 12-1　头发的结构（本图源自百度图片）

1. 毛根

毛根下半部分有毛乳头和毛球（图12-1）。

毛乳头位于毛球下端凹入部分，包括结缔组织、神经末梢和毛细血管。毛球位于毛乳头上方，毛球的下半部分有许多毛母质细胞，上半部分有色素细胞。

毛乳头中的微循环不断供给毛球中分裂细胞营养，分裂细胞不断分裂产生新的毛发结构，毛球上半部分的色素细胞不断分泌色素染色新的毛发结构，由此，毛乳头与毛球一起使毛发生长和染色。

一根头发的生长期为2～7年，生长期后的头发将在几个月内脱落，然后从毛囊中长出新的头发。如果头皮微循环发生障碍，产生毛发结构的毛母质细胞活性不足，会造成毛囊逐渐萎缩，头发不能生长，形成秃顶。中老年男性的头顶、前额等部位易出现此种病情。如果毛乳头中色素细胞活性不足，分泌色素减少，则形成白发。衰老是毛乳头中色素细胞活性降低的主要原因。

毛根的上半部分与皮脂腺相连，皮脂腺分泌的皮脂在毛发上形成油性保护膜，阻止头发中的水分蒸发并赋予毛发光亮。如果头发表面皮脂没有及时清洁，会干化、变黏，皮脂干化是头发黏结的主要原因。

2. 毛干

毛干从里到外由髓质层、皮质层和表皮层构成（图12-2）。

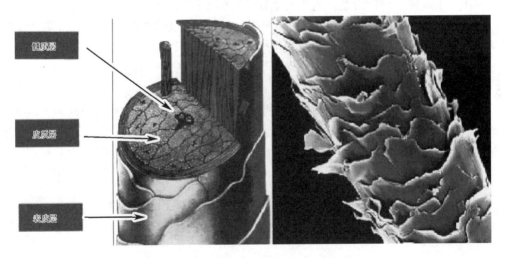

图12-2 毛干的结构（本图源自百度图片）

髓质层是毛发的中心部分，只占头发纤维的很小部分，由疏松的海绵体排列构成，含有色素。髓质层一般只存在于较粗的头发中，细柔的头发中没有，即使同一根头发，也会时断时续。

皮质层是头发最主要的构成部分，占毛发总重量的80%，是头发纤维的核心，赋予头发弹性和韧性，主要成分为螺旋形的角蛋白。

表皮层又称毛小皮，由 6～10 层长形鳞片状细胞重叠排列而成。如果头发表面的毛小皮张开，头发之间摩擦力增大，反光度降低，头发变得粗糙，失去光泽。

12.1.2　头发的化学组成与性质

头发的主要成分是角蛋白、水、类脂质、微量元素及色素。其中坚固的角蛋白占 80%～90%，是头发的主要成分，也是头发性质的主要来源。

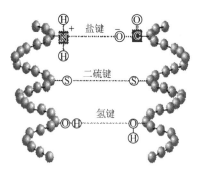

角蛋白呈螺旋结构，角蛋白之间有二硫键、氢键、盐键（图 12-3）。

角蛋白中含有多种氨基酸，废弃头发是制造饲料氨基酸的原料。

1. 弹性和韧性

头发中的角蛋白呈螺旋和网状结构，为头发高强度的弹性和韧性提供了结构基础。

图 12-3　角蛋白的结构
（本图源自百度图片）

2. 柔软性

头发主要由角蛋白构成，角蛋白分子之间无论是盐键、氢键还是二硫键都不是固定的，它们的生成和断裂在一定条件下可以逆转，角蛋白分子之间在一定条件下可以滑动，为头发柔软性提供了结构基础。

水分子能渗入头发内部，减小蛋白质分子间氢键作用力和盐键作用力，起到类似于分子间润滑剂的作用，所以水能使头发变得柔软。

3. 可塑性

头发角蛋白中的二硫键会在碱性条件下水解断裂或者在还原剂作用下断裂形成巯基，巯基会在高温下或者氧化剂作用下脱氢重新生成二硫键（图 12-4），这是头发可塑性的化学原理。头发塑形一般分为热烫和冷烫。

$$R-S-S-R' \overset{\text{碱或者还原剂}}{\underset{\text{高温或者氧化剂}}{\rightleftharpoons}} R-SH + HS-R' \quad R,R'为角蛋白分子$$

图 12-4　二硫键的断裂和生成

头发冷烫定型原理：角蛋白中的二硫键在还原剂（一般用巯基乙酸、亚硫酸钠等）作用下加氢断裂形成巯基，头发软化，用模具固定形状后，使用氧化剂（一般用过氧化氢）氧化重新形成二硫键使头发固定形状，最后用还原剂（一般用草酸）洗去氧化剂。

头发热烫定型原理：带碱性的水（一般用氨水）先水解断裂角蛋白之间的二硫键使头发变软，头发用模具固定形状后，在高温下，头发中的水分蒸发，头发变硬，角蛋白分子中的氢键形成，冷却后，用氧化剂定型，二硫键重新生成并固定形状，最后用草酸水洗去氧化剂。

4. 对酸碱敏感性

头发的角蛋白由多种氨基酸组成，含量最多的是半胱氨酸、胱氨酸、蛋氨酸等含硫氨基酸，这些氨基酸的氨基与羧基形成内盐，其等电点为 pH 4.5～5.6，在等电点时，头发纤维结构最紧密；碱性对头发影响极大，当 pH 为 9.5 以上时，头发急速膨胀、软化、腐蚀；酸性对头发也有一定影响，当 pH 小于 2 时，头发轻度膨胀。

5. 可染色性

头发的天然颜色是由毛乳头中色素细胞分泌的色素决定的，这些色素是天然的有机色素，产生颜色的原因是色素分子中大共轭π键吸收可见光。用强氧化剂如过氧化氢，可以破坏天然色素分子中的大共轭π键体系，使分子在可见光区吸收光线的强度和波长发生变化，甚至吸收移出可见光区，从而使头发褪色或颜色变浅。用碱使褪色后的头发毛小皮张开，头发膨胀，外部色素分子就可以渗入头发皮质层而使头发染色。

烫发、染发过程中，都要使用碱性物质或还原性物质，破坏了发干原有的发质结构，发干的坚韧性将减弱，所以烫发、染发后，头发易从被破坏处断裂，形成脱发。但烫发、染发没有伤害毛囊，不会对头发生长造成损害，新长出来的头发发干坚韧性将不受影响。所以，烫发、染发造成的脱发与毛囊萎缩造成的秃顶式脱发有本质区别。

12.1.3 头发的护理及相应化妆品的应用

头发的护理可分成针对头皮的护理和针对发干的护理两类，用于护理头发的化妆品主要是洗发化妆品、护发化妆品或洗护二合一产品。

1. 头皮的护理

头皮是头发的载体，是头发生长的地方，长出头发的多少、粗细、颜色、光泽度、坚韧性等都与头皮的健康状态有重要关系，因此头发护理的根本在于头皮护理。

头皮是皮肤的一部分，与其他部分皮肤一样，需要定期保养来疏通微循环、抗氧化、增强细胞活性等。但头皮藏于头发中，不能像其他部分皮肤一样使用护肤品来保养，除洗护化妆品外，目前未见其他的头皮护理产品。

目前针对头皮的护理主要是去屑止痒、调节水油平衡和疏通微循环。

1）去屑止痒

头皮屑是头皮新陈代谢的产物，在正常情况下，头皮更新不会产生太多的头皮屑，但卵圆形糠疹芽孢菌寄生会加速表皮异常增殖，产生更多头皮屑，同时该微生物生长、繁殖会分解皮脂，提高酸度，刺激头皮神经，产生瘙痒。因此，头皮去屑止痒的实质是抑菌。因为卵圆形糠疹芽孢菌在头皮表面繁殖，添加抑制该细菌的洗发水或药水可以很好地实现去屑止痒[1]。常见抑制卵圆形糠疹芽孢菌的物质主要是：吡啶硫酮锌、十一碳烯酸单乙醇酰胺琥珀酸酯磺酸钠、吡啶酮乙醇胺盐和一些具有抑菌止痒效果的天然提取物（胡桃油、积雪草、甘草、山茶提取物等）[2]。

2）调节水油平衡

头皮皮脂分泌太多导致头皮水油失衡时，头发上皮脂成分干化会造成头发黏结、易脏；头皮上过多的皮脂会导致菌落过度繁殖，产生瘙痒和头皮屑，更严重的是毛囊阻塞，形成脂溢性脱发。

头皮油脂分泌过多，首先要平衡体内激素水平，雄性激素水平高是刺激皮脂分泌和形成脂溢性脱发的主要原因。过高的雄性激素水平会导致毛母质细胞中能量源 ATP 制造受阻、细胞失去活性并角化、毛发蛋白不能合成、毛囊萎缩、头发脱落[①]。

常用于平衡体内激素水平、抑制皮脂分泌的物质主要是芥酸、米诺地尔、月见草素 B、菝葜、雏菊、姜黄、大枣、细辛、薏苡仁、甜叶菊等[3]；调节水油平衡，还应该改变刺激皮脂分泌的不良生活习惯和饮食习惯，如加班、熬夜等不规律的作息，吃油腻、辛辣食物等；应该使用控油、抑菌止痒的洗发水，勤洗头，减少皮脂残留。

头发干枯、易断、无光泽，可能是头皮皮脂分泌少或者频繁洗发、烫发、染发、吹热风等破坏头发水油平衡造成的。要恢复头发的光泽和弹性，应减少破坏头发结构的上述操作，使用护发素适当给头发补充油分、水分、调理剂和营养成分。

3）疏通微循环

头皮上生长的最重要的器官就是头发，头皮微循环发生障碍时，营养物质供给不足，角蛋白和色素不能合成，则出现毛囊萎缩甚至坏死，形成白发或者头发不能生长，最终头发变得稀疏甚至秃顶。头皮的护理最重要的方面就是保持头皮微循环通畅，保证毛囊有充足的营养供给。按摩、使用具有疏通微循环功效的药水洗头、热水洗头、红外线烘烤头皮等都有助于疏通头皮微循环。常用于改善头皮微循环的物质主要有银杏、人参、丹参、当归、甘草、大蒜、生姜、何首乌等的提取物[3]。

2. 发干的护理

发干是处于头皮外的头发部分，健康的发干应该坚韧、有光泽、顺滑。

发干的头发结构已经定型，不需要营养成分，发干的护理主要是保持其中的水分，正常头发含水量为 6%～15%。干燥的发干，毛小皮张开，头发粗糙，处于正常含水量的发干[②]，毛小皮闭合，头发顺滑、有光泽。头发保持水分的原理与皮肤保湿差不多：①可以向头发中渗透甘油、丙二醇等小分子保湿剂来增强头发锁水能力；②可以在头发表面覆盖透明质酸等高分子成分形成锁水膜；③可以在头发表面覆盖一层油性膜阻止头发中的水分蒸发，这层油性膜与高分子物质锁水膜乳化在一起，还可以提高头发的反光度和顺滑度。护发素的作用主要是对发干的护理。

为提高发干的反光度和顺滑度，常常在头发洗护产品中加入硅油。硅油不与水相溶，分子之间作用力小，表面张力小，极易铺展并覆盖在头发表面形成油性膜，起到阻止头发中的水分蒸发的作用，同时硅油形成的油性膜反光度好、顺滑度好。但是，头发表面覆盖硅油将使头发的重量增加、偏油、易粘灰尘，长期使用这类洗发水，头发变油、板结、不

---

① 女性少有秃顶，是因为女性雄性激素水平低，头顶细胞的雄性激素接受体结合蛋白少。

② 头发吸水过度，头发会膨胀，角蛋白水解，毛小皮破损。

蓬松，所以一些商家力推无硅油洗发水。为保证头发的蓬松性，同时又要光泽度好、顺滑度好，有人建议含硅油和无硅油洗发水交替使用，以免硅油在头发上累积。一些挥发性硅油也可用于提高发干的反光度和顺滑度，而且不在头发上累积，可以很好地解决头发板结问题。

　　因为头发的等电点[①]偏酸性，正常的洗护会使头发的 pH 增大，从而使头发带负电荷，所以头发洗后会因同种电荷排斥变得蓬松，有些洗发水中添加的阴离子表面活性剂为强碱弱酸盐，偏碱性，更会增加头发表面的负电性。为减少头发静电的积聚，降低头发飘拂和改善头发的梳理性，常在头发洗护产品中添加阳离子调理剂，这些调理剂大多为带有长烷基链的季铵盐，如烷基三甲基氯化铵、双烷基二甲基氯化铵、三烷基甲基氯化铵、双季铵盐等。季铵盐含有长的疏水烷基链和带正电荷的极性端，在水中离解后，带正电荷的极性端会被带负电荷的头发吸引，而长烷基链则朝向头发外面，形成有序的单分子层结构，消除了头发上的负电荷，而头发外层的烷基链分子间作用力小，会使头发平滑、容易梳理（图 12-5）。为了使阳离子端更牢固地吸附在头发上，延长头发顺滑、易梳理的时间，可以让阳离子端形成聚合物，常见的阳离子调理剂主要有：阳离子纤维素、阳离子瓜尔胶、阳离子聚季铵盐、阳离子决明胶、乙烯基吡咯烷酮和乙烯基咪唑盐的共聚物、蛋白质水解物的季铵化合物等。

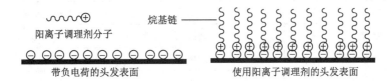

图 12-5　阳离子调理剂调理头发原理示意图

　　频繁洗发、烫发、染发、吹热风等可能导致头发中水分丢失、头发粗糙、失去光泽度；可能破坏二硫键，甚至角蛋白的结构，影响发干的坚韧性，使头发分叉或出现掉发。而且，头发毛小皮和皮质层的破坏难以修复，一些头发类化妆品添加构成角蛋白的氨基酸，如胱氨酸等，宣称能修复发干，但头发内显然不具备氨基酸形成多肽或蛋白质的反应条件，添加的氨基酸渗入头发中最多只能起到保湿作用，头发类化妆品的修复作用实质上是在头发表面形成水油乳化膜，提高其光泽度和顺滑度，而不是恢复原来的发质结构和发质的坚韧性。

3. 头发洗护化妆品

1）洗发化妆品

洗发化妆品一般有洗发水、洗发液、洗发露，主要功能是清洁附着在头发上的油污、

---

　　① 氨基酸的—COOH 会电离出 H^+，—NH_2 会接受 H^+，所以氨基酸分子中总是有—COO^- 和—NH_3^+，在 pH 为 7 时（中性），—COOH 电离出的 H^+ 与—NH_2 接受的 H^+ 数目不同，也就是说，中性条件下—COO^- 和—NH_3^+ 的数目不同，—COO^- 则氨基酸呈负电，—NH_3^+ 多则氨基酸呈正电，改变 pH（即改变 H^+ 的浓度）可以使—COO^- 和—NH_3^+ 的数目相等，氨基酸不带电荷，此时的 pH 就称为等电点。氨基酸形成的多肽或蛋白质上，也存在—COOH 和—NH_2，所以也有等电点，pH 变化会使多肽或蛋白质带正电荷或负电荷。

头皮屑、灰尘等,同时一些洗发化妆品还被赋予针对头皮护理的去屑止痒、调节水油平衡、营养补充等其他功能。

洗发化妆品使用时产生泡沫,并且在头皮上接触面积小、停留时间短,主要作用在于清洁,剂型上不利于成分向头皮渗透,虽然有加入头皮营养成分的洗发产品,但因营养成分难渗入头皮,对头皮护理作用有限。头皮健康对头发的生长非常重要,有必要开发专用的头皮护理化妆品。

例 12-1　洗发水（表 12-1）

表 12-1　洗发水的组分及作用实例[4]

组分	质量分数/%	作用
十二烷基硫酸铵	15.0	阴离子表面活性剂
椰油酰胺二乙醇胺	2.0	非离子表面活性剂
椰油酰胺基丙基甜菜碱	2.0	非离子表面活性剂
乙二醇	1.0	保湿剂
香料	0.7	
防腐剂	0.5	
枸橼酸	0.3	pH 调节剂
氯化钠	适量	增大胶体团,增稠
色素	适量	
去离子水	加至 100	

2）护发化妆品

护发化妆品一般有护发素、发油、发蜡、发乳、焗油、发胶、发用摩丝、发用凝胶、定型发膏等,主要调理处于毛囊外的发干,使头发柔软、有光泽、有弹性、抗静电、易梳理、修复损伤、保持发型等。除护发素外,发油、发蜡、发乳、焗油主要用于在头发表面形成光亮的保湿油性膜,发用摩丝、发用凝胶、定型发膏主要用于固定头发形状。

例 12-2　护发素（表 12-2）

表 12-2　护发素的组分及作用实例[5]

组分	质量分数/%	作用
聚二甲基硅氧烷（硅油）	2.0	提高反光度和顺滑度,调理剂
十六醇	1.5	润发剂
十八醇	1.5	润发剂
十八烷基三甲基氯化铵	1.0	中和负电,季铵盐类阳离子调理剂
防腐剂	适量	
香料	适量	
去离子水	加至 100	

3）洗护二合一产品

头发的清洁和护理常分成两步完成，操作相对烦琐，如果添加的阳离子调理剂与清洁用的阴离子表面活性剂互相不影响，可以直接在洗发产品中加入硅油或其他油脂、阳离子调理剂等实现洗护二合一，方便很多，但是，用二合一产品中的油性成分取代头发表面的皮脂膜，可能存在洗不干净的情况。

例 12-3　某洗护二合一产品（表 12-3）

表 12-3　某洗护二合一产品的组分及作用实例[6]

组分	质量分数/%	作用
十二烷基硫酸铵	8.0	阴离子表面活性剂
十二醇聚氧乙烯醚硫酸钠	6.0	阴离子表面活性剂
椰油酰胺单乙醇胺	2.0	非离子表面活性剂
乙二醇双硬脂酸酯	1.0	润发剂
聚二甲基硅氧烷（硅油）	0.5	调理剂，提高反光度和顺滑度
聚季铵盐-10	0.5	聚季铵盐类阳离子调理剂
防腐剂	适量	
香料	适量	
去离子水	加至 100	

12.2　胡　须

胡须是雄性激素诱发的，男性的胡须是男性气质的表现，但是，胡须过长会显得脏乱、邋遢，剃除胡须是男性打理胡须最常见、最简便的方式。打理胡须的化妆品主要是剃须用品，其主要作用是剃须时软化、膨胀须发，使之易剃除；清洁皮肤；减轻皮肤与剃须刀之间的摩擦，减轻剃须过程中的不适感。常见剃须用品主要是剃须过程中使用的剃须膏和剃须后的护肤品。

12.2.1　剃须膏

在剃须过程中，浓密、粗壮的胡须不易剃除，需要先使之软化、膨胀，一些阴离子表面活性剂，如硬脂酸钠（或钾）、椰子油皂化物等，既能起清洁、起泡等作用，又由于其强碱弱酸盐的碱性可起到软化作用，常用作剃须产品的主要功效成分。如果使用非碱性的非离子表面活性剂，不起泡，还需添加碱性成分如硼砂、三乙醇胺等；胡须剃除过程中可能产生尘屑，且表面活性剂需要溶剂，剃须过程需要在润湿状态下进行，所以剃须膏中还需要加入水和甘油、山梨醇等保湿剂；为减少摩擦、滋润皮肤，剃须膏配方中还需添加烃类或蜡类润肤油①，如羊毛脂、凡士林等；为减少剃须过程的不适感觉，常添加具有收敛、麻醉等效果的物质，如薄荷醇。

---

① 烃类、蜡类润肤油不能被碱水解，可以稳定存在于剃须膏中。

例 12-4　泡沫剃须膏（表 12-4）

表 12-4　泡沫剃须膏的组分及作用实例[7]

组分	质量分数/%	作用
硬脂酸	32.0	与碱生成阴离子表面活性剂
椰子油	5.0	润发剂，部分水解成阴离子表面活性剂
氢氧化钾	6.2	碱
氢氧化钠	1.3	碱
甘油	15.0	保温剂
羊毛脂	5.0	润发剂
薄荷醇	0.2	收敛、麻醉等作用，减少不适感
香精	0.5	
防腐剂	0.2	
水	34.6	

例 12-5　无泡沫剃须膏（表 12-5）

表 12-5　无泡沫剃须膏的组分及作用实例[8]

组分	质量分数/%	作用
硬脂酸	18.0	非离子表面活性剂
白油	5.0	润发剂
聚氧乙烯失水山梨醇单硬脂酸酯	5.0	非离子表面活性剂
甘油	5.0	保湿剂
硼砂	2.0	碱
三乙醇胺	1.0	碱
硅油	1.0	润发剂、调理剂
香精	0.2	
防腐剂	适量	
水	62.8	

12.2.2　剃须后护肤品

　　剃须过程中，剃除胡须的末端可能形成尖角，刺激皮肤，引起不适感；表皮角质层可能部分剃除，表皮内的脂质和表皮层外皮的脂膜会被清洁除去，从而引起皮肤不适和干燥。剃须后护理皮肤主要目的是减轻不适感和滋润皮肤、防止干燥。有专用的须后膏、须后水、须后蜜等剃须后护肤品减轻剃须后的不适，恢复皮肤抗菌作用，使皮肤清新、清凉。如果简单护理，普通润肤霜即可。现代的电动剃须刀等剃须用具从设计上的改进可以大大减轻剃须的不适，一般剃除的不是特粗壮的胡须，不必使用剃须膏和剃须后护肤品。

例 12-6 剃须后用护肤香脂（表 12-6）

表 12-6 剃须后用护肤香脂的组分及作用实例[9]

组分	质量分数/%	作用
胶态硅铝酸镁	1.8	增稠剂
聚氧乙烯 20 山梨醇单油酸酯	2.0	非离子表面活性剂
二氧化硅（烘干）	2.0	无机粉体，遮瑕
油醇	2.0	消泡剂
乙醇	50.0	溶剂、杀菌剂、收敛剂
硅酮（流体200）	1.0	提高反光度和顺滑度、润肤剂
乙酰基化羊毛脂	1.0	润肤剂
丙二醇	1.0	保湿剂
羧甲基纤维素	1.0	增稠剂
薄荷脑	0.1	收敛、麻醉作用，减少不适感
香精	0.1	
防腐剂	适量	
水	加至 100	

12.3 汗 毛

在人体皮肤上，除了头发、眉毛、睫毛、腋毛、阴毛、胡须等粗硬、色浓的终毛外，还生长着无色、柔软、短小的毫毛，因其具有帮助排除汗液的作用，又称汗毛。东亚人的审美观是女性"以少毛为美"，少毛即指少汗毛。人体的小腿、大腿、手及手臂、脸等部位，有汗毛覆盖，又经常暴露在外，对女性来说，不希望这些部位有过于浓密的汗毛。汗毛过于浓密，除病态的多毛症外①，主要原因是汗毛毛囊对雄性激素过于敏感。解决方式是使用脱毛化妆品。

脱毛化妆品分为物理脱毛剂和化学脱毛剂。物理脱毛剂方法简单、粗暴，通常使用松香等树脂粘住毛发，然后用力拔出，给使用者带来疼痛，并非脱毛方法的首选。化学脱毛剂一般用硫化物或巯基乙酸等还原剂，断开二硫键，彻底破坏毛发结构来脱除毛发，使用过程中先软化、溶解毛发，然后擦除，没有痛苦。硫化物脱毛剂使用过程中产生硫化氢，有臭味和毒性，已经逐渐被淘汰。巯基乙酸盐类脱毛剂使用浓度一般为 2.5%～4.0%，稳定、无毒，是目前脱毛剂的主要功效成分。

脱毛剂脱毛原理和过程与染发、烫发相似，利用碱性物质使毛发膨胀、软化、毛小皮张开，还原剂巯基乙酸盐才能深入毛发中，破坏毛发结构。当毛发被破坏到一定程度，即可轻松擦除。

化学脱毛使用较强的碱性和许多可能刺激皮肤的物质，脱毛前最好先做小面积皮肤试验确保其安全性，每次脱毛后，需要尽快冲洗干净。脱毛后不宜立即使用具有较强渗透性的化

① 多毛症非化妆品能解决，应寻医问药。

妆品，因为毛发去除后增强了皮肤渗透性，可能引起皮肤过敏，可以少许使用停留在皮肤表面的润肤化妆品。因脱毛剂对皮肤有较强的刺激性，我国把脱毛剂纳入特殊用途化妆品管理。

例 12-7　脱毛摩丝（表 12-7）

表 12-7　脱毛摩丝的组分及作用[10]

组分	质量分数/%	作用
月桂醇聚氧乙烯（25）醚	1.0	非离子表面活性剂
十八醇聚氧乙烯（6）醚	1.0	非离子表面活性剂
石蜡油	6.0	润肤剂
丙二醇	2.0	保湿剂
十六十八醇	3.0	稳定剂
巯基乙酸钙	6.0	脱毛剂
氢氧化钠	1.0	碱，pH 调节，膨胀头发
α-没药醇	0.5	抗过敏
去离子水	79.5	

上述液体与推进剂（精制液化石油气）按 85∶15 灌装。

脱毛剂并不能从根源上解决汗毛问题，因此，脱毛一段时间后，又会长出更粗壮、浓密的汗毛，只有从根源上抑制毛发生长，才是解决之道，市场上的绝毛产品原理多以抑制毛发生长为主。毛囊对雄性激素敏感是汗毛生长粗壮、浓密的原因，因此，平衡体内激素水平可有效减缓汗毛粗壮的症状。可从以下两方面抑制汗毛生长：

1. 皮肤上涂抹和饮食中摄入植物雌性激素

植物雌性激素（主要是大豆异黄酮）不是甾体结构的雌性激素，外用没有副作用，它具有弱的雌性激素功能，与体内雌性激素受体有很强的亲和作用，能抑制雄性激素的分泌。小鼠试验表明，涂抹大豆异黄酮具有抑制毛发再生、使毛发生长终结期延长的作用[11]。含有植物雌性激素的食物主要有大豆制品（主要是豆浆、豆腐）、啤酒、蜂王浆等。

2. 皮肤上涂抹或饮食中摄入维生素 E

人体内甾体结构的雌性激素不能外用，但可以外用促进体内雌性激素分泌。维生素 E 又称生育酚，在女性体内可以促进雌性激素分泌，从而抑制汗毛生长。维生素 E 不溶于水，存在于许多植物油脂中，含维生素 E 的食物主要有坚果和芝麻等以及它们压榨的油。维生素 E 在化妆品中已有广泛应用。

激光脱毛技术是利用毛囊内黑色素吸光产生高温破坏毛囊的原理，有一定疼痛感，一般需要多次手术，整个疗程耗时很长，可以实现永久性脱毛，但激光脱毛可能出现毛囊处色素沉积、影响皮脂分泌、毛囊炎、表皮灼伤等副作用。与激光脱毛相比，化学脱毛相对简单、易操作、成本低、不损伤毛囊、对皮肤刺激可控、无副作用，但不能永久脱毛，需要配合使用抑制毛发生长的产品。

知 识 测 试

一、判断

1. 头皮微循环发生障碍，产生毛发结构的毛母质细胞活性不足，会造成毛囊逐渐萎缩，头发不能生长，形成秃顶（　　　）

2. 毛乳头中色素细胞活性不足，分泌色素减少，则形成白发（　　　）

3. 皮脂膜阻止头发中的水分蒸发并赋予毛发光亮（　　　）

4. 植物雌性激素具有促进毛发生长的作用（　　　）

5. 毛小皮张开是头发粗糙无光泽的主要原因（　　　）

6. 头发中最主要的成分是角蛋白（　　　）

7. 角蛋白的特殊结构使头发变得坚韧（　　　）

8. 水分能让头发变得柔软（　　　）

9. 头发中二硫键的断裂和生成是头发能塑形的关键（　　　）

10. 过氧化氢能使二硫键断裂（　　　）

11. 强碱能使头发膨胀、软化、腐蚀（　　　）

12. 染发时不需要使用碱性物质（　　　）

13. 过氧化氢可以使头发褪色或颜色变浅（　　　）

14. 染发、烫发后易脱发，严重的可能导致秃顶（　　　）

15. 头皮去屑止痒的实质是抑菌（　　　）

16. 头发偏油、男性秃顶都是体内雄性激素水平高造成的（　　　）

17. 女性体内雄性激素水平不高，所以罕见秃顶（　　　）

18. 头皮油脂分泌过旺应多吃辛辣食物（　　　）

19. 要让头发长得好，头皮健康是关键（　　　）

20. 发干的护理主要是保持其中的水分（　　　）

21. 护发素或洗发水中添加角蛋白成分，如胱氨酸，可以修复破损的头发结构（　　　）

22. 透明质酸洗发水中透明质酸的作用是营养头发（　　　）

23. 挥发性硅油可以减少硅油导致的头发板结（　　　）

24. 正常的洗发会使头发带负电荷（　　　）

25. 阳离子调理剂可以延长头发顺滑时间（　　　）

26. 频繁洗发、烫发、染发、吹热风等均可能导致头发粗糙（　　　）

27. 剃须膏呈碱性的作用是软化胡须（　　　）

28. 剃须后护理使用薄荷醇的目的是抗过敏（　　　）

二、简答

1. 谈谈如何护理头皮。

2. 谈谈含硅油的洗发水中硅油的功效和副作用以及副作用解决办法。

3. 为什么洗发后要用阳离子调理剂？

4. 谈谈各种脱毛方法的利弊。

5. 抑制汗毛生长的方法有哪些？

参 考 文 献

[1]　张日鉴. 头皮痒和头皮屑多是怎么回事[J]. 中国化妆品，1999，1：22.

[2]　李利. 美容化妆品学[M]. 北京：人民卫生出版社，2012：363.

[3]　赖维，刘玮. 美容化妆品学[M]. 北京：科学出版社，2006：104.

[4]　赖维，刘玮. 美容化妆品学[M]. 北京：科学出版社，2006：99.

[5]　赖维，刘玮. 美容化妆品学[M]. 北京：科学出版社，2006：101.

[6]　赖维，刘玮. 美容化妆品学[M]. 北京：科学出版社，2006：100.

[7]　李利. 美容化妆品学[M]. 北京：人民卫生出版社，2012：374.

[8]　李利. 美容化妆品学[M]. 北京：人民卫生出版社，2012：375.

[9]　黄玉媛，陈立志，刘汉淦，等. 精细化学品实用配方手册[M]. 北京：中国纺织出版社，2009：750.

[10]　黄玉媛，陈立志，刘汉淦，等. 精细化学品实用配方手册[M]. 北京：中国纺织出版社，2009：752.

[11]　李云霞，林涛. 植物雌激素在皮肤抗衰老中的作用及应用[J]. 中国美容医学，2014，23（21）：1850-1851.

第13章　自制化妆品

学习化妆品原理与应用的目的之一就是理解并超越获取化妆品的认知。具体地说，就是护理自己的皮肤，不一定使用昂贵的商品化妆品，可以在对化妆品原理理解的基础上做适合自己的护肤品。

13.1　自制化妆品的优势与不足

13.1.1　商品化妆品的现实

1. 价格昂贵

化妆品的品牌很多，高度商业化，市场竞争十分激烈，化妆品厂商必须提升其品牌知名度和信誉度，需要市场营销、广告宣传、明星代言等多种手段并用。因此，商品化妆品成本构成中，原材料成本不再是主要成本，而营销成本占极大的比例。对于一些知名品牌化妆品来说，其销售价格的确定不仅考虑原材料的成本因素，更多考虑营销成本、品牌价值成本、销售利润等，所以，知名品牌化妆品的市场价格偏高，市场价格越高，即意味着品牌信誉度越高。

2. 安全性堪忧

一般商品化妆品需要较长的保质期、吸引人的状态、与皮肤相适应的 pH，因此商品化妆品中添加一些辅助添加剂，以达到抑菌、抗氧、调 pH、赋形、溶解等功能。这些辅助添加剂不是皮肤需要的物质，还可能对皮肤造成一定的伤害，但又是商品化妆品不得不添加的成分。消费者使用商品化妆品，就必须要面对辅助添加剂的风险。

化妆品生产商为了营销需要，总是推出新成分，使用新技术来吸引消费者眼球，而这些新成分、新技术没有长期的安全性试验，消费者自然成为这些新成分、新技术的小白鼠。事实上，有许多化妆品成分在长期使用过程中被发现有害而禁用。所以，使用商品化妆品必须面临新成分、新技术存在的风险。

更严重的是一些低成本、低投入的小品牌化妆品经常有添加有害成分的报道，即使大品牌化妆品也会出现有害成分超标，而且假冒伪劣化妆品屡禁不止，购买和使用商品化妆品还必须面对有害成分、假冒伪劣化妆品等风险。

13.1.2　自制化妆品的优势与缺点

1. 与商品化妆品相比，自制化妆品的优势

1）安全

自制化妆品材料一般安全、可食用；自制化妆品一般即做即用，不需要添加商品化妆品中必须添加的辅助添加剂；自制化妆品没有铅、汞等有害成分困扰，没有假冒伪劣化妆品困扰。所以，与商品化妆品相比，自制化妆品安全无忧。

2）低成本

自制化妆品材料大多是日常生活中常见的蔬菜瓜果和中药材，这些原材料价格便宜，即使偶尔添加一些常见的、易购买的功效成分，这些功效成分直接来源于化妆品原材料市场，成本不高。所以，与商品化妆品相比，自制化妆品有巨大的成本优势，即使是奢侈化妆品品牌使用的功效成分，普通百姓同样可以用廉价方式获得。

2. 与商品化妆品相比，自制化妆品的缺点与对策

1）功效不好及其对策

自制化妆品的材料中功效成分往往含量低、种类少，效果不尽如人意。

对策：①购买并添加需要的营养成分来解决功效成分含量低的问题。电商的发展，使个人购买化妆品原料变得极其简便，因此自制化妆品过程中添加需要的营养成分，可以解决上述问题，化妆品的上游原材料一般不贵，添加需要的成分不会大幅增加自制化妆品的成本。②几种材料混合使用解决功效成分种类少的问题。本书推荐的材料每一种都有其特有成分和特有功效，根据需要把它们混合使用可实现自制化妆品功效的多样化。

2）制作麻烦及其对策

自己做化妆品需要购买材料、清洗、加工等过程，即做即用，每天都做就显得十分麻烦，这是大多数人不愿自己做化妆品的主要原因。

对策：①延长自制化妆品的保质期，做一次化妆品可以使用较长时间。蜂蜜、尿囊素、金银花水[①]等自身具有防腐、抑菌效果，这些成分既可作营养剂，又可延长自制化妆品的保质期。把自制化妆品放入冰箱冷藏室，也可以延长保质期。②尽量选用易购买的、便宜的材料，制作方法尽量简便，在普通家庭厨房中使用普通厨具即可完成。

由于普通消费者一般不具备化学相关的专业知识，也就不具备自己选材料和自己设计制作方法的能力，因此自制化妆品时，天然材料不需要消费者自己选，制作方法不需要消费者自己设计，本书将向读者推荐一些自制化妆品的天然材料及制作方法。这些天然材料都是易获取的、便宜的、能食用的天然产物，设计的制作方法都是普通家庭厨房中使用普通厨具即可完成的。

---

① 金银花水提取物做的饮料，在药店很方便买到。

3）缺乏快速美容成分及其对策

商品化妆品一般很重视添加一些快速提升皮肤美容效果的成分，如增加皮肤反光度和光滑度的成分、促使蛋白收缩或舒张的除皱成分、收缩毛孔的成分、遮瑕和调色的成分、磨面成分等，这些成分是无害的，提升的美容效果虽然是短暂的、表面的，但是它是吸引消费者、能得到消费者认可的核心成分。而自制化妆品中主要是皮肤护理成分，需要渗入皮肤中起作用，需要很长的时间才能看出效果，没有这些暂时性效果的提升，就会让人误认为自己做的化妆品效果不尽如人意。

对策：购买并添加这类成分到自制化妆品中。

事实上，要真正调配出一些大牌化妆品所具有的暂时性效果的化妆品是比较难的，这是选择自制化妆品的人应该能够接受的事实，毕竟不是专业的化妆品配方设计师，要多看重护理皮肤带来的皮肤本质的提升，而不是那些表面的、暂时的效果。

3. 面膜机的尴尬

为解决自制化妆品制作麻烦的问题，面膜机被发明出来，但并没有得到消费者的认可，究其原因有如下几点：

（1）机器贵、买辅料贵，不具有自制化妆品低成本的优势。

（2）材料仅为易切成块的水果，局限性大。

（3）每次护肤都要购买、清洗、切块原料，面膜机自身也需要清洗，并没有真正消除自制化妆品的麻烦。

（4）制作的面膜偏固态，不如流变性好的化妆品在皮肤上吸收的效果好。

13.2 自制化妆品的材料与护肤品的制备

13.2.1 自制化妆品的常用辅助材料

自制化妆品过程中，天然材料通常的处理方式是榨汁，榨出的这些含有营养成分的液体通常需要增强保湿功效、增加稠度或者借助于面膜纸等，才能很好地敷于皮肤上，以便营养成分的吸收。

1. 自制化妆品常用的保湿剂

（1）蜂蜜。蜂蜜含极高的糖分，是很好的保湿剂，而且含有多种微量元素、少量维生素，天然抑菌防腐，是自制化妆品常用的天然保湿剂，同时兼具防腐、增稠功能。

（2）甘油。甘油又称丙三醇，有长期安全使用历史，是化妆品、药品、保健品、食品等领域常用的保湿剂，在普通药店即可购买到，添加在自制化妆品中用于增强化妆品的保湿效果。

（3）透明质酸。透明质酸是商品化妆品中常添加的高分子保湿剂，专业化妆品原料网站上可买到，添加于自制化妆品中用于皮肤表面保湿和增加皮肤润滑感。

（4）银耳汤。银耳熬制的汤中含有维生素 B_1、维生素 B_2、维生素 C、胡萝卜素、多种氨基酸、钙、铁、磷等，本身就是护肤佳品，银耳中的类胶原蛋白经过熬制水解，与糖一起形成有一定流变性的、黏稠的液体，利用其中大量的胶原蛋白和糖，可用于皮肤表面保湿，利用其黏稠性，可用于自制化妆品增稠。

银耳汤需要较长时间熬制才能变黏稠，用于自制化妆品略显麻烦，但在很多城市的早点摊上很容易买到已经熬制好的银耳汤。

（5）鸡蛋清。鸡蛋清含有维生素 B_1、维生素 B_2、维生素 B_3、维生素 B_5 及维生素 A 和维生素 C，还含有钙、磷、铁等元素，本身就是护理皮肤的佳品，其中较多的蛋白使鸡蛋清有一定的黏稠性，利用其黏稠性在自制化妆品中用作增稠剂和保湿剂。鸡蛋清中水分少，直接将其敷于皮肤上，可能从皮肤中吸水导致皮肤干燥。

2. 自制化妆品常用的增稠剂

（1）上述蜂蜜、鸡蛋清、银耳汤均可既保湿又增稠。

（2）香蕉。香蕉含有维生素 B_1、维生素 B_2 和大量维生素 A，还有多种微量元素，本身就是护肤佳品，利用其易捣碎的特性，在自制化妆品中可用作增稠剂。

（3）家中常备的面粉、小粉等也可在制作化妆品过程中用于增加稠度。

3. 自制化妆品常用的油性溶剂

（1）橄榄油。橄榄油易购买，主要成分为甘油三酯，还含有营养皮肤的维生素 A、维生素 B、维生素 D、维生素 E、维生素 K 及抗氧化物，是自制化妆品常用的油性溶剂。

（2）黑芝麻油。黑芝麻油易购买，主要成分为甘油三酯，还含有丰富的维生素 E 及锌、铁、锰等微量元素，是自制化妆品常用的油性溶剂。

13.2.2　自制化妆品的常用材料

1. 易购买的营养成分

在自制化妆品过程中，为克服天然提取物功效成分少的缺点，获得更好的护肤效果，可以在天然材料榨取的汁水中，添加一些易购买的护肤成分，做成营养强化型、保湿强化型、美白强化型、保质期强化型等的营养液体。

可添加的水溶性营养成分主要是：维生素 C、鞣花酸、维生素 B_3、维生素 B_5、维生素 B_6、尿囊素、根皮素、甲基葡萄糖胺、谷胱甘肽等。可添加的水溶性美白成分主要是：α-熊果苷、维生素 C、鞣花酸、维生素 B_3、根皮素、谷胱甘肽、曲酸等。可添加的保湿成分主要是：蜂蜜、甘油、透明质酸、丙二醇、吡咯烷酮羧酸钠、氨基酸等。增强防腐功效的成分主要是：蜂蜜、金银花露等。

2. 天然营养型材料

一些生活中常见的可以食用的药材、水果、蔬菜，因含有水、氨基酸、维生素、微量元素、糖等一般功效成分和一些特殊功效成分，便宜易得，常用作自制化妆品的天然材料。把各具特点的天然材料的汁水混合，也可做成具有多种功效的营养液体。

1）黄瓜

（a）黄瓜的成分与功效

黄瓜（图 13-1）是传统的美容蔬菜，内含多种营养成分。黄瓜不受时间、地域限制，随时随地均可买到，是理想的自制化妆品原料。

图 13-1　黄瓜（本图源自百度图片）

100g 黄瓜中除水分以外主要成分包括：蛋白质 0.6～0.8g、脂肪 0.2g、碳水化合物 1.6～2.0g、灰分 0.4～0.5g、钙 15～19mg、磷 29～33mg、铁 0.2～1.1mg、胡萝卜素 0.2～0.3mg、维生素 B_1 0.02～0.04mg、维生素 B_2 0.04～0.4mg、维生素 B_3 0.2～0.3mg、维生素 C 4～11mg。此外，还含有葡萄糖、鼠李糖、半乳糖、甘露糖、木米糖、果糖、咖啡酸、绿原酸、葫芦素、黄瓜酶、多种游离氨基酸以及挥发油等。

皮肤保湿成分：葡萄糖、鼠李糖、半乳糖、甘露糖、木米糖、果糖。

胡萝卜素：在体内转化为维生素 A，实现抗氧化、调节基底细胞活性的作用。

维生素 B_3：扩张血管（疏通微循环），减少色素沉积（阻断黑色素向角质形成细胞运输），增加皮肤屏障功能，防止光损伤和光致癌，促进角质更新，改善老化皮肤的暗黄（抗糖基化）等。

维生素 C：美白（还原多巴醌和黑色素）、促进胶原蛋白合成、抗氧化。

黄瓜酶：扩张血管。

绿原酸：超强抗氧化、抑菌防腐。

咖啡酸：抑菌。

总体来说，黄瓜用于化妆品的特点：有多种营养护肤成分。

（b）简单的黄瓜护肤品的制备

黄瓜切片敷在脸上，黄瓜片处于固态，不利于营养成分向皮肤中渗透扩散。黄瓜水分含量约 98%，绝大多数营养成分都溶在水中，直接把黄瓜打碎榨汁，用黄瓜汁护肤有利于营养成分吸收。

准备家用打浆机、纱布、黄瓜若干。

把黄瓜在打浆机中打碎，用纱布滤出黄瓜汁。

在黄瓜汁中添加一些易购买的水溶性的营养成分，可做成营养强化型黄瓜汁、美白强化型黄瓜汁、保湿强化型黄瓜汁。

用黄瓜汁直接浸湿面膜纸敷在面部，一直用黄瓜汁保持面部面膜纸湿润即可让皮肤充分吸收黄瓜中的营养成分。也可以在黄瓜汁中加入鸡蛋清、香蕉泥或者小粉、面粉稍微增稠，直接涂抹在皮肤上。

一次多做一些黄瓜汁，加入少量蜂蜜或金银花露（防腐），装入密闭消毒瓶中（玻璃瓶和瓶盖可用蒸煮方式消毒，新买的矿泉水倒去水后的瓶子可直接用），置于冰箱冷藏室，每天取少量使用，可保质两周以上。

2）红石榴

（a）红石榴的成分与功效

红石榴（图13-2）皮中含有鞣花酸，榨汁时与皮一起打碎。红石榴汁呈较强酸性，浸泡石榴皮可提取出其中的鞣花酸，敷于面部前，需要先在手部做皮肤试验，无刺痛感才能使用，有刺痛感应立即用水冲洗掉。很多化妆品都使用红石榴水，说明其护肤功效得到了消费者的认可。

图13-2　红石榴（本图源自百度图片）

100g石榴水中含水分78.7g、蛋白质1.3g、脂肪0.1g、膳食纤维4.9g、糖14.5g、维生素 B_1（硫胺素）0.05mg、维生素 B_2（核黄素）0.03mg、维生素 C 13mg、维生素 E 3.72mg、钾218mg、钠0.8mg、钙16mg、镁16mg、铁0.2mg、锰0.18mg、锌0.19mg、铜0.17mg、磷76mg，还含有多酚类物质（鞣花酸等）、果酸、花青素、多种微量元素。

维生素 B_2：抗氧化。

维生素 C：美白（还原多巴醌和黑色素）、促进胶原蛋白合成、抗氧化。

维生素 E：抗氧化、美白（抑制酪氨酸酶活性）。

多酚：抗氧化、美白（抑制酪氨酸酶活性）。

花青素：抗氧化。

果酸：软化角质、去死皮。

总体来说，红石榴汁用于化妆品的特点：抗衰老（抗氧化）、美白、去死皮、软化角质。

（b）简单的红石榴护肤品的制备

准备家用打浆机、纱布、新鲜红石榴若干。

取新鲜红石榴去掉两端的蒂，洗净，分成小块，把皮和籽一起放入打浆机打碎，放置过夜（让石榴皮中的鞣花酸尽量溶解在酸性的石榴汁中），用纱布滤出石榴汁。

与前述黄瓜汁一样，可以添加上述水溶性成分做成营养加强型石榴汁、美白加强型石榴汁、保湿加强型石榴汁。

可用面膜纸为载体，让皮肤充分吸收石榴汁的营养成分，也可用鸡蛋清、蜂蜜、面粉等增稠后涂在皮肤上。

红石榴水本身呈较强酸性，有一定的抑菌能力，多余的红石榴水可装于密闭消毒瓶中保存在冰箱冷藏室待用。

3）大蒜

（a）大蒜的成分与功效

与其他天然材料一样，大蒜（图 13-3）含有氨基酸、维生素、微量元素等，特别是其中含有的以蒜氨酸为代表的含硫氨基酸，占大蒜干重的 0.6%～2%，具有抗衰老、促进血管中纤维蛋白溶解等多种生理活性[1]，尤其是它具有超强的杀菌能力，对致病的葡萄球菌、化脓性球菌、痢疾杆菌、大肠杆菌、伤寒杆菌、结核杆菌、白喉杆菌、炭疽杆菌、枯草杆菌、副伤寒杆菌、脑膜炎球菌及双球菌、霍乱弧菌、链球菌、白色葡萄球

图 13-3　大蒜（本图源自百度图片）

菌、许兰黄癣菌等有明显的抑菌和杀菌作用。但遗憾的是没有抑制导致痤疮的痤疮丙酸杆菌的作用，对长痘无治疗作用。

总体来说，大蒜用于化妆品的特点：抑菌、疏通微循环。

（b）简单的大蒜护肤品的制备

大蒜中还含有能把蒜氨酸分解转化成蒜素的蒜氨酸酶，未捣碎的大蒜中蒜氨酸与蒜氨酸酶被细胞膜隔开，所以没有臭味。捣碎后的大蒜，细胞膜被破坏，蒜氨酸会被蒜氨酸酶催化分解成有特殊气味的蒜素，尽管蒜素也具有多种生理活性和较强的杀菌能力，但蒜素很不稳定，在空气中极易迅速分解成难闻、溶于油的有机硫化物，再进一步分解成没有生理活性、没有臭味的多硫化物。因此，在处理大蒜时，应尽可能保留活性成分蒜氨酸。蒜氨酸等含硫氨基酸易溶于水，在水浸泡中捣碎大蒜可最大程度地保留蒜氨酸，减少大蒜异味。

把剥皮的大蒜置于家用打浆机中，加入适量水，启动打浆机打碎，用纱布滤去固体残渣即得含蒜氨酸的水溶液。可把含蒜氨酸的水溶液装在消毒瓶中并密封保存于冰箱冷藏室待用，或加入鸡蛋清、蜂蜜等，直接敷于皮肤上。

4）绿茶

（a）绿茶的成分与功效

绿茶（图 13-4）是未经发酵制成的茶，保留了鲜叶的天然物质，含有茶多酚（主要成分是儿茶素）、叶绿素、咖啡碱、氨基酸、维生素等营养成分[2]。其中的茶多酚可占茶叶干重 20%，具有抗氧化和美白（抑制酪氨酸酶活性）作用。茶多酚中的儿茶素及其氧化物可以减少血液中增强血凝黏度的纤维蛋白原，抑制血管内壁脂肪沉积形成动脉粥样硬化斑块。

图 13-4　绿茶（本图源自百度图片）

总体来说，绿茶用于化妆品的特点：抗氧化、美白、消除微循环障碍。

（b）简单的绿茶护肤品的制备

绿茶中的茶多酚、氨基酸、维生素等都是水溶性的，开水泡一杯浓茶，滤去茶叶即可。

绿茶水可做成化妆水（见本章后面化妆水制备），也可直接使用或配入其他材料使用。茶叶水提物茶多酚易氧化，需要即做即用。

图 13-5　当归（本图源自百度图片）

5）当归

（a）当归成分与功效

当归（图 13-5）是传统中药材，化学成分主要是藁本内酯、正丁烯酰内酯、阿魏酸、维生素 B_3、蔗糖、多种氨基酸、倍半萜类化合物。

阿魏酸：抑制酪氨酸酶活性。

维生素 B_3：扩张血管（疏通微循环）、减少色素沉积（阻断黑色素向角质形成细胞运输）、增强皮肤屏障功能、防止光损伤和光致癌、促进角质更新、改善老化皮肤的暗黄（抗糖基化）。

总体来说，当归用于化妆品的特点：美白。

（b）简单的当归护肤品的制备

购买当归时，可以让药店帮忙磨成粉。传统做法是直接在当归粉中加入水、鸡蛋清、蜂蜜，搅拌均匀后涂于面部。当归中的营养成分还在固态的当归粉中，皮肤不能很好地吸收。正确做法是开水浸泡当归粉或熬煮一段时间，滤去渣后的溶液增稠后或利用面膜纸敷于脸上。当归营养液除直接使用外，也可以与其他材料营养液混用，或参照黄瓜护肤品的制备做成营养强化型、保湿强化型等的化妆品。

3. 天然清洁营养型材料

1）绿豆

绿豆（图 13-6）富含矿物质和维生素，但绿豆用作美容的成分主要是牡蛎碱和异牡蛎碱，它们具有卓越的清洁效果和抗氧化能力，适用于油脂分泌多或暗疮肌肤的清洁和营养。

总体来说，绿豆用于化妆品的功效特点：清洁、营养、适用于偏油性皮肤。

简单的绿豆护肤品的制备：把绿豆磨成粉，加入适量水、蜂蜜、鸡蛋清调成合适的状态，

图 13-6　绿豆（本图源自百度图片）

抹于面部皮肤上，即为控油保湿绿豆面膜。每周做 2～3 次，可清洁肌肤、去除角质、抗氧化。

2）青木瓜

青木瓜（图 13-7）含有多种果酸（苹果酸、酒石酸、柠檬酸），用于软化角质、去死皮；黄酮类成分，用于抗氧化、疏通微循环；维生素 B、维生素 C、维生素 E 等，用于美白、促进胶原蛋白合成、抗氧化、增强细胞活性等；黄色色素（胡萝卜素、隐黄素、蝴蝶梅黄

素、隐黄素环氨化物），用于抗氧化；还有糖分、脂肪、蛋白质等多种成分。未成熟的青木瓜中还含有木瓜蛋白酶和木瓜脂肪酶，可用于催化水解蛋白质和脂肪并分解成小分子水溶性物质，适用于油脂分泌多或暗疮肌肤清洁和营养。

图 13-7　青木瓜（本图源自百度图片）

总体来说，木瓜用于化妆品的特点是：清洁、营养、适用于偏油性皮肤。

简单的木瓜护肤品的制备：青木瓜去皮、去籽，加入蜂蜜、鸡蛋清，用打浆机打碎、打匀即可敷于面部，最后清水洗去。青木瓜面膜既营养皮肤，其中的木瓜酶又能把皮肤上和毛孔中的甘油三酯、蛋白质分解成小分子水溶性成分，以便于清洁。打碎木瓜前加入一些酸奶，还可做成集营养、清洁、去死皮、软化角质于一体的木瓜面膜。

木瓜中有番木瓜碱，对中枢神经有麻痹作用，有轻微毒性，无论吃木瓜还是用它做面膜，都不能太多、太频繁。

4. 其他天然材料

1）芦荟

芦荟（图 13-8）中有黄酮、多种氨基酸、多种脂肪酸、多种维生素、多种微量元素等丰富的、容易被皮肤吸收的营养成分，对皮肤有多种护理功效，是传统的美容植物；芦荟中有芦荟大黄素，有抑菌作用，特别是能抑制引起痤疮的痤疮丙酸杆菌，用于长痘、偏油的皮肤；芦荟中有黄酮，可用于平衡体内激素水平，抑制皮脂过度分泌，也适用于长痘皮肤。因此，芦荟实质上是偏油、痤疮皮肤营养、美白、抑菌的佳品。

图 13-8　芦荟（本图源自百度图片）

总体来说，芦荟用于化妆品的特点：营养、美白、抑菌、适用于偏油的痤疮皮肤。

芦荟不易获取，但市面上很容易买到有同等效果的、制作好的芦荟胶，它可以直接用于皮肤上，也可与其他天然材料的汁水混合使用。芦荟胶有一定致敏性，敏感皮肤需要先在手部做敏感性测试。

2）柠檬

柠檬的主要成分是维生素 C、糖类、钙、磷、铁、维生素 B_1、维生素 B_2、维生素 B_3、奎宁酸、柠檬酸、苹果酸、橙皮苷、柚皮苷、香豆精、高量钾元素和低量钠元素等。

柠檬酸、奎宁酸、苹果酸：软化角质、去死皮。

维生素 C：美白（还原多巴醌和黑色素）、促进胶原蛋白合成、抗氧化。

维生素 B_3：扩张血管（疏通微循环）、减少色素沉积（阻断黑色素向角质形成细胞运输）、增加皮肤屏障功能、防止光损伤和光致癌、促进角质更新、改善老化皮肤的暗黄（抗糖基化）。

柠檬含水较多，榨汁方便，汁水酸度较大。洗脸水中加入柠檬汁，柠檬酸可以软化角质；维生素 C、维生素 B_3 等可以美白、营养皮肤。

总体来说，柠檬用于化妆品的特点：营养、美白、软化角质。

图 13-9　柠檬（本图源自百度图片）

13.2.3　常见护肤品的制备

自制化妆品主要是在上述材料基础上自制护肤品，做一些适合向皮肤中渗透营养成分的护肤品，一般剂型是：化妆水、凝胶、乳液、精油。

特别说明：①自制化妆品过程中，可把下述实例看成是制作化妆水、凝胶、乳液、精油的操作通式。如果需要添加更多营养成分，水溶性营养成分和油溶性营养成分分别在水、油中先溶解，其他操作都是一样的，只要不大幅增加体积，这些营养成分的适量添加不会改变自制化妆品的最终剂型状态。②各实例中的成分称量有些是在实验室用精确的电子天平完成，所以有的添加物质量精确到小数点后四位，实际制作过程中，不必如此精确，各成分添加量差不多即可。

1. 自制化妆水

化妆水的制作方法很简单，仅是各种成分简单的溶解。

化妆水的基本功能是补水和保湿，因此水中溶解一定量的保湿成分就具有化妆水的基本功能，再在其中溶入水溶性营养成分，就可以做成营养型化妆水。

化妆水抹在皮肤表面，溶于其中的营养成分最容易渗透扩散，但缺点是干得太快，营养成分吸收时间太短。如果能长时间以维持面膜纸湿润的方式给面部补充营养，化妆水实质上是最佳的补充营养的剂型。商品化妆水较贵，维持面膜纸湿润消耗太大，成本太高，而自制化妆水营养液成本很低，即使长时间维持面膜纸湿润也增加不了多少成本。所以，自配化妆水营养液是替代商品化妆品面膜、精华素等向皮肤中渗透水溶性物质的最佳选择。

例 13-1　绿茶化妆水的制备

绿茶中含有茶多酚，用其制备的化妆水除具有化妆水的基本功能外，还具有抗氧化、美白、疏通微循环的功效，适用于晚上洁面后、补营养前给皮肤补水。

制备方法：矿泉水烧开，泡一杯浓的绿茶，稍冷后倒出茶水，在茶水中加入半匙蜂蜜，即为绿茶化妆水。

如果在该化妆水中加入 13.2.1 节和 13.2.2 节中介绍的水溶性保湿、增稠和营养成分，可做成营养强化型的绿茶化妆水。

一些成分的添加可以改善绿茶化妆水的肤感，这些成分主要是：0.5%的透明质酸，用于皮肤表面保湿和增加皮肤滑腻感；浓稠的银耳汤，用于皮肤表面保湿和增加皮肤滑腻感；对化妆水稍微增稠也是改善皮肤肤感的重要措施。

例 13-2　白葡萄酒爽肤水的制备

白葡萄酒中含有约 12%的乙醇，可以清凉皮肤、收缩毛孔、疏通微循环；含有白藜芦醇等众多抗氧化成分，是抗衰老佳品；含有多种对人体皮肤有益的维生素。用它制备的化妆水具有补水、保湿、清凉、收缩毛孔、营养、抗衰老等功效。适用于乙醇不过敏的皮肤晚上洁面后、补营养前补水或者高温天气补水。

制备方法：在一瓶白葡萄酒中加入一匙蜂蜜或少量甘油，即为白葡萄酒爽肤水。

可用上述例 13-1 中的方法强化保湿、营养、调节肤感等。白藜芦醇作为化妆品营养添加剂，既不溶于水又不溶于油，难配入化妆品，但它溶于乙醇，含有乙醇的葡萄酒可以增溶白藜芦醇，因此上述制备的白葡萄酒爽肤水可以少量添加白藜芦醇。

例 13-3　维 C 保湿化妆水的制备

维生素 C 具有美白、抗氧化、促进胶原蛋白合成的作用，用它制备的化妆品适用于晚上洁面后、补营养前给皮肤补水。

制备方法：称取 2.0g 透明质酸钠、2.0g 蜂蜜、6.0g 甘油、0.5g 维生素 C，加入 200mL 矿泉水中，水浴加热搅拌，使其充分溶解，冷却后即为有轻微蜂蜜味、流动性比水稍差的维 C 保湿化妆水。

该化妆水涂抹于手上，容易抹开、易干、易吸收、清爽，待皮肤吸收完全后，感觉皮肤光滑细腻，保湿效果良好且较持久。

2. 自制护肤凝胶

凝胶型化妆品有一定的透明性和黏稠度，不含油性成分[1]，可以看成是由化妆水增稠形成。凝胶型化妆品主要用于保湿和向皮肤中渗透水溶性营养成分。

例 13-4　银耳保湿凝胶的制备

熬制的银耳液中含有大量的类胶原蛋白和糖类成分，有利于皮肤表面保湿；含有多种氨基酸和多种维生素（胡萝卜素、维生素 B_1、维生素 B_2 和维生素 C 等），是皮肤护理佳品。

制备方法：

（1）银耳液的制备。称取 4.3g 银耳（去掉中间黄色部分），加入适量水浸泡 5min，将银耳泡发，将水分倒掉，放入电饭煲中，加入 430mL 矿泉水，将电饭煲调至熬粥按钮，熬制 3h 以上至银耳液变稠，滤去固体杂质待用。黏稠的银耳液也可以在一些早餐小摊上购买。

（2）银耳保湿凝胶的制备。量取 45mL 银耳液（重量为 45.77g），加入 0.6g 透明质酸、2g 蜂蜜、0.5g 吉利丁粉[2]、6g 甘油，热水浴中不断搅拌到溶解完全，稍冷后在冰水浴中静置

---

① 油性成分不溶于水，只能乳化在水体系化妆品中而形成不透明的白色乳液。

② 吉利丁又称明胶或鱼胶，是从动物的骨头（多为牛骨或鱼骨）中提炼出来的胶质，主要成分为蛋白质，是常用的食品增稠剂。

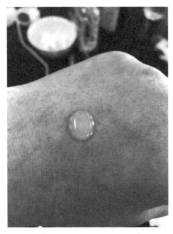

图 13-10　银耳保湿凝胶

约 10min，溶液由水状逐渐变黏稠，最终变为无色透明凝胶状液体，有微弱的银耳味道和蜂蜜味道（图 13-10）。

用上述方法制备的凝胶易抹开，保湿性良好，有微弱的黏腻感，不易干，使用后皮肤嫩滑，保湿持久。制备过程中可适量添加一些其他水溶性营养成分，不会改变该法制备的化妆品的状态、黏度、保湿性、肤感等。

例 13-5　绿茶玫瑰花露的制备

制备方法：

（1）绿茶水的制备。称取 0.5g 绿茶，加入到烧开的 50mL 矿泉水中，浸泡半小时，滤去茶叶，收集得淡绿色绿茶水待用。

（2）玫瑰花露的制备。称取 0.5g 玫瑰干花，加入到烧开的 25mL 矿泉水中，浸泡半小时，滤去玫瑰花，收集得淡粉色玫瑰水待用。

（3）绿茶玫瑰花露的制备。取 20mL 绿茶水、10mL 玫瑰水混合，加入 0.28g 透明质酸、1.5g 蜂蜜、0.25g 吉利丁粉、2.12g 甘油，水浴加热搅拌至溶解，冷却即为淡粉色、半透明的绿茶玫瑰花露。

该玫瑰花露易抹开、易吸收、不油腻，皮肤吸收完全后嫩滑、有弹性、保湿性良好（图 13-11）。

图 13-11　绿茶玫瑰花露

3. 自制护肤乳液

乳液型化妆品是把油与水用乳化剂乳化在一起并增稠形成的白色膏状化妆品，乳化油粒粒径一般大于 0.5μm，含有较多的油性成分。乳液型护肤品常用于化妆品中既加入水溶性营养成分又加入油溶性营养成分的体系。

图 13-12　辅酶 Q10 抗氧化保湿乳液

例 13-6　辅酶 Q10 抗氧化保湿乳液的制备

（1）水溶性营养成分的溶解。取 0.20g 透明质酸、2.52g 甘油、1.75g 蜂蜜溶于 20mL 矿泉水中水浴加热溶解。

（2）油溶性营养成分的溶解。取 1g 辅酶 Q10、3g 小麦胚芽乳化蜡（乳化剂）、40mL 的葵花籽油放于玻璃瓶中，水浴加热溶解。

（3）乳液的制备。溶解有营养成分的葵花籽油中搅拌滴入上述水溶液[①]，滴完后继续加热搅拌 10min，静置冷却即得淡黄色辅酶 Q10 乳液（图 13-12）。

---

① 如果乳液稠度不够，还可以在此时加入增稠剂以增加乳液体系稠度。

例 13-7　维生素 A 银耳保湿乳

（1）水溶性营养成分的溶解。在 28mL 银耳液中加入 0.18g 透明质酸、1.32g 甘油、1.22g 蜂蜜，微波炉加热至接近沸腾，取出搅拌使其溶解成无色透明液体。

（2）油溶性营养成分的溶解。在 10mL 葵花籽油中加入 1.0g 维生素 A、0.32g 卵磷脂、1.54g 天然小麦胚芽乳化蜡，加热搅拌至全部溶解。

（3）乳液的制备。溶有营养成分的葵花籽油趁热搅拌下缓慢分次加入上述溶有营养成分的水溶液，加毕后持续搅拌 10min，然后静置冷却即得维生素 A 银耳保湿乳。

该品为豆奶色乳状液，流动性差，有卵磷脂气味，用于抗氧化、增强基底细胞活性和保湿（图 13-13）。

图 13-13　维生素 A 银耳保湿乳

例 13-8　维 C 维 A 强化型木瓜乳液

（1）水溶性营养成分的溶解。取木瓜果肉 120g 和 100mL 矿泉水放入家用打浆机内打碎，纱布过滤收集滤液。取 18mL 滤液，加入 0.50g 维生素 C、0.15g 透明质酸、1.6g 甘油、1.35g 蜂蜜，加热搅拌溶解。

（2）油溶性营养成分的溶解。取 10mL 葵花籽油，加入 0.5g 维生素 A、3.3g 小麦胚芽乳化蜡，加热搅拌溶解。

图 13-14　维 C 维 A 强化型木瓜乳液

（3）乳液的制备。溶有营养成分的葵花籽油趁热搅拌下将上述溶入营养成分的木瓜水提物分批倒入油中，加毕后继续加热搅拌 3min，冷却即形成黏稠的淡红色木瓜乳液，有木瓜味。

木瓜中有多种营养成分，再加上额外添加的维生素 C 和维生素 A，具有抗氧化、美白、调节基底细胞活性等功效（图 13-14）。

4. 自制护肤精油

精油型化妆品用油作溶剂，涂在皮肤上不易干，可长时间向皮肤渗透营养成分，所以向皮肤中渗透不溶于水、溶于油的成分，精油型化妆品是最佳选择。

常用的油性溶剂主要是超市中容易购买的、有一定护肤功效的植物油脂，如橄榄油、芝麻油。常见溶于油的营养成分主要是辅酶 Q10、维生素 E、维生素 A、虾青素、番茄红素、硫锌酸。

护肤精油的制作方法：取油溶性营养成分添加到橄榄油或芝麻油中，加热摇动溶解，冷却即为护肤精油。

护肤精油的使用方法：把自制的护肤精油涂在皮肤上，按摩皮肤促进其营养成分吸收，半小时到一小时后，洗去皮肤上的精油即可。

知 识 测 试

一、判断

1. 蜂蜜既有保湿又有防腐功效 （   ）

2. 用银耳熬制的汤主要用于皮肤表面保湿 （   ）

3. 鸡蛋清含有很多水分，可直接涂于皮肤上保湿 （   ）

4. 维生素 C 是皮肤需要的水溶性营养成分 （   ）

5. 化妆品中常见的油溶性成分主要有辅酶 Q10、维生素 E、维生素 A、虾青素等（   ）

6. 市售鞣花酸是由石榴皮提取出来的 （   ）

7. 黄瓜护肤特点是清洁和营养 （   ）

8. 大蒜护肤特点是抑菌和疏通微循环 （   ）

9. 绿豆用于化妆品的作用主要是清洁 （   ）

10. 红石榴汁水有较强的酸度，直接涂于皮肤之前应试验对皮肤的刺激性 （   ）

11. 芦荟胶适用于偏油、长痘的皮肤 （   ）

12. 成熟的木瓜中含有木瓜酶，可催化分解油脂、蛋白质 （   ）

13. 当归是一种美白中药材 （   ）

14. 绿茶水提取物对皮肤具有抗氧化、疏通微循环和美白功效 （   ）

15. 洗脸水中加入柠檬汁可以软化角质、美白、营养皮肤 （   ）

16. 把辅酶 Q10 溶于含保湿成分的水即可得到辅酶 Q10 化妆水 （   ）

17. 护肤凝胶和化妆水都可向皮肤中渗透水溶性营养成分 （   ）

18. 精油主要用于向皮肤中渗透油溶性营养成分 （   ）

二、简答

1. 谈谈与商品化妆品相比，自制化妆品的优势与缺点。

2. 自制营养化妆水是营养成分向皮肤渗透的最佳选择，为什么商品化妆水却不是？

3. 简述乳液制作的一般过程。

参 考 文 献

[1] 周本宏. 蒜对皮肤微循环的作用[J]. 国外医药·植物药分册，1992，7（5）：218.

[2] 百度百科. 绿茶[EB/OL]. https://baike.baidu.com/item/绿茶/13497?fr = aladdin. 2015-05-12.

知识测试答案

第1章 绪 论

一、判断

1. × 2. √ 3. × 4. × 5. × 6. √ 7. √ 8. √ 9. × 10. √ 11. √
12. × 13. √ 14. √ 15. √ 16. √ 17. × 18. √ 19. × 20. × 21. ×

二、简答

1. 超声波通过高频振动按摩皮肤，可以有四大作用：①疏通皮肤血液微循环及去除因微循环不通畅引起的皮肤红色；②促进胶原蛋白的合成；③配合洁面化妆品使用有卓越的清洁效果；④配合营养化妆品使用有卓越的促渗透效果。

使用超声波美容时，超声探头不能辐射眼睛、眼皮等部位，一些患有疾病如心脏病等的人，不能使用超声波。超声波促渗透时，可能把化妆品挤入毛孔和汗管，引起毛孔和汗管阻塞；可能把一些难渗透的成分"挤"入皮肤，引起皮肤过敏。

2. 高温蒸汽可以扩张毛细血管、促进皮肤血液循环；可以舒张毛孔，软化毛孔中黑头等污物，起清洁毛孔作用；可以给皮肤补水。过于频繁使用高温蒸汽刺激皮肤，使毛孔总是扩张的，可能导致毛孔粗大；毛细血管总是扩张，可能出现皮肤偏红。因此蒸汽美容不宜天天做。

3. 激光美肤不仅可以美白祛斑、去红、去疤痕，激光照射皮肤，会启动皮肤损伤修复机制，可以促进血液循环、促进胶原蛋白的合成、修复皮肤损伤。激光手术是最有效、最快速的祛斑美肤方法。但是，激光手术不能完全做到不损伤正常皮肤组织，激光手术总是会损伤皮肤角质层，造成术后皮肤对光敏感、对外界物质敏感、皮肤易失水干燥。如果术后生活环境不利于保养或者保养不当，很容易出现皮肤长期变红、色素沉着等副作用。而且，激光手术未从根源上解决斑的形成，术后可能复发。

4. 未来化妆品抗衰老方法除了现有的保湿补水、防紫外线、补充营养、抗氧化、抗糖基化、促进胶原蛋白合成并防止降解、消除微循环障碍、增强细胞活性等，还可能发展出恢复毛细血管体密度、去除脂褐素、增强细胞能量代谢供应链、抑制线粒体衰老、清除衰老细胞等方法。

第 2 章　化妆品概论

一、判断

1. √　2. ×　3. ×　4. √　5. √　6. √　7. √　8. ×　9. ×　10. √　11. √
12. √　13. √　14. ×　15. ×　16. √　17. ×　18. ×　19. ×　20. √　21. ×　22. ×
23. √　24. ×　25. √　26. √　27. √　28. √　29. ×

二、简答

1. 皮肤类化妆品的一般使用顺序是：卸妆、洁面、补水、补充营养物质、润肤或隔离、化妆。

（1）卸妆。如果在皮肤上使用了含油性物质较多的化妆品，油性物质长时间暴露在空气中，会干化变黏，这些黏稠的油性物质太多、很难用常规洁面方法清除干净，需要用一些自身容易清洁的溶剂先溶解，并擦洗除去绝大部分油性物质和粘在皮肤表面的无机颗粒，这个过程就是卸妆。卸妆是为下一步洁面过程中能把皮肤清洁更干净做准备。

（2）洁面。化妆品中的油性物质和皮脂腺分泌的皮脂存在于皮肤表面，形成了一层油性膜，如果这些油性物质清洁不彻底，会有如下问题：①易干化阻塞皮肤（特别是面部）的毛孔，形成黑头或长痘；②会阻碍功能成分的吸收；③这些有机物还会腐烂变质，对皮肤造成伤害；④油性污物也会影响皮肤美观。因此，清洁是皮肤护理的基础工作。仔细做好洁面工作，是为后续步骤中水分和营养物质渗透到皮肤中做准备。

（3）补水。皮肤中水分充足，皮肤才显得柔润。洁面以后用化妆水给皮肤补水，除了让皮肤充分吸收水分并保湿外，主要是为后续步骤补充营养物质做准备：①水分可撑大细胞内外容纳营养物质扩散的空间，提供了营养物质扩散的载体，更有利于水溶性营养物质的吸收。②补充营养物质前，需要把皮肤调节到最佳状态，化妆水还承担着调节皮肤 pH、收缩毛孔等调节皮肤状态的任务。收缩毛孔可以减少化妆品进入毛孔的概率，让皮肤看起来更细腻。③一些附加功能，如美白、补充营养物质也可以在该步骤进行。

（4）补充营养物质。即向皮肤渗透对皮肤有益的物质。人体是一个水系统，因此，皮肤需要的营养物质绝大部分是水溶性的，要让这些营养物质渗入皮肤中：①需要清洁除去皮肤上的油性阻隔膜，以防其阻碍水溶性物质的渗透；②需要让皮肤充分吸收水分，以利于水溶性物质的渗透扩散；③需要把化妆品的剂型调整到适合分子渗透扩散的形态，以利于营养物质在化妆品中渗透。

（5）润肤或隔离。在前面步骤中清洁皮肤时，皮肤上的皮脂膜同时被除去，补水和补充营养物质后都没有重塑这层保护膜，如果不化妆，则需要在皮肤上涂润肤类化妆品重塑这层油性的保护膜。如果要在皮肤表面使用彩妆类化妆品，因为彩妆中可能含有对皮肤有害的成分，需要先在皮肤上涂一层易成膜的油性物质，以隔离彩妆化妆品中的有害成分。

（6）化妆。在皮肤表面使用彩妆化妆品以用于修饰、遮瑕、防晒等作用。如果皮肤既要防晒又要化妆，应在隔离后先涂防晒化妆品，再化妆。

2.（1）从证照齐全的实体店、专卖店、超市或信誉度高的网络销售平台购买化妆品。

实体店、专卖店、超市销售的化妆品需要较高的成本，是国家传统监管的销售渠道，出现假冒伪劣化妆品的概率较低；一些大的网络销售平台，商品由企业进货把关，大大降低了出现假冒伪劣化妆品的概率。从这些销售渠道购买的化妆品基本可以保证是真品。

批发市场途径获得的化妆品出现假货的概率很高；一些网络销售平台中的网上店铺售卖的化妆品出现假货的概率较高；小样化妆品出现假货的概率较高；代购化妆品出现假货的概率较高；微商销售的化妆品出现假冒伪劣的概率很高。应尽量避免从这些渠道购买化妆品。

（2）购买长期存在的化妆品品牌。在网络上销售的化妆品，每年总是有大量新的品牌出现和消失，这些新的品牌只有电商销售，没有实体店销售，没有大量的广告投入，做这类化妆品只需要很小的投资，投资小即意味着即使违法也不需付出高昂的成本，它们吸引消费者的不是品牌的信誉度，而是漂亮的网页、夸张虚假的宣传。这类化妆品即使在国家药品监督管理局网站上有备案，也是违法添加有害成分的高风险化妆品，是消费者应尽量避免购买的化妆品。

化妆品品牌能长期存在，说明经受住了国家长期监管的考验，是值得信赖的品牌。

（3）应深入了解欲购化妆品信息，以降低买到假货的概率。对欲购买的化妆品，特别是一些新的、不知名的、低投入的化妆品，需要了解它的详细信息来判断它是否值得信赖。

①要仔细查看产品的生产企业、生产日期、有效期限等相关信息，不要购买没有批准文号或者与批准信息不符、没有备案文号或者与备案信息不符的化妆品。

②应搜索化妆品相关信息，不要购买有被查处到不合格记录的化妆品。

③购买需要向皮肤渗透成分来实现保养和美白类化妆品，消费者评价不能作为参考标准。消费者一般对这类化妆品不能作出客观评价。这类化妆品的效果是长期使用形成累积的结果，不是短时间能见效的。而消费者评价，往往是从肤感、快速效果等方面进行判断。不良的化妆品厂商往往故意添加有害成分来实现快速美肤，以获得消费者的好评。从曾经查处的添加了有害成分的化妆品的消费者评价来看，几乎所有人一致给出了效果好的评价。所以，购买皮肤保养和美白类化妆品，如果有快速美肤的宣传和评价的，是相当危险和应该避免的。

④购买在皮肤表面工作的彩妆类、润肤类化妆品，消费者评价可以作为评判标准，因为这类化妆品是在皮肤表面通过防护、修饰等实现美肤作用，化妆品厂商没有故意添加有害成分的必要性，消费者可以第一时间感知该类化妆品是否好用，所以其评价是真实的和可信赖的。

（4）不要盲目相信打折促销广告和宣传，不购买与市场价格相比明显过低或过高的产品。

低价永远是假冒伪劣化妆品吸引消费者的手段，信誉度不高的销售平台上的打折促销，或者比市价明显偏低的化妆品不能购买。售假者一般很能揣测人们的消费心理，当消费者都认识到低价可能买到假货时，又出现高价售卖假化妆品的报道。

3. 在化妆品快速美肤方法中，有允许的、低风险的方法，也有禁止的，有害的方法。

（1）允许的、低风险的方法。

①水分补充可快速改善皮肤观感。

②一些物质的刺激使毛孔收缩、肌肉舒张或收缩、皮肤紧致。这些方法是允许的和无害的，但只是短暂的。

③使用聚硅氧烷类物质覆盖在皮肤表面可以使皮肤摸起来更顺滑，看起来反光度提高。

④彩妆化妆品物理遮蔽和调色。

⑤机械磨面、去死皮、去角质带来的皮肤改善。

⑥荧光增白剂带来肤色变白。过量使用荧光增白剂会增加皮肤过敏反应风险。

⑦过氧化氢带来的肤色变白。过量、长期使用强氧化剂有加速皮肤衰老的风险。

⑧神经酰胺修复皮肤角质层会使皮肤更光滑并且效果较持久，是允许并无害的。

⑨激光手术祛除色素、色斑可让皮肤维持几个月美白效果。后续保养不佳，可能带来严重的反弹。建议不要在紫外线强、空气干燥的气候环境做该类手术。

⑩电波拉皮、注射玻尿酸等除皱。

快速美肤的方法，即使是允许的、低风险的，带来的也仅仅是表象的改变，是短暂的，不是皮肤真正的改善，只有向皮肤中渗透功效成分，才能实现皮肤各方面真正的改善，这一过程往往是长期保养结果的累积，是缓慢的。

（2）禁止的、有害的方法。使用铅、汞、对苯二酚、激素等有害成分可以实现快速美肤，但这些有害成分可能对人体造成严重伤害，是绝对禁止的。

4. 在国家药品监督管理局网站（http://www.nmpa.gov.cn/WS04/CL2042/）上，可以查询中国所有合法销售的化妆品的详细信息，包括产品名称、产品类别、生产企业、生产企业地址、批准文号、批件状态、批准日期、批件有效期、卫生许可证号、产品名称备注、备注、产品技术要求。在每个化妆品产品的"产品技术要求"栏，点击"查看详细内容"，可查询到配方成分及作用、生产工艺、感官指标、卫生化学指标、微生物指标、检验方法、使用方法、保质期。

第3章　皮肤的结构与化妆品应用

一、判断

1. ×　2. √　3. √　4. ×　5. √　6. √　7. ×　8. √　9. √　10. √　11. √　12. ×　13. ×　14. √　15. √　16. ×　17. √　18. √　19. ×　20. ×　21. √　22. √　23. ×　24. √　25. √　26. √　27. ×　28. √

二、简答

1. 基底细胞的活性对表皮层结构和状态有极大影响，主要是：①黑色素细胞活性影响肤色；②如果基底层细胞分裂太快，会导致表皮更新周期缩短，角质形成细胞来不及角化，桥粒来不及分解，出现鳞屑、红斑症状的皮肤病；③衰老导致基底细胞活性不足，分裂太慢，表皮更新周期延长，因细胞角化死亡时间不变，所以颗粒层、棘细胞层会变薄甚至消失，皮肤表皮变薄，角化过度。基底细胞分裂太慢，还会导致表皮层的损伤不能及时修复，最终导致表皮层色素分布不均匀，形成浅层色斑。

2. 正常情况下，角质细胞十分坚固并难以破坏，角质层屏障功能受损的主要原因是角质细胞间的填充物脂质双分子层被破坏，常见的主要是：皮肤缺水导致脂质形成太少；一些能溶解脂质的溶剂如促渗透剂、乙醇等,破坏了双分子层结构或把脂质带到皮肤表面；果酸去角质、激光美白祛斑等磨削、剥脱角质层的方法会使角质层变薄，从而使角质层屏障功能受损。

3. 基底层细胞不断分裂出棘细胞，逐渐向上推移、变形、角化，形成表皮其他各层，最后角化脱落。从棘细胞形成到颗粒层上部，是细胞角化死亡的时间，约需要 14 天，颗粒层上部再移至角质层外部并脱落又需要 14 天。角质形成细胞从基底细胞分裂出来到最终角化脱落，共需要约 28 天，称为表皮更新周期。

4. 化妆品涂抹在皮肤上，大量防腐剂可能抑制皮肤正常的微生物群，可能影响皮肤酸度，从而抑制皮肤正常的微生物群，为有害微生物繁殖提供充足的营养。化妆品对皮肤正常微生物群的干扰不可忽视。为减少化妆品对皮肤正常微生物群的干扰，应尽量使用添加剂少的化妆品以减少防腐剂对皮肤正常细菌的抑制作用；每天必须彻底清洁涂抹化妆品的皮肤以减小有害细菌繁殖的可能性；使用的化妆品 pH 应与皮肤微酸性环境一致。

5. 婴幼儿化妆品成分简单、安全性高，所以成年人使用婴幼儿化妆品安全，不易过敏。但婴幼儿化妆品的一般作用是润肤，成年人使用婴幼儿化妆品不能获得皮肤需要的成分，不利于成年人皮肤的保养。

第 4 章　化妆品的吸收

一、判断

1. ×　2. √　3. √　4. ×　5. ×　6. ×　7. ×　8. √　9. ×　10. ×　11. ×　12. √　13. ×　14. ×　15. √

二、简答

1. 影响化妆品成分分子渗透扩散的因素主要是化妆品和作用部位的压差、成分浓度差和渗透过程的阻碍。增加外部压力，可促使化妆品成分的吸收，如超声波的高频振荡，涂抹化妆品时拍打、按摩皮肤均可增加压力从而促进化妆品成分吸收。提高化妆品某些功效成分浓度，也可以促进该种成分的吸收，但浓度不能无限制地提高，因为功效成分浓度不能超过皮肤的承受能力、不能超过国家的限量规定，而且添加某种成分太多会影响化妆品的形态。

化妆品的吸收障碍主要源自功效成分渗透过程,包括化妆品涂层内的扩散阻碍、化妆品涂层与皮肤间的油性膜的阻碍、角质层的阻碍。物质分子一旦通过角质层屏障,其渗透能力可增加数十倍甚至数百倍,角质层以内成分分子的渗透扩散再无阻碍。

2.(1)让皮肤充分吸收水分来增强化妆品成分吸收。由于角质细胞亲水,吸收水分后,细胞内空间增大,同时水分的存在推动了物质分子的渗透扩散,所以让皮肤充分吸水有利于水溶性成分的吸收。

(2)轻拍、按摩、搓揉皮肤促进化妆品成分吸收。轻拍、按摩、搓揉皮肤不仅会增加涂抹在皮肤表面化妆品的渗透压力,还会起到改变角质细胞间隙宽度的作用,从而促进化妆品成分吸收。

(3)促渗透剂促进化妆品成分吸收。脂质双分子层是有序排列的,这个有序结构中能动的部分只是分子柔软的烷基链部分,所以正常情况下,角质细胞间隙只能从脂质双分子层层状结构之间的柔软烷基链部分渗透油溶性、低极性的分子。脂质双分子层分子的水溶性部分聚集在一起不能自主移动,不能推动水溶性分子渗过角质细胞间隙,但促渗透剂可以溶解构成脂质双分子层的分子,扰乱脂质双分子层的有序结构,增加脂质流动性,使水溶性和油溶性分子均能通过角质细胞间隙吸收进入皮肤。

(4)纳米微囊技术促进化妆品成分吸收。正常情况下,角质细胞仅渗透通过水溶性小分子成分,角质细胞间隙仅渗透通过低极性的油溶性成分,从体积方面考虑,一些分子较大的水溶性成分能通过角质细胞间隙,但因为相溶性问题,它不能被皮肤吸收,如果把这些分子用表面活性剂包成低于 100nm 的微囊,这些纳米微囊就可能直接从脂质双分子层的脂质通道(层与层之间)渗透通过。

第5章　保　　湿

一、判断

1. ×　　2. ×　　3. √　　4. ×　　5. √　　6. √　　7. ×　　8. √　　9. ×　　10. √　　11. ×
12. √　　13. ×　　14. √　　15. √

二、简答

1. 皮肤含水量的多少与皮肤状态息息相关,水分对皮肤的主要作用有:使皮肤柔软、防止大分子交联、水解桥粒、形成脂质双分子层、形成天然保湿因子等。

(1)使皮肤柔软。皮肤柔软是因为皮肤内细胞之间、高分子之间作用力小,易滑动。水分在细胞之间和大分子之间起着润滑剂作用,降低了它们的凝聚力,使皮肤柔软。缺水导致细胞排列紧密,皮肤变硬。

(2)防止大分子交联。自由基、脂质过氧化、糖基化等会引起皮肤内的蛋白质分子交联,使皮肤变硬、失去弹性,大分子交联是皮肤衰老的分子水平特征之一。水分在皮肤的大分子之间形成阻隔,降低大分子交联的风险,起着抗衰老的作用。

（3）水解桥粒。角质形成细胞间有桥粒黏接，使细胞不能自由移动，但随着细胞外推并角化，细胞之间的粘连结构会水解脱落，表皮层缺水会导致桥粒水解不完全，角质细胞部分黏结，角质层不能正常更新，在皮肤表面形成鳞屑。

（4）形成脂质双分子层。角质细胞之间的脂质需要在细胞角化过程中水解形成，缺水会导致脂质双分子层形成减少，角质细胞间缺少填充剂，角质层屏障功能减弱，使皮肤粗糙、敏感和干燥。

（5）形成天然保湿因子。在皮肤的表皮层中，水分水解角质形成细胞中的蛋白质、糖等物质，形成很多可以与水分子形成氢键的天然保湿因子。

2. （1）皮脂膜阻止皮肤水分蒸发。在皮肤的表面，有皮脂腺分泌的皮脂覆盖，水分很难穿透这层油性的保护膜，从而起到阻止皮肤中水分蒸发的作用。

（2）角质层阻止皮肤内水分外渗。角质层作为皮肤最外层的主要屏障，它既阻止外物渗入皮肤，也阻止皮肤内的成分向外渗透，皮肤中的水分绝大部分都被它阻隔在皮肤内。

（3）天然保湿因子锁住水分。天然保湿因子是皮肤表皮层细胞角化过程中形成的亲水性物质，能与水分子形成氢键，从而锁住水分。正因为天然保湿因子的存在，减缓表皮中水分流失，保持表皮中的水分。

（4）真皮层供给表皮层水分。真皮层有微循环系统提供水分，有透明质酸和胶原蛋白锁住水分，与其相连的表皮层的水分主要由真皮层供给。

3. 除直接向皮肤补充水分外，化妆品保湿主要是通过增强或修复皮肤自身保湿系统来实现。

（1）修复受损的皮脂膜。当皮脂腺分泌皮脂不足，或者皮脂膜因清洁破坏时，化妆品可以模拟重塑皮肤保护膜来辅助皮肤保湿。

（2）修复脂质双分子层。角质层阻止皮肤中绝大部分的水分流失，如果角质层屏障功能出现问题，皮肤中的水分更易穿过角质层屏障，皮肤更易失水而干燥。角质层问题主要是角质细胞间隙的脂质双分子层不足造成的，修复角质层屏障主要是增加角质细胞间隙脂质双分子层的量，化妆品修复角质层的方法主要是通过皮肤渗透补充神经酰胺等脂质，修补脂质双分子层漏洞。

（3）增加皮肤中保湿因子含量。如果表皮层中天然保湿因子太少，表皮层锁水能力不足，化妆品可以向皮肤中渗透一些小分子锁水成分来增强表皮层锁水能力。

（4）在皮肤表面涂抹高分子锁水成分。在皮肤的外面，可以涂抹一些高分子锁水成分，在皮肤表面锁住一些水分，来减少皮肤内水分蒸发。

（5）间接保湿措施。衰老是引起皮肤天然保湿系统出现问题的最主要原因，因此除上述直接修复皮肤天然保湿系统的措施外，保养皮肤、延缓衰老、维持皮肤天然保湿系统的高效性是化妆品间接的保湿方法。例如，增强成纤维细胞活性，促使胶原蛋白和透明质酸合成，可以增强真皮层储水能力，保护表皮层的水源；增强基底细胞活性，可以维持表皮层正常，防止过度角化，间接增强角质层屏障功能，增加天然保湿因子；消除微循环障碍可以带给细胞足够的营养，增强成纤维细胞、基底细胞活性，也间接的加强皮肤天然保湿系统；抗氧化减缓皮肤保湿系统的衰退，间接增强皮肤保湿能力。

4. 天然保湿因子是皮肤中大量存在的、自有的、能够锁住水分的物质，主要是：氨基酸、吡咯烷酮羧酸、神经酰胺、乳酸盐、尿素、尿酸、肽、糖、有机酸、柠檬酸盐和一些无机离子。化妆品中常添加的天然保湿因子有：透明质酸钠（糖）、氨基酸和小分子肽、吡咯烷酮羧酸、神经酰胺、有机酸。

5. 无油、无醇、无紫外线吸收剂的化妆水可以用于晚上清洁皮肤后、涂抹营养精华前给皮肤补水；添加紫外线吸收剂（防晒成分）的化妆水主要用于白天有太阳的环境补水保湿，晚上使用会导致皮肤吸收防晒成分；添加乙醇的化妆水可以增加皮肤冰爽的感觉，可在较热的天气下给皮肤补水；含润肤油成分的化妆水主要作用是在补水的同时，在皮肤表面形成油性膜阻止水分蒸发，保湿功能比其他化妆水更强，所以常用于较干燥的环境补水，晚上涂营养精华前使用会重新在皮肤表面形成油性膜，阻碍功效成分吸收。

第6章　营养与抗衰老

一、判断

1. √　2. ×　3. √　4. ×　5. √　6. ×　7. √　8. ×　9. √　10. √　11. ×　12. ×　13. ×　14. ×　15. ×　16. ×　17. √　18. ×　19. ×　20. ×　21. √　22. √　23. √　24. √　25. √　26. √　27. √　28. √　29. √　30. √　31. √　32. √　33. ×　34. ×　35. ×　36. ×　37. √　38. √　39. ×　40. ×

二、简答

1. 化妆品常添加的抗氧化成分主要有：维生素C、维生素E、辅酶Q10、谷胱甘肽、α-硫辛酸、超氧化物歧化酶、海藻多糖、类胡萝卜素、黄酮、多酚等。其中类胡萝卜素主要是维生素A及其衍生物、天然虾青素和番茄红素，黄酮主要是大豆提取物和银杏提取物，多酚主要是茶多酚、鞣花酸、白藜芦醇、绿原酸和根皮素。

2. 抗坏血酸有D（右旋）和L（左旋）两种构型，只有L型抗坏血酸才称为维生素C，才具有生理活性。维生素C在人体中起着抗氧化、促进胶原蛋白合成、美白等多种作用，并且与皮肤的健康密切相关。

（1）抗氧化。维生素C可以清除体内多种自由基，包括超氧负离子自由基、羟自由基、烷基自由基和有机过氧自由基等，与许多抗氧化成分比起来，维生素C的抗氧化能力并不是很强大，但我们不能忽略它的抗氧化作用，因为很多植物源食品中都含有维生素C，人体每天都会摄入一些维生素C，所以在人体内维生素C往往可以维持较高水平。其他抗氧化成分，尽管可能有很强的抗氧化能力，但来源较单一、摄入人体的机会不多、摄入量少，所以维生素C是人体抗氧化的主力军之一。

（2）促进胶原蛋白合成。维生素C参与成纤维细胞合成胶原蛋白的过程，是胶原蛋白合成过程中不可缺少的成分，缺乏维生素C，胶原蛋白不能在成纤维细胞中合成，人体内维生素C的水平直接决定着胶原蛋白合成的多少。

（3）美白作用。维生素 C 及其衍生物可以还原多巴醌，抑制酪氨酸酶活性，从而阻止黑色素的合成。与熊果苷、曲酸等传统美白剂相比，维生素 C 及其衍生物抑制酪氨酸酶活性的能力要稍差一些，但使用它无安全忧虑，对皮肤有很好的渗透性。维生素 C 及其衍生物还具有还原黑色素分子并使其褪色的作用。

维生素 C 的三大作用，每一作用都与皮肤状态息息相关，统计学的结论也表明，摄入维生素 C 多的中年女性，皮肤皱纹更少、弹性更好、肤色更浅、看起来更年轻。维生素 C 是所有化妆品都喜欢添加的成分，是历史证明安全、有效的成分，而且它是小分子水溶性成分，配在化妆品中很容易被角质细胞吸收。但是，维生素 C 自身易被氧化而变色，易吸收紫外线而分解，直接配入化妆品中必须使用小胶囊密闭包装或者包裹成微胶囊以阻隔氧气和紫外线。

为解决维生素 C 的不稳定问题，可以把维生素 C 做成衍生物来提高它的稳定性，如维生素 C 磷酸酯类、维生素 C 脂肪酸酯、维生素 C 葡萄糖苷等。这些衍生物进入人体后可以缓慢水解成维生素 C。很多化妆品更习惯采用维生素 C 衍生物来配入化妆品。

3. 人体抗糖基化较为成熟的方法是使用 AGEs 的形成抑制剂。诱发形成 AGEs 的因素主要分为自由基或自由基介导的活性氧诱发的糖基化和传统的非酶促进的糖基化，化妆品中抗氧化可以有效阻止皮肤中自由基或自由基介导的活性氧诱发的糖基化，化妆品常添加的一些抗氧化成分，如黄酮、多酚、α-硫辛酸、海藻提取物、绿原酸等都具有抑制糖基化的活性。传统的氨基对羰基直接亲核加成的糖基化反应可以通过降低血糖浓度或者减少活性羰基来阻止，化妆品中添加维生素 B_6、肌肽、二肽-4、根皮素和根皮苷等的主要目的就是通过捕获活性羰基来抗糖基化。

4. 维生素 C 有较强的还原性，可以与很多成分协同发挥作用，如维生素 C 可把维生素 E 自由基变回维生素 E、谷胱甘肽氧化物变回谷胱甘肽，使维生素 E、谷胱甘肽等发挥循环抗氧化效果；把胱氨酸还原为半胱氨酸，促进抗体合成。

5. 以毛细血管为主体构成的微循环系统为皮肤带来营养成分，带走代谢废物，带走并分解色素，但是随着皮肤的衰老，微循环系统会出现毛细血管体密度降低和阻塞的问题。针对毛细血管体密度降低的问题，目前尚未见有效解决办法。毛细血管阻塞主要是血液黏稠和毛细血管内径变窄造成的。

针对血液黏稠度升高的问题，化妆品可以渗透一些溶解纤维蛋白的成分，主要有小分子肝素、水蛭素、红花提取物、人参提取物、银杏提取物、大蒜提取物、丹参提取物、三七提取物等。

针对毛细血管内径变窄的问题，化妆品可以渗透一些扩张血管的成分，主要有 P 肽及其他肽、维生素 B_3、乙醇（体内氧化成乙醛）、黄瓜酶、娑罗子提取物、橘皮提取物等。

6. 尿囊素是一种水溶性物质，能促进上皮细胞生长修复、加速细胞生成，并促进伤口愈合，是修复、恢复类化妆品常用的活性成分，特别是用于冬天易开裂的皮肤上预防开裂或促进开裂伤口愈合。

除此之外，尿囊素用于化妆品中还有很多生理功能，主要是：

（1）保湿并促进角质松解。尿囊素分子上有很多氨基，水分子可与之形成氢键，所以它本身是一种很好的保湿成分。角质层的吸水能力主要依靠一些非角蛋白的结合基质，尿囊素分子小，易渗入致密的角质细胞内，促进结合基质的水合能力，同时能直接与角蛋白结合，增强其亲水能力。尿囊素还能促使细胞释放出更多的水溶性非角蛋白、游离氨基酸和酸性黏多糖酸，起到松解角质层（减少皮屑作用）和增加角质层保湿能力的作用。要实现增强皮肤保湿性能和松解角质层，需要在化妆品中添加常量浓度的尿囊素。

（2）抗过敏、舒缓、镇静作用。尿囊素能缓解化学刺激、紫外线刺激、物理刺激引起的红肿等现象，起到抗过敏作用。

（3）尿囊素可与许多物质生成金属盐和络合物。这些金属盐及加成物，不仅保持尿囊素本身的性能，也未丧失被加成物质的固有性质，例如：

①尿囊素与氢氧化铝络合物具有明显的柔肤、清洁、愈合和紧肤的作用，同时具有止汗除臭作用。另外，尿囊素与氢氧化铝络合物还将铝络合物的刺激性降到最低，非常适用于防痤疮止汗产品中。

②鲸蜡醇尿囊素增加了油溶性，具有润肤剂的性质，适合非水体系，如口红。

③尿囊素聚半乳糖醛酸促进角质细胞更新的能力更强，能有效地去除皮肤的毒素，刺激皮肤的微循环，适合作为防衰老产品和晒后护理产品。

④尿囊素对氨基苯甲酸既具有尿囊素的作用和对氨基苯甲酸的防晒作用，同时又克服了对氨基苯甲酸对皮肤的致敏等副作用。

尿囊素对皮肤的安全性令人十分满意，迄今未发生因使用尿囊素而引起的皮肤刺激性、变态性及光敏性反应的报道，因此被广泛应用于化妆品。

7. 微循环系统的通畅和高效对皮肤十分重要，因为：①营养供给直接影响细胞活性，影响皮肤的修复恢复能力；②微循环阻塞，黑色素代谢不畅，会引起色素沉着，形成色斑；③微循环不通畅，血液中养分过度消耗，血液颜色暗黑，导致肤色暗沉。

8. 保养皮肤应从皮肤的保湿补水、补充营养、抗氧化、增加胶原蛋白合成并防止其降解、增强细胞活性和消除微循环障碍等几方面入手。

（1）保湿补水。水在皮肤中起十分重要的作用。它是皮肤新陈代谢等生理活动的溶剂，营养物质的吸收、代谢废物的排出、体内化学反应都在水溶液中进行；它还会直接参与体内的某些化学反应；皮肤表面水分的蒸发还会起到调节体温的作用。在表皮层中，角质形成细胞角化过程必须有水分的参与，皮肤含水量的多少与皮肤状态息息相关。

正常皮肤含水量为20%～35%，皮肤组织细胞和细胞间的含水量减少，导致细胞排列紧密，当角质层中水分降到10%以下时，皮肤就会显得干燥、失去弹性、起皱、起屑、开裂、老化加速，因此，做好皮肤的保湿补水工作是保养皮肤的基础性工作。

（2）补充营养。皮肤需要的七大营养成分主要是：氨基酸和肽、脂肪酸、糖、维生素、微量和常量元素、水、氧气。正常情况下，循环系统会给皮肤带来充足的营养，但人体的衰老以及衰老带来的疾病，造成微循环功能发生障碍，影响营养成分的供给。营养成分的补充是维持细胞活性的基础，从皮肤表面渗透一些营养成分，以补充营养供给的不足是理所当然的方法，"真皮层基质疗法"即通过在真皮层补充营养来抗衰老的方法。但考虑到化妆品涂在皮肤上的量和皮肤渗透的阻碍，不可能通过化妆品渗透太多的营养成分进入皮肤，因此除水分外，用化妆品经皮补充的营养成分主要是微量元素、维生素和一些小分子肽等微量就可以起作用的成分。

（3）抗氧化。皮肤衰老的外因主要是外部环境因素造成皮肤中自由基增加，破坏了皮肤组织结构。皮肤中抗氧化就是向皮肤中补充抗氧化成分，以阻止皮肤中自由基形成、清除已经形成的自由基，从而减缓皮肤衰老。常见的皮肤抗氧化成分主要是：维生素 C、维生素 E、辅酶 Q10、谷胱甘肽、α-硫辛酸、海藻多糖、类胡萝卜素、黄酮、多酚等。

（4）增加胶原蛋白的合成并防止其降解。皮肤起皱、弹性减小最直接的原因是占真皮层 70% 多的胶原蛋白变化，减缓皮肤中胶原蛋白分解流失，增加成纤维细胞合成胶原蛋白的量，可减缓皮肤皱纹的形成。常见用于增加胶原蛋白合成、减缓流失的成分主要是维生素 C、积雪草提取物、植物雌性激素、肽（棕榈酰三肽-5、棕榈酰五肽-3、棕榈酰三肽-1、酰基四肽-9）、褐藻萃取物等。

一些物理方法也能起到增强成纤维细胞活性，促进胶原蛋白合成的作用，如超声波按摩皮肤、激光美容。用于剥脱角质层的果酸通过启动皮损机制也能促进胶原蛋白的合成。

（5）增强细胞活性。皮肤细胞活性主要体现为细胞的分裂、增殖的活性和细胞中需要的各种活性成分合成的活性。细胞活性高的皮肤如婴幼儿皮肤修复、恢复能力强，细胞活性降低实质上也是皮肤衰老的体现。无论是细胞分裂、增殖还是成分合成，都必须以营养成分为物质基础，因此增强细胞活性，首先应维持带来营养成分的微循环系统的通畅和高效，消除微循环障碍是增强细胞活性的物质保障。一些活性成分在增强细胞活性中起着关键性的、不可缺少的作用，通过化妆品补充这些活性成分，有利于增强细胞总体活性，这些成分主要是上皮细胞活性调节剂——维生素 A、细胞中蛋白和脂肪的合成调节剂——维生素 B_5、细胞的分裂和增殖调节剂——尿囊素、细胞增殖不可缺少的原料——卵磷脂、细胞生长和增殖促进剂——铜肽。表皮生长因子既能促进细胞分裂和增殖，又能促进细胞中成分合成，但用于化妆品中有吸收困难、浓度倒置等缺点，2019 年初被国家药品监督管理局踢出了已使用化妆品原料名称目录。

（6）消除微循环障碍。以毛细血管为主体构成的微循环系统为皮肤带来营养成分，带走代谢废物，带走并分解色素，但是随着皮肤的衰老，微循环系统会出现毛细血管体密度降低和阻塞的问题。体密度降低主要表现为襻状血管消失，弯曲血管拉直；毛细血管阻塞主要是衰老引起的疾病（如高血脂、糖尿病等）造成的，包括血液黏稠度升高、血管内径变窄引起的阻塞和流速减缓。无论哪一种微循环障碍，都会带来营养供给不足，色素代谢受阻，最终影响皮肤细胞的活性，皮肤表面形成色素沉积。

针对毛细血管体密度降低的问题，目前尚未见有效解决办法；针对血液黏稠度升高的问题，化妆品可以渗透一些溶解纤维蛋白的成分，主要有小分子肝素、水蛭素、红花提取物、人参提取物、银杏提取物、大蒜提取物、丹参提取物、三七提取物等；针对毛细血管内径变窄的问题，化妆品可以渗透一些扩张血管的成分，主要有 P 肽、乙酰四肽-5、二肽-2、维生素 B_3、乙醇（体内氧化成乙醛）、黄瓜酶、娑罗子提取物、橘皮提取物等。

除上述直接保养皮肤的措施外，做好皮肤清洁工作、预防不利于皮肤保养的诱因（如防紫外线)、保持愉悦心情和良好的睡眠、生活在对皮肤保养有利的环境等也对皮肤保养非常重要。

9. 皮肤紧致而有弹性主要是皮肤内胶原蛋白的鼓胀、支撑和肌肉的拉紧共同作用的结果。因此,化妆品用于减少皮肤皱纹的方法主要是针对胶原蛋白的系列方法和抑制肌肉收缩。

针对胶原蛋白的系列方法主要包括:增加胶原蛋白的合成量、修复胶原蛋白精细结构、防止胶原蛋白交联和降解。

(1)增加胶原蛋白的合成量。

①向皮肤中渗透胶原肽。合成胶原蛋白的主要氨基酸是甘氨酸、脯氨酸和羟脯氨酸,一般来说,人体不缺少这些氨基酸,所以无论是食用胶原蛋白还是通过化妆品经皮渗透胶原肽来促使胶原蛋白生成的效果都广受质疑,但有实验证明经皮渗透分子更小、渗透性更好的胶原三肽或鱼鳞寡肽的确能促进皮肤内胶原蛋白的合成。

②增加成纤维细胞的数量来产生更多的胶原蛋白。受限于成纤维细胞密度,人体内真皮层成纤维细胞的数量不能无限增殖,到目前为止,很少见能增殖体内成纤维细胞的化妆品方法。PRP 血清活性生长因子、表皮生长因子能增殖体内成纤维细胞,但不适合用于化妆品。棕榈酰六肽-6 是以遗传性免疫肽为模板研制的一种肽,据报道能有效刺激成纤维细胞增殖、促进胶原蛋白合成和细胞迁移。

③增加成纤维细胞的活性来产生更多的胶原蛋白。胶原蛋白的合成不仅需要合成胶原蛋白的原料,还需要一些微量活性成分的参与和促进,维生素 C、积雪草提取物、信号肽(棕榈酰三肽-5、棕榈酰五肽-3、棕榈酰三肽-1、酰基四肽-9、棕榈酰六肽-12、六肽-9)、植物雌性激素、褐藻萃取物是化妆品经常添加的用于促进成纤维细胞活性、增加胶原蛋白合成的成分。此外,白头翁皂苷酶解产物、杜仲水提物也被报道用于促进胶原蛋白的合成。通过化妆品来促使胶原蛋白合成的主要方法就是在化妆品中添加一些关键性的活性成分。

(2)修复胶原蛋白精细结构。真皮层胶原束需要有基膜聚糖连接起来才能形成高密度网状结构并富有弹性,但随着皮肤老化,这些蛋白多糖越来越少,胶原蛋白纤维越来越疏松,弹性越来越小,皮肤越来越松弛。酰基四肽-9 对人基膜聚糖和胶原蛋白的合成有促进作用,并在活体试验中确认了酰基四肽-9 的作用。酰基四肽-9 还能使真皮细胞外基质和真皮表皮结合处的构造蛋白多糖的几个基因活化。酰基四肽-9 通过活化基因或直接促进人基膜聚糖和胶原蛋白的合成来保护和改善皮肤的构造,恢复皮肤弹性。

(3)防止胶原蛋白交联和降解。胶原蛋白受自由基、脂质过氧化产物、糖基化终末产物的影响,会交联变硬,失去弹性,用化妆品抗氧化、抗糖基化是减缓胶原蛋白交联的有效措施。

植物雌性激素能抑制基质金属蛋白酶活性,可以有效减缓胶原蛋白流失,防止胶原蛋白的降解。

三氟三肽-2 又称氟化肽,通过保护皮肤构造蛋白并促进构造蛋白产生来保护皮肤正常结构,而且对皮肤无不良影响。

抑制肌肉收缩除皱：乙酰基六肽-8又称阿基瑞林，属类肉毒素类物质，能用于化妆品中局部阻断神经传递肌肉收缩信息，使脸部肌肉放松，达到平抚皱纹目的，有极佳的抗皱效果。

10. 多酚类物质易被自由基、氧气等氧化，因此绝大多数多酚类物质在人体内都具有清除自由基、活性氧的抗氧化功效。酪氨酸酶具有多酚结构，多酚物质有竞争性取代酪氨酸酶多酚结构的趋势，因此几乎所有多酚都是酪氨酸酶抑制剂。

化妆品中经常添加的多酚类物质主要是：茶多酚、鞣花酸、白藜芦醇、绿原酸、根皮素。

（1）茶多酚。茶多酚一般占茶叶重量的20%～35%，所以茶叶水提取物的主要成分是茶多酚，茶多酚是茶叶中多酚类物质的总称，主要成分是儿茶素。对皮肤来说，茶多酚的主要功效是：抗氧化能力极强；通过阻止纤维蛋白形成的方式来降低血栓形成风险，从而疏通微循环；抑菌作用。

茶多酚由于安全、有效、易渗透、易提取、无杂色、无异味等特点，得到了化妆品厂商的青睐，成为许多化妆品常添加的物质。

（2）鞣花酸。鞣花酸是石榴多酚的最主要成分，市售的鞣花酸一般都是从石榴皮中提取出来的。鞣花酸对皮肤来说主要功效是抗氧化能力很强和抑制酪氨酸酶活性。尽管鞣花酸在水中溶解度不大，但其溶解量足够实现它的功效，偏好添加纯净成分的化妆品厂商可直接用鞣花酸水溶液的方式配入化妆品，偏好天然提取成分的化妆品厂商常使用石榴水配入化妆品。无论使用鞣花酸还是石榴水，都会造成化妆品体系酸度增加，需要调节酸度以适应皮肤pH。

（3）白藜芦醇。白藜芦醇是红酒多酚的主要功效成分，也是葡萄系列抗氧化的主要功效成分，研究表明，白藜芦醇对皮肤有多种功效：它在人体内诱导一氧化氮合成来清除超氧负离子自由基，并抑制脂质过氧化、提升细胞内抗氧化酶的水平；维持血管张力，减少微循环阻塞风险；白藜芦醇还具有抑制酪氨酸酶活性和调节雌性激素的作用。

白藜芦醇对人体安全、无副作用，在《国际化妆品原料标准目录》中，没有用量的限制。化妆品中添加纯白藜芦醇的并不多见，但红酒、葡萄系列提取物用于化妆品很常见。

白藜芦醇既不溶于水也不溶于油，可溶于乙醇，一般化妆品不可能添加太多乙醇助溶，因此白藜芦醇如果要配入化妆品，最大问题就是其难溶性，难溶性成为它在化妆品中应用的最大障碍。

（4）绿原酸。绿原酸主要来源于金银花或绿咖啡豆水提物，有很强的抗氧化能力，能清除超氧负离子自由基和羟基自由基。绿原酸还具有超强的抑菌能力，是天然植物源防腐剂。由于绿原酸有一定致敏性，化妆品中大多添加其低含量的天然提取物。

（5）根皮素。根皮素分子是典型的多酚结构，它的葡萄糖苷称为根皮苷，主要从苹果皮发酵液中提取，对人体皮肤有多种作用，主要是抗氧化作用、抗糖基化作用、抑制酪氨酸酶活性的作用、抑制皮脂分泌的作用和保湿作用。

根皮素来源于可食用的苹果皮，可用作食品添加剂，安全无毒，分子很小，易吸收，可配入面膜、精华液、乳液等多种化妆品，目前根皮素还未在化妆品中受到广泛重视，其功效还有待宣传，其应用还有待开发。

第7章 美 白 祛 斑

一、判断

1. ×　2. ×　3. √　4. √　5. ×　6. √　7. √　8. √　9. ×　10. √　11. ×
12. ×　13. √　14. √　15. √　16. √　17. √　18. √　19. ×　20. √　21. √　22. √
23. √　24. √　25. √　26. √　27. ×　28. √　29. ×

二、简答

1. 当紫外线照射到皮肤角质形成细胞上时，角质形成细胞会产生内皮素，内皮素与黑色素细胞外的受体结合即可激活黑色素细胞，使黑色素异常合成，从而晒黑皮肤。

2. 用高浓度的果酸换肤，皮肤有过度腐蚀而留下疤痕的风险；高浓度果酸剥脱角质后，角质层变薄，皮肤干燥、敏感、易失水变红，如果护理不当或者外部环境不利于皮肤护理，有血管扩张形成红色皮肤的风险，而且红色皮肤将长期存在。

3. 治疗浅层色斑的一般方法有以下几种。

（1）预防诱因。在诱发色斑形成的因素中，内分泌、负面情绪因素、疾病因素等不是化妆品可以预防的。而对紫外线、自由基诱发因素，化妆品有防晒、抗氧化等措施预防。使用劣质化妆品带来的皮损也可能在皮肤浅层形成色斑，化妆品消费者购买化妆品时应坚持正规渠道购买、购买高信誉度化妆品，以避免铅、汞等有害成分伤害皮肤，应慎用含果酸等可能腐蚀皮肤成分的化妆品。局部黑色素细胞活性异常增强，常与诱因有关，在预防诱因的同时，应使用抑制黑色素细胞活性异常增强的物质来减少色斑形成。

（2）阻断黑色素生成链。让黑色素细胞少产生或不产生黑色素，皮肤表面的色斑自然就淡化了。在黑色素细胞外，拮抗黑色素细胞活性异常增强，在黑色素细胞内，阻断黑色素生成反应，是前述主要美白方法，也是淡化色斑的有效方法之一。

（3）去除沉积黑色素。微循环是黑色素代谢途径之一，微循环又是营养供给途径，对基底细胞活性有重要影响,间接影响着皮肤的修复能力，所以微循环好的人面部少有色斑。消除微循环障碍是化妆品去除色斑有效措施之一。

表皮层角质形成细胞会吞噬并分解大部分黑色素，基底细胞活性不足时，棘细胞层和颗粒层变薄，角质细胞吞噬黑色素的能力降低，因此调节基底细胞活性能有效淡化表皮色斑。化妆品调节基底细胞活性的主要措施是使用维生素 A 等关键成分和消除微循环障碍。一些成分通过强化细胞吞噬并分解黑色素的能力来清除更多黑色素，该方法仅见个别化妆品应用。

表皮层的黑色素主要在角质层，颗粒层和棘细胞层有角质形成细胞吞噬分解，黑色素相对含量较少，因此剥脱法可有效淡化浅层色斑，化妆品果酸去角质就是剥脱法之一。使用果酸去角质应考虑果酸带来的安全风险，如果使用不当，有较大概率带来化妆品皮损性色斑。

（4）消除黑色素影响。阻断黑色素细胞运输黑色素小体的管道、遮挡角质层浅层黑色素是前述化妆品消除黑色素影响的主要方法，这些方法同样可以有效淡化色斑。

（5）抗衰老。在婴幼儿时期和青春期，除遗传因素外，皮肤几乎没有色斑问题，但皮肤衰老带来了皮肤各方面的衰退，出现了色斑问题，可以这样说，绝大部分色斑形成都是衰老带来的，因此抗衰老，阻止皮肤功能性衰退，是阻止色斑形成的根本，是改善色斑的间接措施。未解决皮肤功能性衰退问题而进行的色斑治疗都有复发的可能性。

4. 在婴幼儿时期和青春期，皮肤微循环通畅高效，真皮层色素能被及时带走并分解，表皮更新正常，角质形成细胞吞噬黑色素能力强，不易形成色素的沉积；婴幼儿时期和青春期细胞活性强，修复功能强，不易形成皮损性色素沉积；表皮层组织结构较均匀，不易出现局部黑色素细胞异常。

5. 一般情况下，黑色素和黑色素细胞都处于表皮层中，但是胚胎神经嵴细胞迁移过程中如果出现异常，停在真皮层中，这些细胞在后天某些刺激因素作用下可能分化成黑色素细胞，并向痣细胞分化，从而导致真皮层局部出现黑色素。真皮层的黑色素处于皮肤深层，不会对肤色形成影响，但它们如果没有及时代谢，堆积至表皮浅层，就会形成真皮色斑，如褐青色斑。

6. 高原环境中，强烈的紫外线造成面部角质层的损伤，使角质层较薄、血管失去弹性；空气干燥、风大、温差大、时冷时热，造成毛细血管扩张；低温造成冻伤性毛细血管淤血；氧气稀薄造成血色素高，血液更红。上述条件综合在一起，极易形成高原红皮肤。

7. 针对黄色皮肤，去角质或者彩妆化妆品调色可改善皮肤黄色，使皮肤变白。荧光增白剂、强氧化剂（如过氧化氢）可很快使皮肤变白，但是有一定安全风险，可能给皮肤带来伤害。

针对红色皮肤，红色皮肤产生的原因是毛细血管扩张或表皮层薄。因此不要去角质，应使用增强细胞活性、增加胶原蛋白分泌、收缩血管等成分来修复失去弹性的毛细血管，褪去皮肤红色。激光通过阻断血液进入扩张的血管的方式褪去皮肤红色。

针对黑色皮肤，主要是从阻止黑色素生成、去除已经生成的黑色素、减少诱发黑色素生成的因素、降低黑色素对肤色的影响这四个方面来美白皮肤。

阻止黑色素生成的方法主要是：

（1）抑制三酶（酪氨酸酶、多巴色素异构酶、DHICA 氧化酶）的活性。酪氨酸酶是多酚铜离子酶，是黑色素细胞中合成黑色素的限速酶、关键酶，催化酪氨酸氧化成多巴、多巴氧化成多巴醌、DHI 黑色素形成中的二酚氧化。抑制酪氨酸酶活性即可有效阻断黑色素在黑色素细胞中形成，在美白化妆品中使用酪氨酸酶活性抑制剂是化妆品经常采用的美白方法。化妆品中常添加的酪氨酸酶抑制剂主要有：熊果苷、曲酸及其衍生物、甘草黄酮、鞣花酸、白藜芦醇、阿魏酸（桂皮酸）、根皮素、维生素 C 及其衍生物、谷胱甘肽等。化妆品中常用于抑制酪氨酸酶的天然提取物主要有：茶叶提取物（茶多酚）、当归提取物（阿魏酸）、印度蛇婆子提取物（阿魏酸）、甘草提取物（甘草黄酮——甘草素和光甘草定等）、酵母提取物（维生素、肽、微量元素）、姜黄提取物（多酚）、红景天提取物（红景天苷和黄酮）、荔枝壳提取物（黄酮、原花青素、根皮素等）、芦荟提取物（微量元素、氨基酸、维生素、多酚）、石榴提取物（鞣花酸）、桑白皮水提取物、白芨提取物。

在黑色素生成过程中，多巴色素异构酶催化多巴色素氧化成二羟基吲哚羧酸，DHICA 氧化酶催化二羟基吲哚羧酸氧化成吲哚醌羧酸，是优黑素形成的重要途径，抑制这两种酶的活性，可以大幅减少颜色深黑的优黑素形成。光果甘草提取物（甘草黄酮）是目前仅见的抑制二者活性的成分。

（2）使多巴醌转化成颜色浅的褐色素。从黑色素的合成过程可以看出，提升细胞内谷胱甘肽和半胱氨酸水平，可以促使褐色素的合成，从而改善肤色，起到美白作用。

（3）还原多巴醌和黑色素。黑色素形成过程中发生了多次氧化反应，如果把氧化生成的中间体或黑色素还原，可以阻断黑色素生成链，减少黑色素的生成。维生素 C 及其衍生物具有还原合成黑色素的关键中间体多巴醌的作用，还原黑色素分子并使其褪色的作用。

（4）防止黑色素细胞异常激活。黑色素细胞活性包括它的生长、增殖活性和产生黑色素的活性。有多种途径可以防止黑色素细胞的异常激活。主要是：①传明酸直接抑制黑色素细胞活性增强因子；②洋甘菊提取物、九肽-1 阻止黑色素细胞活性增强因子与黑色素细胞上的受体结合；③壬二酸破坏异常激活的黑色素细胞线粒体。

去除已经生成的黑色素的方法：

（1）剥脱部分角质层除去浅层黑色素。黑色素细胞产生的黑色素小体会被黑色素细胞上的树突结构运输到表皮各层，大部分黑色素小体会进入角质形成细胞中并在外推过程中逐渐降解。处于表皮深层的黑色素被表皮外层遮挡，一般对肤色影响较小，而且进入角质形成细胞并被分解的机会更大。角质层中的黑色素不能被死亡的角质细胞吞噬降解，而且能被看见，对肤色影响极大。因此角质层中黑色素会比其他层多一些，人为剥脱部分角质层，就露出里层更白嫩的皮肤。激光、磨削等物理方法都可以剥脱角质层，化妆品剥脱角质层的方法是利用酸腐蚀皮肤的原理，常用的成分是果酸或与果酸酸度相当的酸。

（2）促进细胞对黑色素的吞噬和分解。表皮层中产生的黑色素小体可以直接被黑色素细胞的树突结构输入角质形成细胞或被角质形成细胞直接吞入，角质形成细胞中的黑色素小体在角质形成细胞外推角化过程中被酸性的水解酶逐渐分解。真皮层的黑色素可以被噬黑素细胞吞噬并降解。促进细胞对黑色素小体的吞噬并降解的成分报道不多，仅见个别化妆品应用该原理。

（3）消除微循环障碍来加速色素代谢。皮肤的微循环系统是皮肤新陈代谢不可或缺的结构，微循环系统的障碍对皮肤的状态会产生重大影响，真皮层中的黑色素主要靠微循环系统带走并分解、靠噬黑素细胞吞噬并分解，任何一种色素代谢方式出现问题都可能影响整个皮肤的色素体征。另外，微循环系统带来的营养成分还是表皮层修复恢复能力的物质基础，基底细胞活性不足，表皮层修复恢复能力不足，皮肤易形成色斑体征。因此，如果皮肤微循环系统出现障碍，会直接或间接地对皮肤的色素减少、色斑形成产生重大影响，只有消除了微循环障碍，才能实现皮肤的白净无瑕。化妆品中常见的消除微循环障碍的主要成分有：小分子肝素、水蛭素、红花提取物、人参提取物、银杏提取物、大蒜提取物、丹参提取物、三七提取物、P 肽及其他肽、维生素 B_3、乙醇（体内氧化成乙醛）、黄瓜酶、娑罗子提取物、橘皮提取物。

（4）破坏黑色素分子结构。

维生素 C 及其衍生物可以把生成的黑色素还原，激光可以直接破坏黑色素分子，从而消除黑色素对肤色的影响。

减少诱发黑色素生成的因素：

正常情况下，皮肤内黑色素细胞产生和代谢的黑色素会达到一个平衡，从而形成皮肤正常稳定的肤色，这种肤色的深浅是由个体遗传和生活环境决定的。一些外部因素会通过影响体内激素或黑色素增强因子来增强皮肤内黑色素细胞的活性，使黑色素细胞合成更多黑色素，或者使黑色素细胞生长、增殖。这些外部因素主要是紫外线、维生素、一些元素、情绪等。

（1）防紫外线。影响黑色素生成的紫外线主要是 UVA 和少量的 UVB，当紫外线照射到皮肤角质形成细胞上时，角质形成细胞会产生内皮素，内皮素与黑色素细胞外的受体结合即可激活黑色素细胞，使黑色素异常合成，从而晒黑皮肤。洋甘菊提取物是一种内皮素拮抗剂，可有效降低紫外线对皮肤色素体征的影响。

（2）增加体内维生素水平。维生素起着调节新陈代谢的作用，许多维生素都有直接或间接影响皮肤肤色的功效，如维生素 C 还原多巴醌和黑色素的功效、维生素 E 抑制酪氨酸酶的功效、维生素 B_3 阻断黑色素向角质形成细胞运输和降低皮肤光敏性的功效、维生素 B_6 抗糖基化的功效，这些功效会直接影响皮肤肤色。还有一些维生素有抗氧化、增强细胞活性、消除微循环障碍等功效，这些功效会间接影响皮肤肤色。饮食习惯不同的人摄入维生素的多少和种类不同，会直接反映到肤色上。人体维生素来源的主要食物是蔬菜瓜果，多吃蔬菜瓜果的人肤色会更浅，对光老化防御能力更强，皮肤色素问题会更少。

（3）减少一些元素摄入。酪氨酸酶是铜离子多酚酶，细胞内铜离子增多会激活酪氨酸酶，所以饮食上减少铜离子摄入，可以减少皮肤内黑色素生成。铅、汞使酪氨酸酶失活，从而阻止黑色素的生成，但铅、汞也能与化合物中的巯基结合，巯基减少而导致酪氨酸酶激活，因此，使用铅、汞等成分美白，不仅可能导致重金属中毒，还会反弹，使皮肤色素体征加重。砷、铋、银等元素不具有美白效果，但会结合皮肤中的巯基，从而激活酪氨酸酶，使皮肤中产生更多黑色素。从饮食习惯上减少摄入这些诱发黑色素细胞产生黑色素的元素，可有效减轻皮肤色素体征。

（4）控制情绪。促黑素细胞激素（MSH）主要是由脑垂体分泌的多肽类激素，角质形成细胞也可以产生。它是调节黑色素细胞活性的主要激素，许多外部因素都可以影响MSH 的分泌，从而影响到黑色素的生成。紧张、焦虑、激动、运动等会促使人体交感神经兴奋，引起血管收缩、心搏加强和加速、新陈代谢亢进等，会抑制 MSH 分泌，降低黑色素细胞活性；人在舒缓状态、睡眠状态、休息状态、情绪低落时，会促使副交感神经兴奋，身体表现为血管舒张、血压下降、心跳减缓、代谢水平减缓、能量保存和器官修复，会促进 MSH 分泌，增强黑色素细胞活性。

人的舒缓状态、睡眠状态、休息状态并非主要影响因素，不会带来黑色素细胞活性的异常增强。为了身体健康，每天需要有副交感神经兴奋的休息时间，不必在意它可能带来的黑色素合成增加。而与紧张、焦虑、激动情绪相反，抑郁、绝望、情绪低落等负面情绪会使副交感神经兴奋，会导致皮肤颜色加深，色斑形成。

（5）维持激素平衡。在人体内，除了脑垂体分泌 MSH 会影响黑色素细胞活性从而影响肤色外，还有许多其他激素也会影响皮肤肤色，如少量肾上腺皮质激素可抑制 MSH 分泌、雌性激素可解除谷胱甘肽对酪氨酸酶的抑制、孕激素可促使黑色素小体转运扩散。孕妇体内雌性激素和孕激素水平都很高，它们联合作用使孕妇色斑更明显。更年期妇女雌性激素减少会使黄褐斑逐渐变淡。维持体内的激素平衡，有助于防止黑色素细胞活性异常。

降低黑色素对肤色的影响：

（1）当黑色素处于皮肤深层，不能被眼睛看见，对肤色影响较小，所以用维生素 B_3 阻止黑色素运输到表皮浅层（角质层），可以增加黑色素被角质形成细胞吞噬分解的概率，减少角质层黑色素，从而减轻黑色素对皮肤肤色的影响。

（2）即使黑色素运送到了表皮浅层，如果能有效遮蔽这些黑色素，也可以减轻黑色素对皮肤肤色的影响。四肽-30 是皮肤自有的一种亮肤肽，是一种能使肌肤色调均匀的物质，能阻止黑色素在角化细胞中被发现。

（3）角质层的光滑程度也会影响皮肤美观，去死皮、保持皮肤的清洁也很重要。

（4）皮肤的色素沉积大部分是由皮肤衰老引起，因此美白皮肤应从保养皮肤、减缓皮肤衰老做起。

8. 维生素是化妆品中经常添加的微量功效成分，对皮肤的状态有十分重要的影响，经常在化妆品中使用的维生素主要有维生素 C、维生素 E、维生素 A、维生素 B_3、维生素 B_5 和维生素 B_6。

（1）维生素 C。维生素 C 对皮肤来说有三个作用。

①促使胶原蛋白生成。胶原蛋白与皮肤皱纹的产生、皮肤是否有弹性息息相关，维生素 C 促使胶原蛋白生成，可减少衰老引起的皱纹，使皮肤更富有弹性。

②美白作用。维生素 C 可以抑制酪氨酸酶的活性，并通过还原黑色素及其中间体多巴醌来减少皮肤中的黑色素，所以保持皮肤中维生素 C 的水平，皮肤颜色更白一些。

③抗氧化作用。老化是绝大多数皮肤问题的根源，减缓皮肤老化是化妆品的根本任务，维生素 C 通过清除体内自由基或者协同其他成分抗氧化来减缓皮肤老化。尽管维生素 C 抗氧化能力并不强，但它被摄入体内的量多而且频繁，在清除自由基过程中起不可缺少的作用。

维生素 C 在化妆品中的功效不仅被科学实验证实，而且有长期安全使用的历史；维生素 C 为小分子水溶性成分，皮肤吸收十分容易，是众多化妆品喜欢添加的成分之一。

（2）维生素 E。维生素 E 是一种油溶性维生素，有多种异构体，常存在于植物油脂和多种蔬菜水果的表皮中，维生素 E 为生育酚乙酸酯，在人体内水解成生育酚，因此常把维生素 E 等同于生育酚。在 α、β、γ 和 δ 四种生育酚中，以 α-生育酚活性最高。维生素 E 用在化妆品中的主要作用有抗氧化、美白、促进激素的分泌和用作抗氧剂。

①抗氧化。维生素 E 被称为氧自由基清道夫，以自身被氧化为代价，捕捉生物体内的氧自由基和活性氧，抑制脂质过氧化。维生素 C 可以把维生素 E 氧化物还原成维生素 E，所以它与维生素 C 联合使用，可以实现循环抗氧化。与很多物质相比，维生素 E 的抗氧化能力并不强，但它摄入人体途径众多，和维生素 C 一样，都是人体内抗氧化的主力军。

②美白。维生素 E 可以抑制酪氨酸酶的活性，阻止黑色素形成。

③促进激素分泌。进入人体的维生素 E，可以水解成生育酚，促进男性分泌雄性激素，促进女性分泌雌性激素。因为激素不能外源性补充，维生素 E 起着内源性增加激素分泌的作用，美肤作用明显，特别是中年女性，雌性激素水平降低，适量补充维生素 E，延缓皮肤衰老。维生素 E 的补充大多以口服为主，化妆品中经皮渗透，难以渗达性激素分泌器官，促进激素分泌的效果可能不尽如人意。

④用作抗氧剂。如果化妆品中添加的某些成分易被氧气氧化，可以在化妆品中添加更易被氧化的维生素 E，以维生素 E 自身被氧化作为代价，消耗氧气，保护易被氧化的成分。维生素 E 是化妆品常添加的一种抗氧剂。
维生素 E 切忌过量补充，大量摄入维生素 E，可使之不再抗氧化，而成为促氧化剂，它的抗凝血性还可能导致其他风险。

（3）维生素 A。维生素 A 对皮肤来说也有三大作用，并且每一个作用都与皮肤保养息息相关。

①维生素 A 是上皮组织生长、分化、再生及维持自身完整性、防止上皮组织变异所必需的物质。维生素 A 缺乏时，表皮更新缓慢，上皮组织结构改变，呈现角质化，引起代谢失调，因此维生素 A 被称为上皮细胞调节剂。皮肤是上皮组织之一，皮肤老化的重要体现是表皮层基底细胞活性减缓，导致表皮层棘细胞层、颗粒层变薄甚至消失，表皮过度角化。而维生素 A 调节基底细胞活性，使表皮更新时间恢复正常，可治疗衰老带来的表皮过度角化，恢复皮肤正常状态。

②维生素 A 可修复光老化引起的皮肤衰老。光老化是最主要的导致皮肤衰老的外部因素，维生素 A 带来的修复作用对减缓皮肤衰老十分重要。

③维生素 A 还可以通过抗氧化来抗衰老。

（4）维生素 B_3。维生素 B_3 又称烟酸，易溶于水，在人体内代谢成烟酰胺，因为烟酸可能导致皮肤发红、过敏，化妆品中多采用烟酰胺为添加剂。烟酰胺有很多功效。

①阻断黑色素向表皮浅层角质形成细胞转运。烟酰胺可以抑制 35%～68% 的黑色素小体向角质形成细胞转运，对治疗各种色斑都有较好的效果，但它抑制黑色素运输的效果对浓度依赖性很大，停药后，黑色素小体运输不再被抑制。因此，烟酰胺添加于化妆品中用于美白，必须添加较高浓度（大于 5%），而且停用烟酰胺后，皮肤色素征会很快恢复以前水平。

②修复皮肤屏障功能。角质细胞之间的脂质需要水分水解某些特定蛋白而形成，老年人的皮肤、干燥的皮肤角质细胞间脂质形成减少，角质层屏障功能减弱。烟酰胺可以促进角质细胞间隙脂质（神经酰胺、脂肪酸、胆固醇）的形成，从而起到修复皮肤屏障功能的作用，减少皮肤水分丢失。

③防止光损伤和光致癌。烟酰胺通过调节多聚腺苷二磷酸核糖聚合酶（PARP）来修复受损 DNA，增加氧化型辅酶烟酰胺腺嘌呤二核苷酸（NAD）和还原型辅酶烟酰胺腺嘌呤二核苷酸磷酸（NADPH）的水平，从而发挥抗光损伤和光致癌作用，实验也证明局部使用烟酰胺可以阻止紫外线引起的免疫抑制，减少光损伤和光致癌。

④治疗痤疮。烟酰胺能抑制 PARP 等系列促炎因子，减轻痤疮的炎症反应；烟酰胺能

明显抑制皮脂分泌，因此，常用于痤疮的治疗。烟酰胺在治疗痤疮效果上优于克林霉素，而且没有抗药性，副作用小。

⑤促进角质细胞脱落。烟酰胺能增加角质层的黏结性和厚度，增加角质层的成熟度；烟酰胺通过提升氧化型辅酶烟酰胺腺嘌呤二核苷酸（NAD，辅酶 I）和还原型辅酶烟酰胺腺嘌呤二核苷酸磷酸（NADPH）的水平，来提升细胞的能量供给，从而增强基底细胞活性，加速表皮更新。

⑥抗衰老。烟酰胺通过提升 NADPH 的水平来实现抗糖基化，改善肤色暗黄；烟酰胺提升细胞的能量供给，增强成纤维细胞活性，减少皱纹生成。

⑦烟酰胺还具有扩张血管，消除微循环障碍的作用。

（5）维生素 B_5。在皮肤内形成辅酶 A，皮肤受损时，辅酶 A 的合成加快，对维生素 B_5 的需求量大增，因此，它通过辅酶 A 来增强细胞活性，加速表皮形成，促使损伤皮肤再生和伤口愈合；维生素 B_5 还以辅酶 A 的形式抗氧化来减缓皮肤衰老；维生素 B_5 还有优良的保湿性能，使皮肤柔软。

（6）维生素 B_6。维生素 B_6 通过捕获活性羰基来减少皮肤蛋白分子糖基化。糖基化是皮肤分子的一种衰老体现，细胞中的溶酶体不能分解糖基化蛋白，从而溶酶体分解残留增多，这些残留是老年斑形成的原因。另外，糖基化还加速了大分子间的交联作用，因此维生素 B_6 抗糖基化可减少老年斑发生，可延缓皮肤分子水平的衰老。

9. 肽又称胜肽，是以氨基酸为单体构成的分子，常见的二肽、三肽、四肽……表示两个氨基酸、三个氨基酸、四个氨基酸等构成的肽。很多小分子肽，即使微量，也具有明显的生理活性，而且肽与氨基酸、蛋白质一样，是人体内常见的、安全的成分，所以经皮补充一些小分子肽成为保养皮肤的重要方法，一些创新性的抗衰老方法大多基于这些活性肽的使用。

化妆品中常添加的肽主要是：谷胱甘肽、肌肽、二肽-4、表皮生长因子、棕榈酰三肽-5、棕榈酰五肽-3、棕榈酰六肽-12、棕榈酰三肽-1、六肽-9、酰基四肽-9、棕榈六肽-6、胶原三肽、P 肽、乙酰四肽-5、二肽-2、铜肽、三肽-1、三氟三肽-2、九肽-1、四肽-30、阿基瑞林（乙酰基六肽-8）、水蛭素等。

（1）谷胱甘肽。谷胱甘肽有多种生理活性，对皮肤来说，主要是抗氧化、美白和解毒作用。

①抗氧化。谷胱甘肽（GSH）是由谷氨酸、半胱氨酸及甘氨酸组成的三肽，其结构中含有一个活泼的巯基—SH，易被自由基氧化脱氢，这一特异结构使其成为体内主要的自由基清除剂，当细胞内生成少量过氧化氢时，谷胱甘肽在谷胱甘肽过氧化物酶的作用下，把过氧化氢还原成水，其自身被氧化偶联成 GSSG，GSSG 在谷胱甘肽还原酶的作用下，接受 H 还原成谷胱甘肽，从而实现循环清除体内自由基的作用。维生素 C 也可以把 GSSG 还原成谷胱甘肽，谷胱甘肽与维生素 C 一起使用，可以起到协同效应。

②美白。谷胱甘肽含有巯基，能夺取酪氨酸酶的铜离子，从而抑制酪氨酸酶的活性，还可以促使多巴醌形成颜色较浅的褐色素。

③解毒。谷胱甘肽还是一种广谱解毒剂，易与一些破坏巯基的有毒成分（如铅、汞等重金属）结合从而解毒。

谷胱甘肽是水溶性小分子三肽，添加在化妆品中极易被皮肤吸收，是一种常用的功效成分。但是，对谷胱甘肽在人体内的作用效果也有质疑，主要原因是谷胱甘肽进入人体后易分解，无论是口服、外用、注射，仅能短时间提升细胞中谷胱甘肽浓度，实际意义不大。

（2）肌肽、二肽-4。肌肽是由 β-丙氨酸和 L-组氨酸组成的二肽，分子小、易吸收，用在化妆品中的主要作用是抗氧化和抗糖基化。

肌肽具有很强的清除自由基和体内活性氧的抗氧化能力以及清除活性羰基的能力。它既能通过抗氧化来抗糖基化，又能通过清除活性羰基来抗糖基化。肌肽对人体很重要，但人体内不能合成肌肽，主要从动物食品中摄取，素食者体内可能缺乏肌肽。

二肽-4 也为皮肤抗糖基化的美容肽。

（3）表皮生长因子。表皮生长因子是一种由 53 个氨基酸残基组成的多肽，既能促进细胞生长和增殖，又能促进细胞中物质的合成，是一种全面增强细胞活性的成分，皮肤中真皮层和基底层表皮生长因子含量较高。

2019 年以前，表皮生长因子可以在化妆品中使用，但表皮生长因子分子较大，经皮渗透困难，即使经皮渗透进入皮肤，也会使皮肤中表皮生长因子浓度倒置，可能导致角质形成细胞异常增殖分化，所以，其应用于化妆品的作用和副作用还有待进一步评估。2019 年初，国家药品监督管理局宣布表皮生长因子不再作为化妆品的原料使用。

（4）棕榈酰三肽-5、棕榈酰五肽-3、棕榈酰六肽-12、棕榈酰三肽-1、六肽-9。信号肽可以通过影响细胞基质中的生长因子来增强成纤维细胞的活性，从而促进胶原蛋白、透明质酸、弹性蛋白等的合成。据报道，信号肽在抗皱上的临床效果明显优于传统成分维生素 C。信号肽使用安全、分子小、易吸收，即使在极低浓度下，也能实现其功效。目前，化妆品中已经广泛应用信号肽来抗皱抗衰老。化妆品中常添加的信号肽主要有：棕榈酰三肽-5、棕榈酰五肽-3、棕榈酰六肽-12、六肽-9、棕榈酰三肽-1。

（5）酰基四肽-9。真皮层胶原束需要有基膜聚糖连接起来才能形成高密度网状结构并富有弹性，但随着皮肤老化，这些蛋白多糖越来越少，胶原蛋白纤维越来越疏松，弹性越来越小，皮肤越来越松弛。酰基四肽-9 对人基膜聚糖和胶原蛋白的合成有促进作用，并在活体试验中得到了确认。

酰基四肽-9 还对真皮细胞外基质和真皮表皮结合处的构造蛋白的几个基因有促进作用，特别是对真皮胶原蛋白纤维主要构成要素的 I 型胶原蛋白的 COL1A1 基因。酰基四肽-9 还能使真皮细胞外基质和真皮表皮结合处的构造蛋白多糖的几个基因活化。

酰基四肽-9 通过活化基因或直接促进人基膜聚糖和胶原蛋白的合成来保护和改善皮肤的构造，恢复皮肤弹性。

（6）棕榈六肽-6。棕榈六肽-6 是以遗传性免疫肽为模板研制的一种肽，能有效刺激成纤维细胞增殖、胶原蛋白合成和细胞迁移。

（7）胶原肽。胶原肽（主要是胶原三肽）是合成胶原蛋白的原料，体外实验表明，当细胞基质中胶原三肽的浓度达到 100ppm 级以上时，它才能显著增强成纤维细胞合成胶原蛋白的活性和成纤维细胞增殖的活性，因此化妆品中必须有较高浓度的胶原三肽，才可能实现胶原肽促进胶原蛋白合成的功效。

（8）P 肽、乙酰四肽-5、二肽-2。P 肽是由八种氨基酸组成的十一肽，易溶于水、分子量 1340，是广泛分布于细神经纤维内的一种神经肽，通过使血管壁平滑肌松弛来舒张血管，使微循环中血流量增加。它卓越的改善微循环的功效不仅在化妆品中用于加速新陈代谢，还应用于治疗脱发、冻疮、蚊虫叮咬引起的红肿瘙痒等。另外，中医经络的现代研究表明：P 肽可能是经脉信息传递的重要物质。

乙酰四肽-5 和二肽-2 称为去眼袋活性肽，是有效的血管紧张素转换酶抑制剂，通过改善微循环，加强血液循环来去眼袋、黑眼圈等。

（9）铜肽、三肽-1。铜肽是血浆中的一种三肽，能自发络合铜离子形成铜肽，可促使神经细胞、免疫相关细胞的生长、分裂和分化，能有效促进伤口愈合和生发。铜肽是较早应用于化妆品中的美容肽。

三肽-1 又称真皮促生因子，用于刺激皮肤组织修复，重塑皮肤生理功能，从而提高皮肤紧致度。

（10）三氟三肽-2。三氟三肽-2 又称氟化肽，通过保护皮肤构造蛋白并促进构造蛋白产生来保护皮肤正常结构，对皮肤无不良影响。

（11）九肽-1。九肽-1 是一种仿生肽，它和黑色素细胞上的 MC1 受体有非常好的匹配性，因此可以作为促黑色素细胞激素的拮抗剂，竞争性的与 MC1 受体结合，阻止黑色素细胞被异常激活。

（12）四肽-30。四肽-30 是皮肤自有的一种亮肤肽，是一种能使肌肤色调均匀的物质，能使炎症后的高色素性褐斑显著减少，其作用原理是阻止黑色素在角化细胞中被发现，并可减少酪氨酸酶的数量和抑制黑色素细胞激活。体内实验表明，它在水溶液中含量 1600mg/kg 即可发挥活性作用。

（13）乙酰基六肽-8。乙酰基六肽-8 又称阿基瑞林，能局部阻断神经传递肌肉收缩信息，使脸部肌肉放松，达到平抚皱纹的目的。用于化妆品中，有极佳的抗皱效果。

（14）水蛭素。水蛭素是水蛭及其唾液腺中已提取出的多种活性成分中活性最显著并且研究得最多的一种成分，由 65～66 个氨基酸组成的多肽。水蛭素对凝血酶有极强的抑制作用，是迄今为止所发现的最强的凝血酶天然特异抑制剂。与肝素相比，水蛭素用量更少，不会引起出血，但水蛭素分子量偏大，用于化妆品其经皮吸收可能不理想。

第 8 章　防晒与抗光老化

一、判断

1. √　2. √　3. √　4. ×　5. √　6. √　7. ×　8. ×　9. ×　10. ×　11. ×　12. √　13. √　14. ×　15. ×　16. ×　17. √　18. √　19. √　20. √

二、简答

1. 防晒化妆品中防止 320～400nm 紫外线能力大小的指数，称为防晒黑指数，一般用

PA 表示。防晒化妆品中防止 280~320nm 紫外线能力大小的指数，称为防晒伤指数，一般用 SPF 表示。

2. 物理防晒需要添加 0.5~5μm 无机粒子，但在化妆品中无机粒子添加量不能无限增加，在如此薄的涂层内，很难实现紫外线完全反射，所以宣称物理防晒的化妆品总是要添加紫外线吸收剂；物理防晒化妆品涂在皮肤上，等同于给皮肤化妆，我们的皮肤需要防晒的部分不仅有面部，还有其他部分，不可能都化上厚厚的妆。基于上述两点，物理防晒仅是紫外线吸收防晒的辅助和补充。

3. 防晒伤指数越高，防晒剂添加的浓度就越高，防晒剂渗入皮肤或者皮肤受到伤害的风险就越大。所以，应选择适合当天情境的防晒化妆品来防晒。

4.（1）隔离。无论采用何种防晒剂，包括上述国家准用防晒剂都对皮肤有害，只是危害程度不同而已。防晒化妆品中，为实现广谱防晒和增强防晒效果，往往要添加多种高浓度的防晒剂，所以使用高防晒伤指数的防晒化妆品前，应先在皮肤上涂隔离霜、乳液、面霜、润肤霜等，把防晒化妆品与皮肤隔离开，防止防晒剂渗入皮肤。一些化妆品商家为了营销、使用方便等需要，推出补水保湿、营养、防晒界限模糊的产品，如防晒化妆水、防晒面霜、添加营养成分的防晒霜等，防晒剂渗入皮肤的风险增大，消费者应慎用该类产品。

（2）涂抹量。防晒化妆品涂抹在皮肤上，需要厚度大于 20μm 才能完全阻隔紫外线，也就是说，取用 $1cm^3$ 的化妆品涂抹面积应该小于 $500cm^2$（或者 $2mg/cm^2$），化妆品使用时正常地涂抹，涂抹厚度一般都大于 20μm。

（3）补涂。有些人爱出汗或者在阳光下游泳，应避免使用清爽、水溶性防晒化妆品，其防晒时间不能简单根据 SPF 值来计算，水分会洗去部分防晒化妆品，所以应及时补涂。

5. 在最强的紫外线等级下，未被保护的黄种人皮肤晒红时间小于 20min，一般取 15min 计算防晒时间。测试产品保护下皮肤受紫外线照射产生红斑需要的时间就是防晒化妆品能保护皮肤的时间。根据防晒化妆品标注的 SPF 值，就可以计算出该款防晒化妆品能保护皮肤的时间。SPF 值为 30 的防晒化妆品能保护皮肤的时间为 7.5h。

$$防晒化妆品能保护皮肤的时间(min) = SPF 值 \times 15$$

6. 化妆品抗光老化措施如下：

（1）防晒。阻止紫外线接触皮肤，就能阻止紫外线对皮肤的伤害，防晒就是通过吸收或反射紫外线的方式来阻隔紫外线。

（2）增强抗氧化能力。紫外线在人体内产生大量的自由基及具有自由基性质的活性氧，如超氧负离子自由基、羟自由基、过氧化氢等，它们大量消耗人体抗氧化系统中的抗氧化酶和抗氧化成分，使人体抗氧化能力大幅降低，过量的自由基累积造成了细胞内外的损伤。外源性补充抗氧化成分，如辅酶 Q10、维生素 E、维生素 C、硫辛酸、谷胱甘肽、石榴提取物（鞣花酸）、茶叶提取物（茶多酚）、杜仲等，可以有效减少紫外线损伤。动物和人体试验都证实了补充抗氧化成分对皮肤抗光老化的有效性。

（3）激活体内自我修复能力。通过果酸褪皮、微晶换肤或光、电刺激可以激活皮肤的自我修复能力，从而修复光老化皮肤。

（4）光老化皮肤的针对性修复。

①抗炎症药物的治疗。UVB 引起皮肤红斑、水疱、褪皮等表皮和真皮浅层的急性病变，主要由炎症反应引起，皮肤科治疗也以抗炎症药物，如维 A 酸、糖皮质激素、阿司匹林等为主，大多药物是化妆品禁用成分，所以抗急性光损伤以皮肤科治疗为主，化妆品作用有限。

②人参提取物对光老化皮肤的修复。光老化的成纤维细胞中，基质金属蛋白酶Ⅰ和Ⅲ作用明显增强，人参提取物（人参皂苷）被证实有能抑制基质金属蛋白酶Ⅰ、Ⅱ和Ⅲ活性的作用，从而减少了胶原蛋白被基质金属蛋白酶催化分解；人参提取物（人参皂苷）还被证实具有清除紫外线诱发的自由基的抗氧化活性、调控基因和基因产物影响细胞凋亡而保护皮肤的作用，减少脂褐素、黑色素生成的作用，促透明质酸合成的作用。口服或涂抹人参提取物可以明显改善皮肤粗糙度、增大皮肤含水量、减少皱纹。

③三七提取物对光老化皮肤的修复。三七提取物的主要成分是人参皂苷和三七皂苷，成分构成上与人参提取物相似，所以抗光老化作用机制也与人参相似，主要是抑制基质金属蛋白酶的活性、减少胶原蛋白分解、抗氧化、减少基因自由基损伤等作用。

④维 A 酸。维 A 酸又称维甲酸，是维生素 A 在人体内的代谢产物，研究证实维 A 酸能抑制基质金属蛋白酶活性，减少光老化造成的胶原蛋白降解，并能明显促进成纤维细胞产生更多胶原蛋白；维 A 酸能明显增强基底细胞活性，修复表皮层光损伤；能明显减少皮肤的光老化引起的色素沉着；能抑制炎症因子的活性，在急性光损伤中抑制炎症反应。患者持续使用维 A 酸 6 个月，皮肤皱纹和色素都得到显著改善。但是，维 A 酸在皮肤上外用，可能导致皮肤干燥、皮疹、肝损伤、钙流失、抑郁症等副作用，只能作为药物由医生指导使用，在 2015 版《化妆品安全技术规范》中，禁止维 A 酸添加在化妆品中。

⑤烟酰胺。烟酰胺是维生素 B_3 在体内的代谢产物。它可以通过调节多聚腺苷二磷酸核糖聚合酶和原癌基因 *P53* 的表达和功能来修复 DNA 的光损伤；通过提升皮肤中烟酰胺腺嘌呤二核苷酸、还原型烟酰胺腺嘌呤二核苷酸磷酸的水平发挥其抗光损伤和抗光致癌作用。

第 9 章　治疗与药妆

一、判断

1. × 　2. × 　3. × 　4. √ 　5. √ 　6. × 　7. √ 　8. √ 　9. × 　10. √ 　11. √　12. × 　13. × 　14. √ 　15. × 　16. × 　17. √ 　18. √ 　19. × 　20. √ 　21. √ 　22. √　23. √ 　24. √ 　25. √ 　26. √ 　27. √ 　28. √ 　29. × 　30. √ 　31. √ 　32. × 　33. √　34. √

二、简答

1. 皮脂腺是雄性激素的靶器官，当体内雄性激素水平升高时，皮脂腺分泌皮脂增多，同时，雄性激素还会导致毛囊内导管出现过度角化，毛囊内导管变窄，脱落的角质细胞片与干化的皮脂一起积聚在毛囊开口部位形成栓塞。如果这些皮脂不能清洁除去，长时间后就会滋生一种名叫"痤疮丙酸杆菌"的细菌，它分泌脂肪酶，催化水解皮脂产生脂肪酸，引起炎症和毛囊壁损伤破裂，毛囊内容物漏出进入真皮层，从而进一步引起毛囊周围的炎症反应，最后化脓，形成痤疮。

痤疮的预防和治疗措施主要有：①使用清洁化妆品，减少皮脂残留；②使用丹参酮、大豆异黄酮、根皮素、维生素 B_6、维生素 B_3、生物素、南瓜素、锌、维生素 B_5 等抑制皮脂的分泌；③使用果酸、酵素、烟酰胺、过氧化苯甲酰、白柳皮提取物等除去角质栓；④使用锌（硫酸锌、葡萄糖酸锌、甘草酸锌、吡啶硫酮锌）、维生素 A 等防止毛囊上皮细胞过度角化。

2. 出汗和细菌对汗液带出的物质的分解是体臭产生的主要原因，因此去臭化妆品除臭主要是抑汗、抑菌、加入除臭剂反应臭味分子、加入香精掩蔽臭味、加入吸附剂吸附臭味。严重的体臭需要结合激光手术治疗。

3. 疤痕是伤口部位成纤维细胞大量增殖，并产生大量胶原蛋白沉积于伤口部位形成的。伤口愈合前，大量胶原蛋白有助于伤口粘合，伤口愈合后，成纤维细胞继续增殖并产生大量胶原蛋白，最终形成增生性疤痕。去疤痕的最佳时间是伤口刚愈合后，如果过早，会减慢伤口愈合；如果过晚，一旦增生性疤痕形成，很难去除。

去疤痕的主要方法是防止伤口部位成纤维细胞的大量增殖。有许多非药物方法去疤痕，如手术、激光治疗、微等离子体治疗、压迫治疗、冷冻治疗等。药物消除疤痕，只能是最大程度地改善，常见去疤痕药物主要是：积雪草提取物、干扰素、细菌胶原酶、肾上腺皮质激素、维 A 酸、秋水仙碱、抗组胺药物、硅酮、A 型肉毒素、维生素、肝素钠、尿囊素等。

第10章 彩 妆

一、判断

1. × 2. × 3. × 4. √ 5. √ 6. √ 7. × 8. √ 9. √ 10. √ 11. √ 12. √ 13. × 14. √ 15. √ 16. √ 17. √ 18. √ 19. √ 20. √ 21. √ 22. × 23. √ 24. √ 25. √ 26. √ 27. √ 28. √ 29. √ 30. √ 31. √ 32. √ 33. √

二、简答

1. 使用了如妆前乳、粉底等含油性成分多的化妆品，如果不使用散粉定妆，腮红、眼影等带颜色的化妆品不能在油质妆面上使用，使用散粉定妆，散粉可以很好地与前面化妆品黏附并融合，并且为后面腮红、眼影等颜料的涂抹提供载体。

2. 常用的眼部彩妆主要是眼影彩妆、睫毛彩妆、眼线彩妆、眉用彩妆。

（1）眼影彩妆。眼影是指涂于眼周及外眼角，通过色彩、光泽、层次和明暗对比来使眼睛显示立体美感，眼神深邃明亮的眼部彩妆化妆品。

（2）睫毛彩妆。睫毛彩妆是用于修饰眼睫毛的化妆品，主要有睫毛膏、睫毛油和睫毛饼。它可使睫毛显得浓密且弯曲加长，增加美感和立体感，主要颜色一般为黑色和棕色。

（3）眼线彩妆。眼线彩妆是指在眼睑边缘、紧贴睫毛根部，勾勒出眼部轮廓，修饰与改变眼睛形状和大小，强化眼部层次和立体感，突出和强化眼睛魅力的化妆品。主要有眼线笔、眼线液和眼线饼。

（4）眉用彩妆。眉毛是面部色彩最重要的部分，眉毛细、淡、稀都会影响容颜和气质。眉用彩妆是指用于修饰调整眉形和眉色，美化眉毛，使之与眼睛、面型和气质相协调的彩妆化妆品。眉用彩妆常以黑色、灰色、棕色为基础色，常见的眉用彩妆主要有眉笔、眉粉、染眉膏。

3. 彩妆化妆品的安全风险因素主要有：①彩妆中的无机粉体有阻塞毛孔、使皮肤干燥的风险；②彩妆中的油性物质难以清洁，停留在皮肤表面有滋生有害细菌的风险；③彩妆中的添加剂本身有安全风险，如高岭土含铝元素，指甲油含有毒有机溶剂；④彩妆中不合格的原料有引入有害成分的风险，如不合格的氧化锌，可能带来铅、镉、铊等有害元素，不合格的滑石粉易引入致癌物质石棉；⑤纳米无机粒子可能存在安全风险。

第11章　清　　洁

一、判断

1. √　2. √　3. √　4. √　5. √　6. √　7. √　8. √　9. √　10. √　11. √
12. √　13. √　14. √　15. ×　16. ×　17. √　18. ×　19. ×　20. √　21. ×

二、简答

1. 清除毛孔污物的方法有：①常规的表面活性剂乳化清除污物；②用非水溶剂溶解来清除污物；③用脂肪酶素和蛋白酶素催化分解污物，使之形成水溶性成分来清污；④用活性炭等吸附毛孔中液体污物；⑤蒸汽加热使毛孔扩张，固态污物转化成液态污物来清除；⑥利用超声波高频振荡挤压出毛孔中的污物；⑦用工具直接挤出毛孔中的污物；⑧用粘胶粘出毛孔中的污物。

2. 表面活性剂清洁油污原理如下图所示。

表面活性剂分子包裹油污　　　　表面活性剂分子带动油污分散　　　　油污完全分散在水中

3. 如果卸妆不彻底，皮肤表面的油性物质难以清洁干净，会有如下问题：①阻碍营养物质的吸收；②易滋生有害细菌；③影响美观。

4. 洁面化妆品一般多泡沫，在面部停留时间短，使用时皮肤表面有油性阻隔层，不利于化妆品中的成分向皮肤渗透，即使添加在其中的一些营养成分也难以充分渗入皮肤，所以，洁面化妆品中不适合添加营养成分。

第 12 章 毛 发 护 理

一、判断

1. √　2. √　3. √　4. ×　5. √　6. √　7. √　8. √　9. √　10. ×　11. √　12. ×　13. √　14. ×　15. √　16. √　17. √　18. ×　19. √　20. √　21. ×　22. ×　23. √　24. √　25. √　26. √　27. √　28. ×

二、简答

1. 针对头皮的护理主要是去屑止痒、调节水油平衡和疏通微循环。

（1）去屑止痒。头皮屑是头皮新陈代谢的产物，在正常情况下，头皮更新不会产生太多的头皮屑，但卵圆形糠疹芽孢菌寄生会加速表皮异常增殖，产生更多头皮屑，同时该微生物生长、繁殖会分解皮脂，提升酸度，刺激头皮神经，产生瘙痒。因此，头皮去屑止痒的实质是抑菌。因为卵圆形糠疹芽孢菌繁殖是在头皮表面，添加抑制该细菌的洗发水或药水可以很好地实现去屑止痒。常见的抑制卵圆形糠疹芽孢菌的物质主要是：吡啶硫酮锌、十一碳烯酸单乙醇酰胺琥珀酸酯磺酸钠、吡啶酮乙醇胺盐和一些具有抑菌止痒效果的天然提取物（胡桃油、积雪草、甘草、山茶提取物等）。

（2）调节水油平衡。头皮皮脂分泌太多导致头皮水油失衡时，头发上皮脂成分干化会造成头发黏结、易脏；头皮上过多的皮脂会导致头皮上菌落过度繁殖，产生瘙痒和头皮屑，更严重的是毛囊阻塞，形成脂溢性脱发。

头皮油脂分泌过多，首先要平衡体内激素水平，雄性激素水平高是刺激皮脂分泌和形成脂溢性脱发的主要原因。过高的雄性激素水平会导致毛母质细胞中能量源 ATP 制造受阻、细胞失去活性并角化、毛发蛋白不能合成、毛囊萎缩、头发脱落。

常用于平衡体内激素水平、抑制皮脂分泌的主要物质是芥酸、米诺地尔、月见草素 B、菝葜、雏菊、姜黄、大枣、细辛、薏苡仁、甜叶菊等；调节水油平衡，还应该改变刺激皮脂分泌的不良的生活习惯和饮食习惯，如加班、熬夜等不规律的作息，吃油腻、辛辣食物等；应该使用控油、抑菌止痒洗发水，勤洗头，减少皮脂残留。

头发干枯、易断、无光泽，可能是头皮皮脂分泌少或者频繁洗发、烫发、染发、吹热风等破坏了头发水油平衡造成的。要恢复头发的光泽和弹性，应减少破坏头发结构的上述操作，使用护发素适当给头发补充油分、水分、调理剂和营养成分。

（3）疏通微循环。头皮上生长的最重要的器官就是头发，头皮微循环障碍时，营养物质供给不足，角蛋白和色素不能合成，则出现毛囊萎缩甚至坏死，形成白发或者头发不能生长，最终头发变得稀疏甚至秃顶。头皮的护理最重要的方面就是保持头皮微循环通畅，保证毛囊有充足的营养供给。按摩、用具有疏通微循环功效的药水洗头、热水洗头、红外线烘烤头皮等都有助于头皮微循环疏通。常用于改善头皮微循环的物质主要有：银杏、人参、丹参、当归、甘草、大蒜、生姜、何首乌等的提取物。

2. 洗发水中的硅油敷于头发表面，能使头发顺滑、反光度提高、保湿性能增强，但长期使用含硅油的洗发水，会使头发上的硅油越积越多，头发越洗越油，头发变得板结、不蓬松。要保留硅油洗发水的优点并克服其缺点，可以交替使用无硅油和硅油洗发水，或者洗头发时先使用无硅油洗发水，再使用硅油洗发水，以避免硅油在头发上沉积。

3. 因为头发的等电点偏酸性，正常的洗护中会使头发的 pH 增大，从而使头发带负电荷，有些洗发水中添加的阴离子表面活性剂为强碱弱酸盐，偏碱性，更会增加头发表面的负电性。为减少头发静电的积聚，降低头发飘拂和改善头发的梳理性，常在头发洗护产品中添加阳离子调理剂，这些调理剂大多为带有长烷基链的季铵盐，季铵盐含有长的疏水烷基链和带正电荷的极性端，在水中离解后，带正电荷的极性端会被带负电荷的头发吸引，而长烷基链则朝向头发外面，形成有序的单分子层结构，消除头发上的负电荷，而头发外层的烷基链分子间作用力小，会使头发平滑、容易梳理。

为了使阳离子端更牢固地吸附在头发上，延长头发顺滑、容易梳理的时间，可以让阳离子端形成聚合物，常见的阳离子调理剂主要有：阳离子纤维素、阳离子瓜尔胶、阳离子聚季铵盐、阳离子决明胶、乙烯基吡咯烷酮和乙烯基咪唑盐的共聚物、蛋白质水解物的季铵化合物等，如烷基三甲基氯化铵、双烷基二甲基氯化铵、三烷基甲基氯化铵、双季铵盐等。

4. 脱毛化妆品分为物理脱毛剂和化学脱毛剂。物理脱毛剂方法简单、粗暴，通常使用松香等树脂粘住毛发，然后用力拔出，给使用者带来疼痛。化学脱毛剂一般用硫化物或巯基乙酸等还原剂，断开二硫键，彻底破坏毛发结构来脱除毛发，使用过程中先软化、溶解毛发，然后擦除，没有痛苦，但化学脱发过程中，会使用较强的碱性物质和许多可能刺激皮肤的物质，可能伤害皮肤或引起过敏。硫化物脱毛剂使用过程中产生硫化氢，有臭味和毒性。巯基乙酸盐类脱毛剂稳定、无毒。

激光脱毛技术是利用毛囊内黑色素吸光产生高温破坏毛囊的原理，有一定疼痛感，一般需要多次手术，整个疗程耗时很长，可以实现永久性脱毛，但激光脱毛可能出现毛囊处色素沉积、影响皮脂分泌、毛囊炎、表皮灼伤等副作用。与激光脱毛相比，化学脱毛相对简单、易操作、成本低、不损伤毛囊、对皮肤刺激可控、无副作用，但不能永久脱毛，需要抑制毛发生长产品配合。

5. 抑制汗毛生长的方法主要有如下两种：

（1）皮肤上涂抹和饮食中摄入植物雌性激素。植物雌性激素（主要是大豆异黄酮）不是甾体结构的雌性激素，外用没有副作用，它具有弱的雌性激素功能，与体内雌性激素受体有很强的亲和作用，能抑制雄性激素的分泌。含有植物雌性激素的食物主要有大豆制品（主要是豆浆、豆腐）、啤酒、蜂王浆等。

（2）皮肤上涂抹或饮食中摄入维生素 E。人体内甾体结构的雌性激素不能外用。维生素 E 又称生育酚，在女性体内可以促进雌性激素分泌，从而抑制汗毛生长。维生素 E 不溶于水，存在于许多植物油脂中，含维生素 E 的食物主要有坚果和芝麻等以及它们榨的油。

第 13 章　自制化妆品

一、判断

1. √　2. √　3. ×　4. √　5. √　6. √　7. ×　8. √　9. √　10. √　11. √
12. ×　13. √　14. √　15. √　16. ×　17. √　18. √

二、简答

1. 自制化妆品的优势：

（1）安全。自制化妆品材料一般安全、可食用；自制化妆品一般即做即用，不需要添加商品化妆品中必须添加的众多辅助添加剂；自制化妆品没有铅、汞等有害成分困扰，没有假冒伪劣化妆品困扰。所以，与商品化妆品相比，自制化妆品安全无忧。

（2）低成本。自制化妆品材料大多是日常生活中常见的蔬菜瓜果和中药材，这些原材料价格便宜，即使偶尔添加一些常见的、易购买的功效成分，这些功效成分直接来源于化妆品原材料市场，也不会太贵。所以，与商品化妆品相比，自制化妆品有巨大的成本优势，即使是奢侈化妆品品牌使用的功效成分，普通百姓同样可以用廉价方式获得。

自制化妆品的缺点：

（1）功效不好。自制化妆品材料中功效成分往往含量低、种类少，导致其效果不尽如人意。

（2）制作麻烦。自己做化妆品需要购买材料、清洗、加工等过程，即做即用，每天都做就显得很麻烦，这是大多数人不愿自己做化妆品的主要原因。

（3）缺乏快速美容成分。商品化妆品一般很重视添加一些快速提升皮肤美容效果的成分，如提高皮肤反光度和光滑度的成分、促使蛋白收缩或舒张的除皱成分、收缩毛孔的成分、遮瑕和调色的成分、磨面成分等，这些成分是无害的，提升的美容效果虽然是短暂的、表面的，但是它们是吸引消费者眼球、能得到消费者认可的核心成分。而自制化妆品中主要是皮肤护理成分，需要渗入皮肤中起作用，需要很长的时间才能看出效果，没有这些暂时性效果的提升，会让人误认为自己做的化妆品效果不尽如人意。

2. 化妆水向皮肤中渗透营养成分时，营养成分渗透扩散的性能好，但干得太快导致营养成分渗透时间太短。敷面膜时，需要不停地添加化妆水来维持面膜纸的湿润状态，以延长营养成分的渗透扩散时间。用这种方式渗透营养成分要消耗大量的化妆水，如果是商品化妆水，成本太高，而自制的营养化妆水，成本很低，是营养成分向皮肤渗透的最佳选择。

3. 乳液型化妆品是把油与水用乳化剂乳化在一起并增稠形成的白色膏状化妆品，乳化油粒的粒径一般大于 0.5μm，含有较多的油性成分，其一般的制作过程为：水溶性营养成分溶解于适量水中，油溶性营养成分溶解于适量油中，二者搅拌混合并增稠即可形成乳液。